水利水电施工与管理研究

颜 建 丁海燕 宋利兵 著

吉林科学技术出版社

图书在版编目（CIP）数据

水利水电施工与管理研究 / 颜建，丁海燕，宋利兵著. -- 长春 : 吉林科学技术出版社，2024.3

ISBN 978-7-5744-1113-5

Ⅰ. ①水… Ⅱ. ①颜… ②丁… ③宋… Ⅲ. ①水利水电工程－施工管理－研究 Ⅳ. ①TV512

中国国家版本馆 CIP 数据核字(2024)第 060094 号

水利水电施工与管理研究

著　　颜　建　丁海燕　宋利兵
出 版 人　宛　霞
责任编辑　郝沛龙
封面设计　南昌德昭文化传媒有限公司
制　　版　南昌德昭文化传媒有限公司
幅面尺寸　185mm×260mm
开　　本　16
字　　数　330 千字
印　　张　15.5
印　　数　1~1500 册
版　　次　2024年3月第1版
印　　次　2024年12月第1次印刷

出　　版　吉林科学技术出版社
发　　行　吉林科学技术出版社
地　　址　长春市福祉大路5788 号出版大厦A 座
邮　　编　130118
发行部电话/传真　0431-81629529 81629530 81629531
81629532 81629533 81629534
储运部电话　0431-86059116
编辑部电话　0431-81629510
印　　刷　三河市嵩川印刷有限公司

书　　号　ISBN 978-7-5744-1113-5
定　　价　75.00元

前言 PREFACE

水利水电是社会经济发展的重要基础设施和基础产业。而水利水电工程施工，是通过工程施工实践检验规划设计方案，使工程完建并投入运用。水利水电工程建设，可以划分为规划、设计和施工等阶段。各个阶段既有分工又有联系，施工以规划、设计的成果为依据，起着将规划和设计方案转变为工程实体的作用。在施工过程中，按照工程招标投标文件的技术要求及相关技术文件要求，既要实现规划设计的意图，又要根据施工条件和工程规范，综合运用与水利水电工程建设有关的技术和科学管理组织，使工程得以优质、高效、低成本地建成和投产。

本书是水利水电研究方面的书籍，主要研究水利水电施工与管理，本书从水利水电施工与管理的基本概述入手，针对基础工程与导流施工、钢筋混凝土与爆破工程施工、土石坝与混凝土坝施工进行了分析研究；另外对水利水电工程质量与安全风险管理、水利水电建设进度控制与施工分包管理、水利水电工程招投标管理、水利水电工程资源与验收管理进行了综合探讨。本书可使水利水电工程施工企业工作人员能够比较系统、便捷地掌握施工知识以及提高管理能力，本书既可作为施工企业工作人员继续教育用书，也可作为建设单位、监理单位和水利水电工程建设类大中专院校的参考用书。

在本书编写过程中，参阅和引用了一些专著、教材、论文及其他成果，在此，向所有给予本书参考信息、写作灵感的作者表示由衷的感谢及深深的敬意。由于作者水平有限，本书中仍然存在诸多不足和缺点，敬请广大读者批评指正。

《水利水电施工与管理研究》
审读委员会

目录 CONTENTS

第一章

水利水电施工与管理的基本概述

第一节　水利水电工程概述

一、水利水电工程质量的提升

随着国家经济建设的发展，我国水利水电工程取得了一定成绩，水利水电工程的质量得到了很大程度的提高，水利水电工程的质量影响着整个国民经济建设，所以当前，针对水利水电工程的质量问题，需要引起重视。并提出具体的解决措施：

（一）加强对施工材料的监管

加强对施工材料的监管要求从源头做起，施工单位需要认真挑选生产材料的厂商，选择信誉良好、服务优质的厂商，检查材料生产商是否具有生产合格证明、质量许可证明等，检查厂家规模以及厂中设备是否齐全、完善，厂家的生产技术如何和材料质量等。另外，施工单位还需要派专人到材料生产厂家的工厂进行检查，利用随机抽样法，对原材料进行试验，尤其要注意沥青、石灰和粉煤灰等材料的质量，也要检查其质量合格证明，订货前需要获得厂家的相应合格证明和试验报告等，对材料进行定期检查和不定期抽检，加大对材料的生产工序、重点环节以及安全隐患点的监管力度，做好材料的质量监管和验收工作，把好质量关。比如当水泥进场时，需要检查厂商，出厂合格证明是否符合规定等，产品的生产批号是否与工程实际相符，是否具有一定安全性，材料的型号、尺寸是否符合工程要求等。等到检查合格后，再进行抽样检查，等到抽样检查全部合格后才能允许进场，如果材料是砖，需要检查其抗压力和承载强度，检查砖的尺寸、型号是否符合要求，在此过程中不能使用变形砖，更不能将检查不合格的材料用于水利水电工程建设中，在施工过程中，一旦发现质量不合格的材料，需要立即停止使用并进行工程返工。

（二）发挥监理部门在工程质量监管中的作用

工程监理部门要严格按照水利水电工程的要求，对工程质量进行监督，不允许不合格的材料进场，不允许安装质量不过关的零部件，对工程质量进行全面监管，也就是在工程施工之前，到工程施工过程中，再到工程验收阶段，都需要进行监理。工程施工前监理也叫作事前控制，这是对工程准备工程进行控制，比如检查地质勘查情况，检查测量成果，将实际数据和试验数据对比，认真研究施工工艺等；施工过程进行监理叫作事中控制，事中控制需要处理好工程施工过程中突发的事故、安全隐患和材料、人员影响因素等；事后控制又叫作验收环节的监理，这是工程结束后对一些不合格的环节进行返工或者对部分工程环节进行修整等。工程监理部门还需要发挥的作用是明确人员分工，按照工程质量监管制度进行施工。工程总项目负责人、工程经理、技术人员和监理工程师都要负起责任，签订质量责任书，并在施工现场的危险处悬挂警示标语，并受整个社会的监督。

加强隐蔽工程的质量控制。在水利水电工程中，包含着诸多隐蔽性工程，比如地基施工、钢筋施工等，由于隐蔽性工程具有潜伏性和隐蔽性的特点，所以对工程质量影响较严重，因此在施工中，我们需要加强对隐蔽工程的质量控制，对隐蔽性地基施工进行控制，当地基槽被开挖，需要监理部门、设计单位以及施工单位进行检查，检查地质状况是否与工程地基的实际情况相符，地基是否具有一定承载力等，在确认地基具有一定承载力后，再进行地基施工。对于隐蔽性工程的验收，需要人员办理签证，做好验收工作，钢筋完成后，需要检查混凝土的质量，再进行浇筑，检查过程包括检查钢筋接头的质量，钢筋的位置和钢筋的距离等，等到检查合格后再进行浇筑，钢筋混凝土的检查内容包括检查钢筋接头是否质量合格，钢筋的位置是否到位，钢筋是否具有保护层，是否符合工程设计要求等。

（三）加强施工人员的安全意识教育和生产技能培训

安全意识和质量保证是工程质量管理中非常重要的一部分。首先，水利水电工程单位需要以人为本，定期培训提高技术人员的安全意识和专业理论知识，激发并培养他们的责任感，让安全意识和质量意识从根本上树立起来，在施工中做到以设计为准，听从监理部门安排，规范施工。人员技能水平的提高与工程质量的影响紧密相关，因此，需要将人员的培训也纳入到质量管理规范中，定期对施工人员进行培训，提高人员的知识水平和业务能力。

（四）避免出现施工裂缝

在施工过程中，人员要根据工程施工的现场情况，尽可能限制水泥的使用量，在选择水化热度较低的水泥时，可以降低内外温差，减少骨料的温度，并将其缓慢降温，或者可以选择薄层继续浇筑，这样能够加速散热。其次，可以通过混凝土的养护工作来进行升温，在第一阶段中，需要控制环境温度，再进行升温控制，当混凝土温度达到10℃时，再进行第二梯度的升温，这时温度不能超过60℃，温度要在每小时上升10℃，当温度达到最高时，我们所达到的阶段就是恒温阶段。比如在水利水电工程的桥梁施工中，需要在桥梁面上储存一些水源，这样可以提高水利工程棚的温度。另外，要促成混凝土施工的降温，在降温阶段，为了避免降温速度较快，产生施工裂缝现象，需要将降温的温度控制在10℃，这样就可以有效避免由于温度差造成的施工裂缝；在进行桥梁焊接时，要采用间接性焊接法，尽量避免焊接时发生的危险事故。

总之，在国家各项建设中，水利水电工程受到较多关注，为了提高其工程质量，需要人员提高自身的操作技能和专业知识，提升管理水平，控制好施工的各节点质量，采用先进的施工技术，促进水利水电工程的发展。

二、水利水电工程生产安置规划

水利水电工程安置的目的在于将工程建设区域内的居民迁移至合适的居住点，并为其创造适合生产生活的条件在生产安置的过程中，居民的生产生活环境会发生很大的改变，所以必须保证各方面都要安排妥当。

水利水电工程具有非常显著的经济效益和社会效益，其建设和发展一直是党和国家关注的重点内容水利水电工程的建设难免会对附近居民的生产生活带来一定的影响，比如对土地的占用、居民的迁移等，所以生产安置工作也是水利水电工程建设的重要组成部分，在水利水电工程的建设中发挥着重要的作用。

（一）水利水电工程生产安置的原则

坚持有土安置的原则。简单地说，有土安置就是要在安置工作中为移民提供一定数量的土地作为依托，并保证土地的质量，然后通过对这些土地的开发以及其他经济活动方面的安置，使移民能够在短时间内恢复到之前的生活水平，甚至超越之前的生活状况在这一过程中，农民要仍然按照农民对待，保证农民能够得到土地这一基本的生活依据，防止农民在安置的过程中失去土地而走向贫穷。如果库区的土地资源不足，要因地制宜、综合开发，努力弥补土地资源，保证移民的生产生活有足够的土地作为保障。

坚持因地制宜的原则。目前我国农村的生产生活方式也发生了很大的变化，农业收入已经不再是农民的主要经济收入来源了，所以在移民的安置方面也应该在原本的“有土安置”原则的基础上做出一些调整和改进另外，尤其是在我国的南方地区，人口密集，土地资源也比较少，在进行生产安置时很难保证所有移民都能够分到土地目前，多渠道安置移民已经成为水利水电工程中生产安置的一大发展趋势，除了农业安置、非农业安置、农业与非农业相结合的安置之外，还有社会保障、投靠亲友以及一次性补偿安置等多种形式，在搬迁的方式方面也有集中搬迁、分次搬迁等。所以当地政府在进行生产安置时要坚持因地制宜的原则，在安置方式的选择方面要充分听取移民的要求和意愿，做到因人而异、因地而异，对于有能力或者有专业技术的移民可以进行非农安置，鼓励其进城自谋职业；对于依靠农业为生的移民，要坚持有土安置；对于没有经济能力的老人和残障人士，可以采用社会保障安置的方式。

坚持集中安置。集中安置是与后靠安置相对应的安置方式，在20世纪70—80年代，我国在水利水电工程的生产安置方面一直采用的是后靠安置的方式，通常是将移民迁移到条件比较差的库区周围，这些地区的生产生活环境都比较恶劣，在供水供电方面都非常不便，基础设施也非常落后，这些遗留问题一直在后期都没有得到妥善的解决。所以在当前的水利水电工程建设中，要吸取之前的经验，在生产安置方面已经逐渐改为采用集中安置的方式。集中安置简单地讲就是在对移民进行安置前先做好统一的规划，然后待建成之后统一搬迁入住，安置点的生活环境也能够得到很大的改善，各种生活设施也比较健全，移民的满意度也更高。这种安置方式虽然在前期的投入比较大，但是是可持续发展理念的体现，在后期的管理中所花费的成本也比较少。

坚持生产安置和生活安置相统一。在水利水电工程的生产安置方面，不仅要解决移民的生活问题，也要注重解决居民的就业问题。在生活安置方面，要有超前的规划意识，坚持以人为本的原则，为移民的生活创造良好的环境。注重考察安置点的地质、地灾状况，对地质、水文条件做好评估工作、并从安置点的实际情况出发，做好当地的发展规划。此外，要保证安置点的各项生活设施全面，项目齐全、功能达标，在布局方面也要做到科学合理。在生产安置方面，要做好对土地资源的开发和规划调整，在充分考察民意的基础上，因地制宜发展二、三产业，促进安置点经济社会的发展。然后要做好其他方面的安排，包括一次性补偿安置、自谋安置、社会保障安置等，保证移民能够得到妥当的生产安置。

（二）水利水电工程生产安置应该考虑的问题

要保证移民的生产生活水平。水利水电工程生产安置的标准就是要达到或者超越移民之前的生产生活水平，这样不仅能够保证水利水电工程施工的顺利进行，也能够体现出水利水电工程作为一项民生工程的社会效益。而且通常在水利水电工程施工的地方经济发展水平不高，当地居民生活的物资也比较匮乏，基础设施建设也非常不完善，

所以做好当地的生产安置规划是非常重要和必要的。方面是为了切实改善当地居民的生活状况，保障移民的切身利益，另一方面体现了党和国家利民的政策和以人为本的思想理念。

在生产安置的过程中，为了保证移民安置能够有效提升移民的生产生活水平，有关部门要注重从以下几个方面进行把握：首先要做好对土地资源的调整，因为水利水电工程的建设本身就需要占用大量的土地资源，余下的土地资源是非常有限的，在对当地居民进行搬迁安置时，要注意做好土地资源的分配，也可以通过开垦新地的方式来弥补土地资源的不足。其次，要加强科技的引导，大力发展现代农业，根据安置点的土地状况和气候状况来开发新的种植品种和养殖品种，充分开发出有效的土地资源的潜力，引导移民科学种植、科学养殖、科学管理，提升移民的知识水平和现代农业技术水平，提升对土地资源的利用。然后要适当发展二、三产业，增强对移民的教育和培训力度，努力提升移民的科学技术水平和劳动技能，鼓励农民找寻新的致富路径，增加赚钱的门路和本领。最后，要加强对安置点的基础设施建设，完善安置点的交通运输和医疗卫生、学校等基础设施，为移民创造更加便捷高效的生活环境和条件，逐步提升安置点移民的生产生活水平。

促进当地社会经济的发展。水利水电工程的建设具有非常显著的经济效益和社会效益，其在供水、供电、航运、防洪、灌溉等方面的功能和作用，能够给工程建设的所在地注入经济发展的活力。但是在水利水电工程的生产安置方面，也存在很多不确定因素，会对当地的经济发展带来一定的不良影响。因此，在水利水电工程的建设过程中，有关部门要重点解决移民的补偿安置问题，保证移民安置工作的顺利进展，最大限度地发挥出水利水电工程的经济和社会价值。如何使移民能够及时迁出、统一安置、快速致富，是考察生产安置工作的重要标准移民安置工作的完成情况与当地政府的科学规划、积极组织、有效安排是密不可分的，所以在安置工作进展的过程中，政府要明确自身的责任，全力支持，积极参与。一方面，当地政府在对工程施工地的移民进行安置时，要坚持以人为本、因地制宜的原则，从移民的角度出发，将移民安置妥当。另一方面，在开展各项具体的安置工作时，要明确工作和责任的主体，保证各项安置工作能够得到及时有效地落实，使得搬迁和维稳工作都能够落实到位，提升工作的效率，保证后续安置工作的顺利进展。

水利水电工程的建设对安置点的经济发展虽然具有一定的促进作用，但是这一过程是缓慢的，移民群众的积极性也很容易受到影响。因此，当地政府部门要将水利水电工程建设同促进安置点居民的脱贫结合起来，进而推行并落实相关的政策措施，明确各级政府部门的责任，合理分工、积极协作，注重调动安置点移民的积极性，共同致力于促进当地社会经济的发展。

总的来说，水利水电工程的建设是一个综合全面的过程。在这一过程中，要重点解决当地移民的生产安置问题，坚持以人为本的原则，做好生产安置的规划工作，努力促进安置点的可持续发展，在提升移民生产生活水平的同时，努力促进当地社会经济的发展。

三、水利水电工程基础处理技术概述

水利水电工程有着非常强的特殊性，包括的范围和领域非常广泛，需要非常多的部门一起合作才能完成最终的项目。在实际施工的过程中，需要实施很多的细节工作，其中对于水利水电工程基础处理技术是非常关键的一项工作。

因为水利水电工程基础处理施工正在不断将水平进行提升，所以为了对水利水电工程建设效率给予进一步保障，需要对工程基础处理技术进行深入的探究和分析，并加以总结，以便将施工技术进行完善。这样才能使真正的技术应用效率得到提升，使水利水电工程建设得到高效发展。

（一）水利水电基础施工技术的特征分析

与以往应用的工程进行比较，水利水电工程有着非常强的特殊性，包括的范围和领域非常广泛，并且需要非常多的部门一同合作才能完成最终的项目。在实际施工的过程中，需要实施很多的细节工作，主要的功能特征分为几个层面：其一，施工现场非常复杂，水利水电工程大部分需要对水库、湖泊等水流充足的区域进行修建，依靠湍急的水流可获取电力。不同的施工环境，都需要结合相应的条件对任务进行分配，如不同程度的地基，可满足之后不同结构不同稳定性的需求等；其二，施工的范围非常广泛。水利水电工程为获取电力的天然工程，涉及的范围会比较广泛，有着较大的工程量，并且施工的周期会比较长。因此，在施工的过程中，需要进行处理的基础工作比较多。如：大型水电站、近水建筑以及大坝等基础工程；其三，技术升级速度快。为了实现现代化，更为了对预期的施工任务完成给予保障，需要对技术以及材料进行更新。这些对工程的进度会起到决定性的影响作用。

（二）水利水电工程基础处理施工的作用

有益于结构稳定性的提升。在大部分的水利水电工程施工当中，施工现场的地质条件会有些复杂，经常会遇到软土地基。因为软土地基的土壤孔隙比较大，土体结构并不稳定，加之土体结构需要承载的负荷非常大，所以极易发生土体塌落，导致基础结构产生不均匀沉降，从而对水利水电工程的稳定性造成影响。因此，需要对水利水电工程的基础处理施工进行完善，以便对基础结构稳定性给予保障。

保障基础防渗效果。一般情况下，水利水电工程项目需要在水域中构建，所以针对基础结构的防渗性有着非常高的要求在基础施工的过程中，如果不能合理防渗，工

程结构非常容易产生裂缝，坍塌以及变形。因此，需要针对地基结构应用相应防渗处理，以便对水利水电工程的安全性给予保障。

（三）水利水电工程基础处理技术

锚固技术。锚固技术在该工程中的应用非常普及，是非常普遍的一种巩固技术，最终的目的便是将水利水电工程自身的结构性能进行提升。因为水利水电工程属于人力、物力、财力消耗非常大的工程项目，并且施工环境非常复杂，施工的周期比较长。但是，对于锚固加工技术的应用，可对施工的稳定性给予保障，使水利水电工程在施工过程中可对各种不利施工的环境因素进行克服。

预应力管桩。当前建筑行业的发展，建筑施工技术也在不断地更新和发展，预应力技术也得到了相应的发展，在建筑领域中的应用越来越广泛。特别是在水利水电工程领域当中，对于该项技术的应用，起到了非常重要的作用。在水利水电工程中，管桩沉降包括静压法、震动法、射水法，其中，先张法以及后张法属于预应力管桩施工当中的关键构成部分，在工程施工中产生的作用存在一定的差异性。预应力管桩施工当中，要与工程的具体情况进行结合，以便应用合理的施工技术，对施工质量给予保障。

土木合成材料加固施工法。水利水电工程基础处理的过程中，还需要对土木合成材料加固施工法进行应用，以便将工程的基础处理质量进行提升。该项施工方法，为在基础施工的前提下，平均分配施工载荷，这一分配形式，在某种程度上可使工程在载荷承载力有所提升，以便保障工程的稳固性。因为水利水电工程施工的过程中，时常会有塑性剪切施工力，所以会对工程造成一定的破坏。其中土木合成材料可平均分配剪切力，对剪切力的扩张等会产生相应的限制作用和阻碍作用，可有效控制工程的承载力。

硅化加固施工法。在实际建设的工程中，有些施工方为了对工程的稳定性给予保障，会对硅化加固施工法进行应用，这一施工方法可通过电渗原理施工。在实际施工的过程中，还需要对网状注浆管的施工效果进行保障。这一施工方法在软土地基处理中可起到非常有效的作用，因为软土地基的强度有限，所以施工的稳定性存在缺陷。其中，对于硅化加固施工的应用，可借助网状注浆管对软土地基实施硅酸钠以及氯化钙溶液的电动硅化注入，在注入时会产生一些化学反应和凝胶物质，该物质可将软土的强度以及连接性进行提升，从而对地基的稳固性给予保障：尽管该施工方式，可以起到非常理想的加固效果，但是会消耗非常多的能源，非常不利于可持续发展。

排水固结施工法。在正式施工的过程中，大部分工程都会面临软土地基的问题，软土当中有着大量的黏土以及淤泥，会严重影响施工。所以，针对软土当中的黏土以及淤泥处理，通常情况下，需要引用排水固结的方式施工，该项施工方式可解决软土产生的下沉问题，使地基的稳定性以及安全性有所提升，使地基的整体性能有所提升。

该施工方法的构成为基础加压施工和技术排水施工，在实际施工的过程中，要对每一部分的施工效果给予保障，尽管这一施工方式起到的效果非常理想，但适用的范围比较有限，在淤泥的地基处理中非常适用。

总之，对于水利水电工程施工的基础技术探究，对项目的整体稳定性起到了非常大的影响作用和效果，所以要对基础处理施工控制进行强化。但是水利水电工程基础处理技术有着非常多的类型，要结合实际的环境特征，建设要求等合理选择，同时强化不同施工工序的控制，从而对施工的质量给予保障，保障水利水电工程的稳定运行。

四、如何完善水利水电工程设计

随着我国社会经济的不断发展，水利水电工程项目的建设也越来越多。水利水电工程规模大、施工复杂，建设过程中涉及部门较多，应不断优化设计方案，保障工程的施工质量。论文概述了水利水电工程设计，分析了水利水电工程设计存在的问题，并提出了完善措施。

（一）水利水电工程设计概述

水利水电工程是一项比较复杂的系统工程，内容涉及多门基础学科，建设过程涉及多个部门。大部分的水利水电工程建设都是露天作业，施工条件差，为了更好地完成水利水电项目的建设，就需要做好水利水电工程的前期准备工作，尤其是设计，施工企业应多方案对比，选择最佳的水利水电工程设计方案。在工程设计前，设计人员应到施工现场了解并熟悉工程的概况，掌握工程地质的勘察、测量信息，进而设计出具有可行性、合理性的设计方案，另外，在水利水电工程设计过程中，必须要按照国家及有关部门的设计标准进行设计，同时还要对工程进行优化组织设计，从而实现资源优化配置，最终完成高效率、高质量的水利水电工程。

（二）完善水利水电工程设计的具体措施

加强工程现场的勘察工作，工程施工的依据是设计图纸，而设计的依据是工程的现场勘查，只有确保准确的现场勘查结果，才有利于设计的科学性和合理性。就项目的现场勘探而言，为了保障勘测结果的精确度和有效性，需要先进的设备和拥有一定技术水平的人员进行勘探工作，调查水利水电工程的基本概况，勘测工程的地质、水文条件，收集周围环境的资料信息。同时还要统计不同地势水文站检测的相关资料，对这些资料进行综合分析和归纳总结，并将总结内容整理成一份全面的工程地质资料，为工程设计工作提供资料依据。

增强质量管控意识，建立管控体系。随着我国综合国力的提升，很多水利水电工程是与国外进行合作建设的，同时还增加了一些海外设计工程项目。但我国质量管控

体系还不完善，具有一定的滞后性，影响着施工企业的发展，更不能满足现代工程的建设要求。因此，相关企业应增强质量管控意识，建立和完善工程设计的质量管控体系，满足设计市场和企业发展的需求，把好水利水电工程的设计质量关，保障工程项目的质量安全，促进相关设计单位和施工企业的长期稳定发展。

提高设计工作中的质检水平。现阶段，我国的水利水电工程的设计质检水平不高，影响着设计方案的质量。为了有效提高工程设计质量，就要加大水利水电工程设计各个环节的监督力度。可以从以下几个方面入手：①企业要树立质量第一的思想，增强设计人员的责任感，使其认识到设计工作的重要性，端正自己的工作态度，认真高效地完成自己的工作任务；②设计部门人员应严格按照国家及有关部门的设计标准要求进行设计，落实设计全过程中数据记录、设计相关文件等方面的质量控制工作；③加强设计工作中各个环节的质量检查，针对不同的需求进行设计图纸的修改，从而真正提高设计图纸的质量。总之、提高设计工作的质检水平，是保证水利水电工程的重要途径。

在水利水电设计中加入环保理念。随着经济的不断发展，人们生活质量在不断提高，对生态环境保护的意识也越来越强，这就给水利水电工程设计指引了未来的发展方向，即将环保理念加入到水利水电工程设计中，提高环境保护意识，建设生态文明的社会。另外，具有环保性质的水利水电工程设计，还能有效地保护水资源，有利于实现水资源的循环利用和持续发展。

加强设计上的创新。为了满足时代的发展需求，提高自身的核心竞争力，设计单位应不断更新设计理念，自主开发和创新设计方案。其中可以引进国外先进的技术、设备和理论知识，不断完善企业自身的设计理念、技能，进一步提高企业的设计水平。在工程设计的过程中，结合工程的实际情况，合理地运用现代科学技术来完成创新型设计方案的实践。

总之，在水利水电工程设计中还存在一些问题，为了保障工程的设计质量，设计单位应加强工程现场的勘察、增强质量管控意识、提高质检水平等，通过采取一系列的措施，从而不断完善水利水电工程的设计，使其为后续施工打下坚实的基础，进而促进水利水电工程的顺利完成。

五、水利水电工程试验检测要点

国家经济发展，城市建设不断进步的同时，基础设施建设得到发展，水利水电工程与人们的生活息息相关，同时也对社会发展有非常重要的意义，所以提升水利水电工程质量已成为水利水电工程建设乃至社会基础设施建设的重要目标。这就要求相应的工作人员对水利水电工程的质量进行严格把关，将试验检测落实到实处，从而发挥其重要的监督作用，使工程的建设质量有一定的保障。

（一）水利水电工程试验检测及其意义

我国是一个农业大国，以农业生产为主，农业的发展能够促进国家经济积极增长。而水利工程建设与农业发展之间有着密切联系，水利工程建设不仅能够促进农业更好发展，还能有效实现对生态环境的保护。但是，水利工程在建设过程中难度较高、建设周期较长并且建设规模巨大。所以，在建设过程中容易受到诸多因素影响。在如今社会快速发展，科学技术不断更新的背景下，想要提高水利工程效率与质量，需要在建设过程中加强质量检测。在质量检测中应用无损检测技术，能够使水利工程质量得到有效保障，进而推动国家更好发展。

（二）水利水电工程现场试验检测的作用

有利于确保施工运行安全。水利工程在进行建设的过程中，要积极进行试验检测的实施，促进相关工作人员以及相关部门对工程情况及时了解掌握，其试验检测主要是对水利工程施工现场的材料以及施工设备等进行检测，以达到对水利工程施工的监管作用，促使水利工程能够在工期内交工同时保证工程质量安全可靠。

有利于确保工程项目质量安全。在水利工程竣工阶段的检测，属于对水利工程整体进行检测，主要是要对水利工程的各项检测指标进行科学的对比，以此来检验水利工程的质量，保证水利工程的安全，促进其能够继续为社会的发展以及城市的建设发挥效益。因此，水利工程竣工阶段试验检测有利于确保工程项目质量安全，在水利工程建设现场实施中占有不容忽视的地位。

六、水利水电工程施工控制学

水利工程是系统性工程，涉及的专业技术较多，施工难度较大，施工工期随着难度增加，这就给水利项目的施工控制造成了一定的难度另外，水利项目施工管控是保证水利工程施工质量不可或缺的重要手段。

近年来，随着国家政府不断加大对水利工程建设事业的重视，在资本支持方面和政策方针方面均对水利项目建设单位予以了很大力度的扶持，促使水利项目取得了很多令人瞩目的成绩，相应地也推动了我国水利工程建设事业的蓬勃发展。但与此同时对于任何工程建设施工单位来说，质量是提高市场竞争优势的重要法宝，也是施工单位赖以发展和生存的生命线。所以对于水利工程施工单位更是如此，更要将施工质量控制置于各种管理工作的第一位，全面加强水利项目施工控制，深入探究关于加强水利项目施工质量管控的方式与举措，唯有如此，才可以满足水利项目建设企业长效发展的基本。

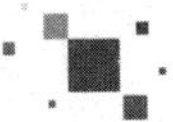

（一）水利施工控制的主要内容

原材料的质量控制水泥的选择应优先选择水化热较低的矿渣水泥，避免使用刚出厂未经冷却的高温水泥。骨料选择：砂子为Ⅱ区中砂，细度模数在 2.4 ~ 2.6 之间为最佳，含泥量不大于 3.0%，泥块含量不大于 1.0%，石子为连续级配碎石，含泥量不大于 1.0%，泥块含量不大于 0.5%，掺合料应选择优质粉煤灰或矿渣粉，掺入一定数度的掺合料替代水泥能降低水化热，保证混凝土的和易性，增加混凝土的密实度，选择与水泥相适应的外加剂，增大混凝土的流动性，降低水胶比减少混凝土的收缩，如果气温大于 20℃时应复合缓凝剂，推迟混凝土放热高峰和降低峰值。

混凝土浇筑的质量控制。在混凝土施工中，在混凝土中加入其他成分，来控制水量，提升稳定性，达到最佳的塑性效果，转变混凝土的状态，提升流动状态，减少水热化的不利因素，缓解热冲突，科学布置施工顺序，分步骤分面积进行浇筑，使得热量不会堆积，并且留给变形余地，在材料中加入冷水或冷气管道，分散热量，缓和内部的温度差异，对温度的变化进行合理的控制，推动冷却效果的实现，提升砼养护的效果。

（二）水利水电工程施工质量的影响因素

施工的环境。水利水电工程在施工的过程中，露天作业是常态。工程的施工进度和施工方案都会受到施工环境的影响和制约，进一步对工程施工的质量产生影响。水利水电工程施工质量控制的过程中，需要对工程地质进行处理。如气候的变化对施工进度造成影响，恶劣的气候导致工程进度减缓，对整体工程的质量带来影响。同时如果施工的场地过小，大型设备难以正常地运行，影响工程的施工质量。

施工材料的影响因素，在水利水电工程建设的过程中，原材料的质量对工程施工质量有着直接的影响如水泥质量不合格、水化性差，安定性弱；粗骨料的直径较大，严重超标，细骨料泥沙含量高，不符合工程施工标准；混凝土配比不合理，强度不符合工程要求，导致混凝土在高温或者低温的状态下性能发生变化；混凝土养护过程形式化，造成混凝土强度降低，出现裂缝现象在水利水电工程施工的过程中，原材料的质量或者操作使用不合理，给水利工程施工质量带来影响。

第二节 水利水电工程施工的基本理论

一、水利水电工程的施工技术及注意问题

随着我国市场经济的快速、稳定增长，国家在不断地加大基础性的水利水电工程建设的投资力度，在一些大型的水利水电工程中，工程的施工质量受到多方面因素的影响。

（一）水利水电工程施工技术的分析

大面积混凝土的碾压技术。在水利水电工程施工过程中常会遇到大面积的混凝土碾压，通常碾压的混凝土主要有三种分别是高粉煤灰掺和混凝土、贫碾压混凝土以及砂卵石和水泥掺和混凝土。这些碾压混凝土的主要特点就是里面掺入了许多的粉煤灰，由于其中骨料以及含砂率等的直径较小，所有混凝土最终的合成物均比较黏稠，在进行混凝土碾压时主要是根据碾压和运输等具体情况，选择薄层碾压施工的方法。通常这样的碾压不仅施工速度快而且不会对混凝土的强度产生影响还能够很好地改善层面，因此其经济效益较好被广泛应用于水利水电工程中的大面积混凝土施工。

水利水电工程施工中的围堰技术。在水利水电工程的施工过程中，通常会用到施工导流技术，这是在基础设施施工过程中非常常见的一种工程措施，在应用施工导流技术的过程中，应该根据工程施工的特点，规划出严谨的施工导流方案，只有保证了施工导流的质量才能使整个工程的施工质量得到有效的保证，这对于之后的工程施工及工程应用具有非常重要的影响。在施工导流工程中应用围堰技术，是提高施工导流工程质量的一项有效的措施，其主要的实施方法是：在施工的过程中，根据工程的需要，修建一定的挡水建筑，将地面上的水进行引流，防止水对水利水电工程的施工产生影响，因此，在修建围堰的过程中，设计人员应该综合地考虑围堰的抗冲击能力、防渗透能力等各种能力。

水利水电工程施工中的坝体填筑施工技术。在水利水电工程的施工过程中，经常需要进行坝体的修筑，而这项施工技术中的重要的施工内容就是要进行坝面的流水作业，其主要的施工流程为：首先要根据实际的工程需求，对流水作用中的工作段及工作方向进行合理的划分，在保证坝面施工的施工面积的前提下，要严格按照相关的施

工规范来进行施工，施工过程中的长度及宽度要能够满足相关的要求，要保证碾压的机械能够进行正常的施工，并且能够进行正常的错车，一般情况下，坝面的长度是在 40 ~ 100m 之间，其宽度一般是在 10 ~ 20m 之间。施工的过程中确定出合理的坝体填筑工序也是非常重要的，在此过程中需要着重考虑的主要的影响因素有施工季节、铺料方式、填筑面积等。对坝体的填筑时间进行较好的控制也是非常重要的，这能够有效地减少施工过程中的热量的流失，在流水作业完工之后，必须计算出单位时间内的工序数目及工作量。

水利水电工程施工中的上坝路面硬化技术，首先在进行路基的施工时，应该做好路基的压实、测量放线、土方回填等工作，在开始路槽的开挖工作之前，必须要对相关的施工参数进行有精确的计算，使施工中的环境能够较好地满足泥结石的铺筑要求，只有对路基的施工质量检测合格之后，才能开始下一道工序的施工。在泥结石路面的施工过程中，碎石的铺倒一般会选择自卸车辆来进行施工，在碎石的摊铺工作中，要对摊铺厚度进行严格的控制，每完成一段摊铺工作，要对其厚度进行检查，保证摊铺的厚度及均匀性，等碎石的铺筑工作完成之后，可以开始土料的铺筑工作，然后进行碾压工作。在进行砼道缘的埋设工作时，首先应开展测量放线工作，放样定线工作一般会选择在泥结石路面的两侧进行，挖槽工作一般采用人工的方式来进行，开挖的深度要达到相关的设计高度，只有挂线、打桩工作完成之后，才可以进行道缘的安装，砂浆一般是选择在现场进行拌和，安砌工作完成之后，要及时地进行覆盖及洒水养护工作，砂浆凝固强度满足要求之后，才能进行土方的回填。

（二）水利水电工程施工中应该注意的问题

在开始土石坝施工之前应该做好相关的准备工作。在进行土石坝施工的过程中，充足的准备工作是非常必要的，在开始施工之前需要对料场进行合理的规划，这对整个工程的造价、工期、施工质量等都有着重大的影响，并且施工的过程中势必会对周围的环境产生影响，为了施工的过程中能够达到相关的施工标准，必须在施工之前根据相关的设计图纸，根据施工现场的实际情况，进行科学合理的料场规划。

应注意土料压实工作中的相关技术要点在水利水电的施工，过程中，压实是一项非常重要的工序，首先应该根据实际的施工要求，选择合理的压实机械，必须根据施工作业面积、施工强度、筑坝材料性质、填筑方法、土体结构状态特点等，对压实机械进行恰当选取。同时，一定要根据施工现场的特点，对施工过程中的含水量、压实干表观密度等参数进行严格的控制，尤其是在应用砂土等材料进行施工时，要对其填筑密度进行严格的要求，使其能够满足相关的施工指标，保证施工过程中的质量要求。

安全问题。在水利水电工程施过程中，保证施工人员的安全是工程施工中应该注意的首要问题，这也是保证水利水电工程顺利施工，为社会经济的发展作出贡献的最基本的保证，水利水电工程的施工与其他行业的施工相比，属于工程事故多发行业。

环境保护问题。如果在工程施工的过程中，不重视对然环境的保护，就会加剧自然灾害的发生，这与水利水电工程施工的本意是不相符的，因此，在水利水电工程施工的过程中，注意环境保护问题是非常重要的。首先，在水利水电工程施工的过程中，应该与相关的生态环境保护工作进行良好的结合，对于与环境保护有关的问题，应该在施工的过程中协调好各方面的关系进行妥善的解决，严格地按照国家的相关施工标准，尽量减少施工过程中的噪声污染及大气污染。

水利水电工程是关乎民生发展的工程项目，在其施工过程中采用先进的施工技术，保证工程的施工质量是非常必要的。

二、水利水电工程施工难点与要点

为了提高水利水电工程施工水平，要重视结合实际，不断总结有效的施工技术，提高对于水利水电工程施工技术的认识，希望能够不断提高水利水电工程建设能力。

在有效地分析水利水电工程施工过程，要重视结合施工难点，有针对性对其施工技术要点进行阐述，从而保证水利工程建设效率。为了保证工程建设质量，有效地分析其技术过程，要不断进行创新与实践，从而才能保证技术应用水平不断提高，进一步为水利水电工程建设提供有效保证。

（一）水利水电工程施工的难点

水利水电工程顺利完工需要众多因素作为保障，其中最重要的一点是重视技术的质量性，以此保证工程稳定安全，但实际施工中，难以控制因素诸多，施工的不确定性，大大增加了水利水电工程的施工困难具体施工时，常常会无法保证某项操作的可预估性，增加临时难点，增加施工难度如：在某施工进行过程中，因社会背景的转变，时间的变化，或是区域之间产生差异性，不同水流域之间变化等种种因素的转变，都会增加施工难度。除此之外，在工程进展过程中，人为因素、自然因素等都会对正常施工造成一定的阻碍，同时水利工程修建耗时长、操作复杂、工序繁多，在施工中极易发生与原设计相差甚远的实际现实情况，因此需要施工的有关工作人员及时对施工方案进行调整、修订，对计划进行不断的变更与优化。

（二）水利水电工程施工技术的要点

对坝体进行填筑的技术。水利水电施工过程中，需要对坝面进行流水作业，此项技术称之为坝体填筑技术其主要内容包括：第一，对工程施工进行科学合理的设计，按照图纸对坝面进行整体划分，为流水作业做准备，合理划分具体施工方向、具体施工段长度，以坝面面积为基础对相关作业区域进行划分，第二，保证坝面划分

符合工程施工时设备运行的条件要求通常情况下，需要根据施工要求合理设计坝面宽度，保证其超过最小压实设备的宽度。一般将坝面宽度控制在15m左右，长保持在40 ~ 100m之间。第三，根据设计要求、施工标准，对施工内容进行规划，合理安排施工工序。施工工序需要根据坝体具体情况、填筑面积需求、填筑辅料、坝体铺料施工季节、施工强度等而确定。第四，水利水电施工中，要控制不同工序的工作时间，注意不同季节同一操作工序的能量、能源消耗情况。如：夏季、冬季不同热量损耗等，进而有效保证施工作业的循环时间。第五，除上述注意内容外，需要对填筑技术进行把控，保证其符合标准操作规范要求，质量保障。

路基的施工技术。完成基本填筑工程后，需要对坝面路基进行施工，在此操作中需要注意：第一，完成填筑操作后，对坝体路面进行清除整理，可采用机械化清扫的方式对路面除杂，利用推土机对路面路基进行压实。第二，完成路基清理、路面压实后，需要测量路基整体长度及时放线，为同填土方做足准备、第三，进行路面回填，此时需要开挖路基路槽，根据工程基本操作规范、实际要求，保证每道工艺、每项操作的质量。夯实基础、避免出错、保证铺垫质量。第四，完成路基施工操作后，及时对路基进行验收，由相关部门仔细检查施工质量，质量过关后才可进行后续操作。

淤泥质软土处理。在进行路基施工时，需要对不同土壤软土采用不同的施工技术。具体包括：第一，处理淤泥质软土。主要指对承载力不强、压缩性较强、抗剪程度较低的土质进行处理，包括淤泥质土、腐泥、泥炭等，此类土质含水量较高，均处于软塑、流塑状态，因质地较软，易发生滑移、膨胀、高压缩变形、挤出等问题。由此可见、此类土质施工过程中，易发生建筑物不稳定等问题，需要对其进行必要的处理。当水利施工作用在淤泥软土地质上时，其稳定性欠佳，难以排出所含水分，此时需要：利用置换砂层、铺垫砂层等方式进行排水；清除淤泥开挖土槽、抛石挤淤；修建砂井及时排水；扩大建筑物地基，利用桩基方式保证地基稳定性；控制其上部建筑物的加荷速度，利用固结方式将地基水分排出；采用反压护堤平台等方式进行层土镇压；利用侧向填石填砂的方式夯实地基，或封闭处理板桩墙加固稳定性，预留可能出现的不良地基沉陷量。

强透水层的防渗处理。在堤坝修建过程中，另一类常见土壤地质包括砾石、刚性坝基砂、卵石等等，其均有较强的透水性，抗压力较大，对上部建筑物的稳定性有较大影响，甚至会因大量耗水形成管涌现象。常用开挖清除的方式结合防渗处理，增加建筑工程的稳定安全性，一常见的强透水层防渗处理措施包括：以清除砾石、卵石、基砂为基础，随后进行黏土、混凝土回填，造筑截水墙，随后以回填的方式构筑防渗墙。在喷射水泥时，可采用高压灌浆喷射的方式进行防渗墙的修建，延长处理可渗路径，同时设置一定的反滤层，保证反滤层质量，增强地质土层的稳定性。

对坝体的路面进行施工的技术，完成路基施工操作后，需要对路面进行施工此时需要注意：第一，对材料比例进行控制，对运输车辆路程、路线、进场顺序等进行安排布置，合理按照不同材料的需求按比例进行卡车装载，倾倒材料时要注意避免引起较大的尘土飞扬。第二，在完成卡车倾倒后，及时安排推土机进行压实、摊铺工作，摊铺路面，组织工作人员对路面进行厚度检查，保证其石料层厚度符合标准要求，完成此项操作后才可进行路面土体填满、路面洒水等操作。第三，完成上述操作后，通过人工作业方式，结合机械式压实方法，对路面坝体进行整平，保证压实质量。

大体积碾压混凝土技术，大体积碾压技术是现代化新兴技术，其自应用推广以来，备受关注，此技术主要是以干硬性贫水泥混凝土作为原料，掺杂硅酸盐水泥、其他材料等根据性质变化制作干硬性混凝土。具体施工过程中，使用与土石坝施工所需相同的设备，以振动碾压的方式进行路面夯实。此技术主要是利用干硬性混凝土体积小，强度高的特性，增加施工的高效性，同时此技术经济实用性强，可应用在不同土质中，应用率较高。

施工的导流和围堰技术。水利水电工程施工中，需要对闸坝进行施工，此时需要应用施工导流技术。施工导流技术是水利水电工程施工中常见的决定质量的技术之一。常见使用修筑围堰的方式处理施工导流中常见问题，进而保证工程质量符合标准要求。在修筑围堰时，因部分工程需要在地面上修筑可挡水性临时建筑，因此需要全面、仔细地考虑围堰建筑的复杂性、稳定性。进而减少水面降低、水流增加、水速加快等因素对围堰的冲击。在实际施工中，水利水电工程会因自然因素等改变施工进度，增加造价成本，因此需要根据当地的实际施工情况、具体环境条件等科学地进行导流施工，保重施工按计划进行。

水利水电施工技术还需要注意下面问题。在进行水利水电施工时，应注意：第一，填筑坝体时需要对工序环节进行合理规划，全面掌握具体坝体用料，在施工开始前做足充分准备，科学规划，做到事半功倍：第二，填筑坝体时，需要对原料运输进行合理设计，保重运输设备的适应性，从经济实用等原则出发，发挥运输设备的价值，为施工正常运转提供保障：第三，压实路面、路基，考察原料空隙率，严格对每项操作进行质量检查，达标后才可进行后续操作。

总之，对于水利水电工程施工而言，外界干扰因素、施工工期和环境保护工作等方面带来的施工困难是施工企业需要克服的重大课题，要求施工人员必须熟练掌握各项施工技术要点，尤其需控制好一些重要事项的施工，全面保障水利水电工程顺利施工。

三、水利水电工程施工质量控制

在国家建设中，水利水电工程是十分重点的项目。施工质量控制及管理与水利工程实施及运行状况具有十分密切的关系。在总体上水利水电工程具有良好的发展态势，但在一些方面也难免存在问题和不足之处，对于水利水电工程及其行业发展具有一定

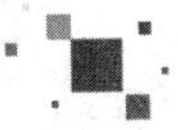

阻碍作用。

随着经济的快速发展，水利及水电在各行业中得到了广泛应用，许多国家对水利水电工程的重要意义都提高了重视，在对工业发展中也加强了水利水电工程建设，为此，应对目前工作中存在的不足之处深入了解，在有关工作细节方面不断完善，采取有效措施使一些意外风险及安全隐患得到规避，确保工程建设质量水平，使其使用年限得到延长，进而促进水利水电工程建设的健康发展。水利水电工程施工质量控制及管理的核心：

（一）控制工程材料质量

通常水利水电工程需很多的建筑材料，由于很多品种及较大的数量，为确保工期一般是在工程中选择多家供应商，但较多的供应商就难以保证整体质量。若量化标准不统一，不只是难以顺利实施后期材料备案和管理，还将对工程造成很大的安全隐患。所以，应严格把关材料，抽检进入施工现场的材料，检查其国家有关质量标准的相符程度，这都需要专门人员实施，并监督其工作。不只是这样，还应注意材料储存的防雨防潮，严格管控危险品，以免产生重大安全事故，确保施工过程稳定，进而使总体质量明显提高。

（二）开展混凝土浇筑质量

浇筑混凝土在水利水电施工中十分重要，在此过程中应对混凝土混合比重严格控制，此外，还应在施工现场分布位置中，合理进行混凝土搅拌设备及人员布局，确保向各施工点供给混凝土。浇筑混凝土前做好检查，查看浇筑面清洁度，将危险施工区域中存在松动岩石或地表裂缝的排除，在最大程度上确保混凝土施工质量。

（三）施工质量控制及安全的完善措施

一是对工程质量管理制度不断完善。统一工作量化标准，对工作人员行为进行约束，使工作内容明确，工作效率提高，确保工程质量。工程质量管理制度应结合工程实际，不可以偏概全，对特殊情况具体分析，使施工人员在各环节中落实好工作细节。定期检修维修施工现场机械设备，使检测频率提高，检测范围扩大，以免发生安全事故。二是实施施工准入证制度，界定行业内施工条件及水平，在政策上提供支持，严格按照有关标准施工。为工程施工安全提供保障，减少因发生意外事故导致的巨大损失。三是建立竣工验收备案制度。有关资料可在发生意外事故时用于技术支持，使施工中的问题得到妥善解决。对施工方的安全意识进行督促，进而确保工程质量。

综上所述，水利水电工程对于促进经济发展及社会稳定具有十分重要的作用。尽管水利水电工程建设进展较快，但也存在一些不足之处，对于水利水电工程的发展也造成了一定的限制。只有将不足不断完善，也可将潜在的风险有效规避，对于水利水电工程质量安全管理水平的提高也具有十分积极的有意义。

四、水利水电工程施工质量的因素

随着水利水电工程行业的发展，施工技术和施工材料在不断革新，工程管理工作也在进一步地深化，水利水电工程建设更加地规范。水利水电工程在不断地成熟，由于其涉及专业较多，工程量大、工期时间长，技术条件和建设条件非常的复杂，地理环境、天气环境、技术人员、施工技术、材料等都会对工程的施工质量带来影响，不利于水利水电工程的健康发展，不利于社会经济的发展。因此，加强水利水电工程施工质量影响因素的分析，有利于促进水利水电工程施工有效开展。

（一）工程施工质量的影响因素

施工的环境。水利水电工程在施工的过程中，露天作业是常态。工程的施工进度和施工方案都会受到施工环境的影响和制约，进一步对工程施工的质量产生影响，水利水电工程施工质量控制的过程中，需要对工程地质进行处理如气候的变化对施工进度造成影响，恶劣的气候导致工程进度减缓，对整体工程的质量带来影响，同时如果施工的场地过小，大型设备难以正常地运行，影响工程的施工质量。

施工人员的技能和素养因素。水利水电工程需要建造防冲、防渗并且安全稳定的挡水和排水的建筑，对施工质量有很高的要求。因此，施工人员的技能和素质对工程的施工质量有着直接的影响，施工人员的素质和技能水平低下，难以按照要求完成工程设计，影响工程的施工质量和进度。

施工材料的影响因素。在水利水电工程建设的过程中，原材料的质量对工程施工质量有着直接的影响。如水泥质量不合格，水化性差，安定性弱：粗骨料的直径较大，严重超标，细骨料泥沙含量高，不符合工程施工标准；混凝土配比不合理，强度不符合工程要求，导致混凝土在高温或者低温的状态下性能发生变化；混凝土养护过程形式化，造成混凝土强度降低，出现裂缝现象。在水利水电工程施工的过程中，原材料的质量或者操作使用不合理，给水利工程施工质量带来影响。

施工管理的影响因素。水利水电工程的施工涉及多个部门的利益，影响到社会、经济、生态等因素，工程的施工组织和管理面临复杂的系统，如果难以有效地进行组织和管理，会对工程的施工过程造成影响，难以保证工程施工的质量。

施工工艺的影响因素。水利水电工程在施工的过程中，存在不按照施工艺标准执行的情况。如水利水电工程地基清理不彻底，对地基深层次情况缺少认识，地基的平整压实仅仅只是简单处理，存在一些地基不牢固的现象。堤身填筑过程中，填筑土料质量不合格，没有进行相应的碾压试验，导致土方填筑压实不到位，不能满足水利水

电工程要求。

（二）水利水电工程施工质量改善的有效措施

加强人员的管理。在水利水电工程施工的过程中，需要加强对人员资质的审查，提高审查的要求，所有人员必须持证上岗。相关的领导人员应当具备相应的组织管理能力，同时具有较好的文化素质和丰富的工程经验。各项工程的技术人员应当具备专业的技术水平，具有丰富的专业知识和操作技能。相关的工程人员具备相关的执业资格和证书。加强对技术人员和工人的培训工作，促使施工人员素质整体提高，保证工程施工的质量。

加强工程施工的进度管理，在水利水电工程施工管理的过程中，工程进度管理是重要的环节。施工进度的管理对工程施工的成本和质量有着直接的影响，同时对施工企业的信誉和知名度产生影响。因此，在水利水电工程施工的过程中，应当注重工程的进度管理，对工程的进度计划进行细分和优化，加强对施工企业进度计划的审查，并且开展内部讨论，组织相应的分析会议，对工程进度中存在的问题进行分析，采取有效的解决方式。通过这样对水利水电工程路线进行分析和评价，同时能够对整个水利水电工程进行分析，并且责任落实到人。同时建设完善的奖励惩罚机制，加强对工程进度的管理。

加强对施工材料的管理和控制。在水利水电工程施工的过程中，应当加强对其施工材料的质量控制，工程施工过程中使用的钢筋、水泥、砂石等材料应当按照国家的标准，对其进行取样，相关的部门对其进行认证并且通过反复试验合格后才能够使用，同时各种类型的钢筋应当对其规格、级别、直径以及报审的数量进行检验，对其各方面证书资料进行完善，保证钢筋的化学成分以及力学要求符合工程的标准，进行相应的抽样试验，确认其冷弯、拉伸强度等合格之后才能够使用。在砖进场时，需要对其生产的厂家、报审的数量等进行核对，严格核实其合格证，以抽样检查的方式对其抗压、抗折的强度以及尺寸等进行检查，保证各方面的标准符合要求，禁止使用生砖或者过火变形砖，在对水泥进行质量检测的过程中，需要对其生产的厂家、合格证书进行检验，同时对水泥的安定性进行检验。并且水泥出厂不能超过三个月，进行抽样检查合格后才能够进场使用。对于不符合标准和不合格的材料严禁在工程中使用，如果发现不合格产品用于工程施工应当立即停止，并且向上级部门报告。

完善工程质量监督管理体系。首先需要对相关的质量管理法律进行构建和完善。政府部门作为水利水电工程的主管部门，应当从实际的情况出发，对相关的政策法规进行制定，对工程质量监督管理机制进行完善，保证水利水电工程的施工质量。然后，对质量的检测系统进行完善。水利水电工程的质量检测对保证工程的质量有着重要的作用。在实际的工程施工过程中，不少的工程并没有建设完善的工程质量检测机制，对工程缺少有效的质量检测，存在比较大的风险，因此，促进施工质量检测系统的完善，保证工程的施工质量。

加强施工技术的管理。首先，高喷灌浆的施工质量控制。在施工的过程中，控制好相应的原材料，水泥在进场时应当对其进行检验，符合要求后才能进场。水泥的存放应当在干燥的环境中。加强对技术参数的控制，对先导孔、浆压、风压、水压以及浆液的质量等进行定期的检查，特别是浆液的质量应当保证其符合施工的要求。同时对浆液的存放时间进行控制。在工程施工的过程中高喷灌浆开展前需要对浆液的比重、钻孔、下管深度等等进行检查，保证其符合工程的要求，保证工程施工的质量。其次，注重回填施工质量控制。在施工前需要做好桩位确定的工作，使用竹签做好相应的标识，对桩位进行反复的检查，减少误差，同时控制好孔斜率。在完工之后，需要对其进行注水试验，检查其抗渗透的效果，保证工程的渗透系数符合标准。最后，在施工的过程中应当避免出现灌浆中断情况，灌浆使用的管材应当保证在标准的范围内，定期进行堵塞情况的检查，避免出现漏浆的情况。采用回旋式孔口封闭器，在灌浆施工的过程中促使灌浆管经常性地活动和转动，同时控制好回浆的浓度和量。施工过程中注重检查工作，避免出现各种类型的事故。

水利水电工程是关系国计民生的重要工程，对我国社会经济的发展，人们生活水平和质量的提高有着重要的作用，同时对人们的生命和财产安全有着较大的影响: 因此，在水利水电工程施工的过程中，应加强对各个环节的质量管理，减少工程中的不安全因素，保证工程的质量。

五、水利水电工程施工中生态环境保护

随着现代社会主义市场经济的快速发展，人们的生活质量得以提升，电能、水资源的消耗量逐步增加，水利水电工程建设能够在满足人们用水、用电需求的基础上，发挥洪灾预防的作用价值，对居民生活影响较大，但是在水利水电工程建设期间，也会对周围的环境带来不良影响。

水利水电建设属于民生工程的重要内容，可以促进社会发展，但是水利建设也会破坏生态环境，因此需要深入研究水利水电建设与生态环境保护的平衡点，综合各种技术，利用合理的生态环境保护对策，避免水利建设破坏生态环境。

（一）增强素质并统一认识

一方面，施工单位应坚持以人为本的工作原则，加大对人才引进及培养的重视程度，定期开展岗位知识考核，考核合格者应给予一定的奖金奖励，针对水利水电工程监理人才不足的问题，必须要出台相应的扶持性政策以填补长期人才缺口，施工单位还要主动转变传统工作理念，将水体、噪声、大气纳入监测指标，严格管控施工垃圾的排放量。

另一方面，应该始终以增强相关水利水电工作人员的专业理论知识与实践操作经验为出发点与落脚点，充分调动其内在的主观能动性与积极创造性，多鼓励开展一些关于促进水利水电工程保护生态环境方面的多元化知识竞赛活动。

（二）从污染源头入手，提高施工设备生产技术

从建筑施工设备的源头着手，即施工用具的生产环节，应将相关的环境保护指标列入到生产标准中，优化施工步骤，将环境污染降到最低。在具体水利水电过程中，为避免噪声污染，可以给打桩机、冲击钻、水泵、柴油发动机、电锯等噪声巨大的设备安装防震层或减振装置，若条件符合也可在设备上安装新型消音装置。在水利水电施工现场建筑垃圾的综合处理方面，应将建筑材料二次利用实现再生产的技术大力发展，提高建筑材料的二次利用率，将原有水利水电建筑中的旧材料进行二次加工，并应用于新建筑中，同时应提高建筑材料的等级与标准，增加其耐久度与强度，延长使用寿命。由此可见，先进的科学技术是提升建筑环保的重要途径，是从根本上治疗建筑污染的出发点。

（三）完善施工过程中的环境保护工作

水利水电工程建设对生态环境的影响与破坏主要体现在施工现场，正式的施工过程，如基坑开挖导致土壤结构疏松，引发水土流失问题；废弃物的随意丢弃造成严重的土壤污染等，因此，要想实现水利水电工程建设对生态环境的有效保护，就必须做好施工过程的管理与控制工作，从而减少工程建设对环境的污染与破坏。具体保护措施有：在施工过程中动态监测水利水电工程施工对土壤、水质以及空气等造成的污染，将污染指标控制在合理范围内，若污染指标超出合理范围，及时分析问题产生原因，调整施工方案并采取保护措施减少工程施工对环境的污染与破坏。同时，做好污染物、废弃物的收集与处理，对施工过程中产生的固体、气体、液体污染物，分类回收，经过净化处理后再行排放，防止对环境造成二次污染此外，水利水电工程项目施工结束后，及时组织技术人员开展施工区域的景观、生态系统修复工作，种植树木、加固土壤，确保环境的稳定与平衡。

（四）加强员工环保意识，从根本上治理环保问题

通过水利水电施工单位各层级人员进行环保知识学习，是从根本上治理环保问题的有效方法，对发展建筑环保事业具有实际意义。施工单位应定期开展环保知识培训，一方面，聘请社会环保学者或知名大学环境学教授对全体员工进行环境保护基础知识讲解、环境保护理念灌输，进而提升施工现场人员环保意识，避免人为造成的环境污染问题另一方面，邀请政府相关部门的公职人员，对施工单位全体人员进行环境保护

法律法规培训，讲解在建筑工程中贯穿环保理念的重要性。

综上所述，随着人类在地球上的不断繁衍生息，对地球生态环境造成巨大破坏，其中建筑污染是重要的污染源之一。近年来，我国基础建设发展迅猛，水利水电工程技术更是处于世界领先水平，然而，在水利水电中贯穿环保理念路程艰难。因此，施工单位需采取相应策略，将生态环境保护理念渗透于施工过程中，为我国实现可持续发展贡献力量。

第三节　水利水电工程管理基本理论

一、水利水电工程建设质量管理

水利水电工程建设情况可以代表一个国家的发达程度，为保证其建设质量，国家有关部门也运用一整套的质量管理体系来对其进行约束，只有合乎质量标准，工程才能投入生产和交付使用，发挥经济效益，结合专业技术、经营管理，满足社会需要。质量管理体系贯穿整个工程建设过程，包括决策阶段、施工前、施工过程、工程完成后的质量管理。

（一）水利水电工程施工的特性

①水利水电工程施工经常在河流上进行，受自然条件的影响很大。

②水利水电工程多处于交通不便的偏远山谷地区，建筑材料的采购运输、机械设备的进出场费用高，价格波动大。

③水利水电工程需要反复比较论证和优选施工方案，才能保证施工质量。

④水利水电工程施工过程中，必须十分重视施工安全。因此，水利水电工程对质量管理有着很高的要求，且其涉及国家和社会的方方面面，只有通过层层质量严格把关，才能建设出质量合格的工程项目。

由以上分析可知，水利水电工程项目的质量管理工作是至关重要的。

（二）提高工程质量管理的相关对策

1. 加强项目前期工作

项目的前期工作是对项目建设的一个统筹规划，决定着项目能否高质量地完成，所以加强项目建设前期工作是首要环节。首先应严格落实资金使用制度，对不合理使

用资金，以及对国家拨款和地方集资的资金进行克扣的单位和个人，一旦发现应进行严惩。对项目工程师、项目经理等对工程建设起着重要作用的人员要进行专业考评，确保他们有相应的资质，能够完成任务。施工前期对施工现场进行勘探、对项目进行策划及设计时一定要逐步到位，确保考虑周到，严禁凭经验设计，针对不同地点应有合理的规划设计。项目前期工作是项目进行的基础，要确保基础牢固。

2. 对与项目建设有关的人员进行定期培训

水利水电工程中相关人员的职业技能和综合素质直接影响到工程的质量，在项目建设过程中，一些人可能按照自己的想法进行施工以致影响整个工程的拼接，最终对质量产生不利影响，所以对人员定期进行培训，强化他们的组织意识，应按照前期规划进行建设，出现问题及时向上级汇报。还要对相关技术人员进行技术培训，以提高他们的技术水平，防止因技术不到位而出现质量安全问题，当然，对相关人员的安全教育也是必需的，避免在施工过程中出现安全问题，不断提高安全保障。

3. 加大执法监督工作力度，强化举报制度

因项目建设过程中出现的腐败而造成最终项目质量出现问题的事例多不胜数，国家有关部门的执法监督以及人们的举报是解决这一问题的有效手段。各级水利部门、建设部门、新闻媒体以及人民群众都是重要的监督主体，国家有关部门以及各级执法机关应当加大对工程质量管理工作的监督检查力度，并完善举报制度。举报可以通过网络等手段，建立专门的监督举报网站，以方便更多的人进行检举，一旦发现涉及工程质量的相关消息，应立即公开处理。

目前，我国的水利水电工程建设有着很大的发展前景，水利水电工程质量的好坏也是国民时刻关注的问题。在全社会的关注下，水利水电工程建设要做到最好，就必须强化质量管理体系、对项目进行规范的管理，以使项目能真正地达到高质量、高标准的目的，从而更好地造福人类。

二、水利水电工程建设管理实施建议

面对水利水电工程管理中可能出现的多种问题，只有采取相应的管理措施才能进一步促进我国水利工程的发展。

（一）严格按照规范建立相关法人责任制度

项目法人作为项目制度的核心人物，只有选择技术知识过硬、管理方法先进的优秀人员组成项目法人，才能从根本上完善项目内部分管理制度。在项目施工的招标投标过程中，应以项目法人为核心组建专门的投标招标小组，严格按照相关的投标管理办法和投标招标程序实行项目招标投标，同时要积极听取专家评标议标的过程，加强

投标招标的规范力度，对招标投标过程中出现的资质不符、信誉程度差的投标单位实行不良记录制度。此外，项目的投标招标过程必须以公平、公正、透明的原则展开，严禁在投标过程中出现违法乱纪的行为，对招标的商家进行招标结果公示，从根本上杜绝违法违规现象的发生在选择监理人员时，注意建立人员的任职资格，从根本上提高监理队伍的总体素质，并进一步规范监理人员的行为。对合同中出现的相关处罚条款应按照实际要求规范管理，提高合同双方的权利和义务的意识，保证合同的可行性和有效性，防止双方产生不必要的经济纠纷。

（二）完善水利工程质量管理

与人民和国家经济切实相关的水利水电工程必须在工程质量上达到标准要求，保证人民的生命财产安全。因此，在水利水电工程施工过程中要严格把控工程质量，以科学规范的质量管理制度保证整个工程能按照要求规范进行严格的施工。同时项目在安全质量监督管理工作中应将工作责任制度落实到位，提高监督水平，充分发挥安全质量监督管理的力量，确保安全质量工作有效、有序地展开。

（三）严格控制水利水电工程建设工期

项目在施工前应对总体施工做一个科学详细的进度计划表，施工过程中严格按照进度计划表实施工程建设，以总施工路线为指导，严把工程关键节点，将总工程目标划分为不同时段的分目标，以分目标作为时段施工的建设目标，统筹安排各方关系，在人员、物资、材料、设备等方面保证工程能按时施工。此外，分阶段的施工组织管理也非常重要只有做好上述各方面工作才能保证整个工程按时保质保量地完成。

（四）加强工程验收管理

水利水电工程项目在建设前期应按照相关规定申请开工，由水利水电行政单位的相关部门对工程实施方案等做出详细的考察后，予以审批。准许项目开工后，水利工程才能开工建设。在工程完工进行质量验收时，应严格按照规范制度对工程质量进行验收，对于不合格或不符合规范的项目应强行整改，对符合验收质量、验收条件的项目组织开展验收工作。

（五）重视现场安全管理

水利水电工程现场安全管理关系着工程的进度和质量问题，因此项目应建立与安全生产相关的安全管理制度，明确安全管理的主体，将安全生产管理制度责任落实到个人，对现场施工生产管理加强监督，采取相关的安全技术措施，加大安全隐患排查力度，对生产过程中出现的违法违规行为进行严厉的处罚，杜绝不安全事故的发生。

（六）加强水利市场监督力度

水利水电工程建设的最终目标是赢得经济效益和社会效益，因此完善的水利市场管理监督能促进这一目标的实现。水利水电工程建设以市场效益作为动力，通过严格的质量控制和新颖的管理办法，努力将普通工程建设铸造成精品工程以获得顾客的信赖和市场的肯定，并以此打开水利水电工程的市场，开拓出新的发展空间。

随着水利水电工程的发展和壮大，工程体系中的管理体系也随之完善起来。广阔的市场经济体系为水利水电工程的发展提供了良好的发展空间和机遇挑战。为了促进水利水电工程在市场经济中获取绝对性的竞争优势，就必须加强工程中的管理制度，以创新的管理制度代替陈旧的管理制度，以创新的管理办法为水利水电工程的发展注入新鲜的血液。

三、水利水电工程建设合同管理分析

合同管理水平的高低直接影响企业的效益，更关乎企业员工的切身利益，所以加强合同管理意义重大。它对我国整个水利水电行业的发展具有十分重要的影响。为了提高水利水电工程建设产品所带来的社会效益和经济效益，就必须做好我国水利水电工程建设的合同管理工作。近年来，虽然我国在水利水电工程建设合同管理方面取得了一定成绩并积累了部分实践经验，但也存在很多不足，因此要重视并做好水利水电工程建设合同管理工作，不断地完善和加强我国水利水电工程建设的合同管理制度。

（一）水利水电工程建设合同管理的重要作用

工程合同具有公平、科学的特性，同时它还具有法律效力，因此在水利水电工程建设中实行合同管理，使我国的工程建设有据可依、有章可循。合同管理可以规范我国的水利水电工程建设市场。

（二）水利水电工程建设合同管理改进措施

针对我国在水利水电工程建设合同管理方面存在的问题，可以采取以下措施加以改进：

①充分利用网络资源与计算机，努力实现合同管理科学化，加强合同管理人员的专业技能培训。加强水利水电工程建设合同管理工作首先要增强管理人员的责任感，合同管理人员要掌握必要的签约常识和基本的法律知识，企业也要对合同管理人员进行定期培训，努力提高合同管理人员的素质和业务水平，做好水利水电工程建设的合同管理工作。

②建立与国际惯例相一致的合同管理制度。目前，我国的水利水电工程建设合同

管理制度还不是很完善，合同管理多流于形式化。要想在竞争激烈的国际环境下占据主动，必须要有科学的合同管理制度加强监督并跟踪管理，对合同履行过程中发生的违约纠纷要及时处理，并向有关部门及时反馈，防止违约行为的发生。违约情况一旦发生，要及时采用协商等方式进行处理，减少企业的经济损失。

③建立国际化的索赔管理制度，完善我国的索赔条款，增强合同缔约方的反索赔与索赔意识；建立现代合同管理模式和管理机构；加强建设领域立法和执法；大力培养建筑行业内专业律师和合同管理专业人才，提高合同管理人员素质水平；尽快建立国际化总分包合同管理制度，建立健全劳务分包和专业分包的管理体制等。

水利水电工程建设与人们的生产生活息息相关，合同管理是我国水利水电工程建设顺利进行的重要前提和保障，在竞争日趋激烈的今天，我们必须重视并加强合同管理，积极借鉴国际上先进的合同管理经验，力争把我国的水利水电工程建设合同管理工作做好。

四、水利水电工程建设的风险管理

从水利水电工程的计划、设计到竣工及投入使用，任何一个环节都存在着潜伏的风险因素，引发意想不到的事故，给工程带来无法弥补的损失。

（一）水利水电工程建设中常见的风险因素

总体来说，水利水电工程建设中常见的风险因素有如下几个方面。

1. 社会环境风险

社会环境风险主要包括两个方面：一方面是施工的专业技术革新或者是施工工艺的进步带来的风险；另一方面是国家或地方的法律法规带来的风险，例如需要增加环境保护的要求或者施工工地文明建设的要求等。

2. 自然环境风险

自然环境风险主要是指自然环境的变化或者工程本身的变化而带来的风险。例如，地震、海啸、台风等自然灾害给工程带来自然环境变化，导致工程无法顺利实施，或者使施工人员遭受生命安全的风险。

3. 工程进度风险

如果在施工的过程中出现了使工程无法按照正常的进度而进行的风险，就会使工程出现不必要的风险。产生工程进度风险的原因主要有如下几个方面：一是技术因素产生的风险，主要由于工程技术人员的专业素质和技术水平不过硬，使得水利水电工程没有按照设计方案而进行，或者施工的时候无法达到方案中技术标准的要求；二是策划因素，在前期决策和设计过程中没有考虑到工程中出现的意外事件和处理方法。

例如，当材料供应不及时时该如何处理，当出现异常天气时如何处理，等等。如果没有在前期将有可能发生的事故及解决措施制作成预警方案，就会造成不必要的损失，进而影响工程的施工进度。

4. 资金风险

与所有工程项目一样，在建设过程中会存在一定的资金风险，主要产生原因是项目设计的变更使得各种因素如材料、人力等发生改变，使得资金受到一定程度的冲击，还有可能是环境或者天气的原因导致工程量增多，使得工程造价增加，增加资金的支出，出现资金风险。

5. 管理风险

在企业中，如果缺少一定的风险管理部门或人员，出现管理方面的短缺，就会使得水利水电工程建设中出现一定的管理风险。

（二）合同管理的重要性

合同管理能够对施工工期进行约束，使其不超过合同工期，也能够有效地防止投资成本超过预算成本。当建设基本能满足合同的要求时，水利水电工程的施工质量就能最大限度地得到保证，也能使施工的全过程符合预期的目标。

（三）承包合同的种类

为了能够降低风险，合同管理应体现出承包商与投资商之间对风险的合理分担。当前我国水利水电工程的承包合同大致分为全价承包和单价承包两种：全价承包是指施工中出现的各种风险都由承包商负责。这种承包方式的优点是能够促使承包商对施工技术进行改进，努力节约工程税和工程成本，以获取更大的利润。但是在当前的市场条件下，承包商的经济实力不足以对较大的风险进行承担，因此往往在投标成本计算时就将有可能出现的风险损失算到承包成本中，使得整体的报价增高，加大业主的投资负担。就算承包商没有将风险损失加入到成本中，在出现损失之后由于无力承担，随后这一部分的损失还是落到了投资方身上。单价承包是由投资方对全部损失进行承担，承包商按照实际的工程量进行结算。这种方式的优点是比较适合承包商进行风险承担的能力，并且在投标过程中可以使承包单位的实际竞争力得到凸显，节约工程费用。其主要缺点在于承包商不注重对造价的控制，而增加的工程量是否应该算到承包商的头上还有待商榷。另外，在国际上，还有一种半全价承包制度，承包商对设计中规定的工程量实行全价承包制度，超出的工程量由投资方承担，在进行风险管理的时候，要根据具体的情况选择合适的承包合同。

（四）风险管理部门

风险管理部门的设置是加强风险管理的有效保证。在国外，很多大型企业都设立了风险管理部门，但目前国内的一些企业还没有设立专门的风险管理部门。总体来说，风险管理部门的主要任务是制定工程风险的管理规划，对建设过程中的风险管理进行监督和规划，并组织人员检查和落实风险防范措施，并制订灵活的风险管理计划。当发生一些风险问题时，风险管理部门应及时上报并提出处理报告，及时地对风险事件进行解决，并与技术部、监理公司、财务部门进行紧密的配合，彻底落实一些赔偿、保险等新业务。同时，在日常的工作中要收集一些与工程风险有关的问题和信息，及时研究对策，对风险管理规划的局部进行调整和修正。

（五）风险的缓解和转移

风险的环行是指风险评估认为预测风险发生的概率较小时，或者风险发生影响较小时采取一定的措施，比如控制风险发生的因素等，它可以防范风险发生或者降低风险发生的概率，使风险发生的负面影响降到最低。风险的缓解不仅能够降低损失，还能够提高施工质量。

风险的转移是指将施工中可能发生风险的因素进行分摊或者转嫁，常见于合同风险的回避，以及工程材料的价格波动等。在工程的施工中通过合同的签订或者购买工程保险等方式将工程施工中可能存在的风险转移出去，采用合理的方法将工程的风险降到最低，以减少工程风险带来的损失。在承包合同签订时让承包商承担施工中出现的风险损失就是风险转移的一种。

在进行风险管理的过程中，要采用科学、合理的方法，对施工中的风险进行缓解和转移。

不管是在国内还是国外，水利水电工程建设都被认为是风险最大的行业，因此无论是对承包商的选择还是施工的全过程中，都应注意对风险的规避和缓解因此，投资企业和施工单位都应注重对水利水电工程建设中风险的管理和控制，通过切实可行的方法，争取将建设中的风险降到最低，以防止造成威胁国家和人民的损失。希望水利水电工程建设中的同仁们能够加强调研和思考，深入探索规避建设风险的方法，以促进我国水利水电工程建设行业的蓬勃发展。

五、提高水利水电工程建设安全管理质量的措施

目前，在我国水利水电工程建设安全管理领域中需要做的工作很多，主要从以下几点进行探讨：

（一）加强施工准备阶段安全管理与教育工作

第一，在组建施工队伍、施工班组时，要选择技术过硬、安全质量意识强的人员，实行安全与效益挂钩，使其能自觉执行安全规章制度。对于特种作业人员、危险作业岗位，应严格培训，持证上岗。对新工人实行三级安全教育，未经安全教育的不准上岗，并明确规定工人有权拒绝管理人员的违章指挥及无安全防护的危险作业。

第二，健全安全组织机构，完善管理制度。安全组织机构的设置要严格按照要求，组织机关单位成立安全生产小组，全面实施安全管理工作。施工单位和设计、监理单位应不断完善企业的各项生产安全管理制度，建立安全管理的长效机制，并按照岗位负责制、逐级负责制的原则，将责任落实到个人。还要建立安全生产的检查与奖罚制度。安全生产检查制度一般包括常规性检查、特殊性检查、定期检查和不定期检查等制度。常规性检查是进行安全管理的基础环节，有助于及时发现施工中的安全隐患并及时采取相应的解决措施。特殊性检查是对某一特定时段、区域进行的检查，涉及范围广，有一定的针对性。定期检查是施工单位制定的一项检查制度，有固定的时间，属于例行检查。不定期检查具有突击性的特点，没有固定时间，没有预先通知，有利于更真实、更客观地反映问题并解决问题

（二）加强施工过程中的安全管理工作

第一，施工安全管理应抓住两个“关键”，即关键施工对象和关键施工工序关键施工对象包括危险施工部位，如高空悬挑部位施工、导流洞、引水洞衬砌封堵施工、大坝围堰筑堤施工、深基坑开挖支护施工、土石方爆破开挖施工等。关键施工工序如大体积砼浇筑、钢筋焊接加工、大型构件吊装作业、材料、构配件吊装运输、脚手架工程等。对以上两个“关键”实行安全检查制度及专人安全盯岗制度，真正做到制度落实、检查落实、责任落实，保证施工安全。

第二，要坚持标准化管理，实行全员、全过程、全方位安全生产控制。坚持标准化管理是水利施工安全生产的基础性工作，全员、全过程、全方位执行标准化及规范化施工是安全生产最强有力的保证。项目施工中应将每一天的施工对象、作业人员及作业程序、安全注意事项及安全措施等，按标准化要求和规定执行使作业人员在施工前和施工中的每时、每刻都能做到施工地点明确、施工对象明确、工作要求明确、安全注意内容明确，杜绝因情况不清、职责不明、盲目施工导致的安全隐患。

（三）加强维护检修管理，加强技术监督

在“质量第一、安全第一”的前提下，结合实际进行技术更新、技术改造工作。逐步把恢复设备性能转变到改进设备性能上来，延长检修周期，缩短检修工期，保证

设备的检修质量要努力学习新技术，掌握新工艺，熟悉新材料的物理化学性能及使用方法；改革传统的检修方法和步骤，充分利用网络计划技术，制定检修网络图，使检修质量提高，工期缩短，耗材降低，人力减少。运用各种科学试验方法进行技术监督，对各种设备进行定期或不定期的检验和检测，了解掌握设备的技术状况及在运用中的变化规律，保证设备有良好的技术状况。加强仪表监督、绝缘监督、金属监督和技术监督。技术监督还是一个薄弱环节，有待于进一步加强。

随着社会经济发展的加快，对水利水电工程安全管理的要求也就越来越高。总的来说，我国在水利水电安全管理领域已经有了很大进步。但是还需要进一步地探索和研究，以弥补我国在相关领域起步较晚的缺憾另外，还要加强相关人员的责任意识与安全意识，并制定相关安全责任制度，使得责任落实到人；对可能发生危险的部分要重点看护，定期检查，确保安全并对需要改进的部分加以改良，以避免出现不必要的损失: 使其发挥出其应有的作用,并探索研究出一条全新的水利水电工程安全管理之路。

第二章

基础工程与导流施工

第一节　基础工程与施工

基础工程包括结构物的地基与基础的设计与施工。

任何结构物都建造在一定的地层（岩层或土层）上，基础是结构物直接与地层接触的最下部分，在基础底面下，承受由基础传来的荷载的那一部分地层称为该结构物的地基。基础是结构物下部结构的组成部分。如桥梁上部结构为桥跨结构，而下部结构包括桥墩、桥台及它的基础，它表示了桥梁下部结构与上部结构及地基间的相互关系。

地基与基础受到各种荷载后，其本身将产生附加的应力和变形。为了保证结构物的正常使用和安全，地基与基础必须具有足够的强度和稳定性，变形也应在容许的范围之内。根据地基土的土层变化情况、上部结构的要求和荷载特点，地基和基础可采用各种不同的类型。

地基可分为天然地基与人工地基。直接放置基础的天然土层称为天然地基。如天然地层土质过于软弱或有不良的工程地质问题，需要经过人工加固或处理后才能修筑基础，这种地基称为人工地基。在一般情况下，应尽量采用天然地基。

基础根据埋置深度分为浅基础和深基础。一般将埋置深度在5m以内者称为浅基础;由于浅层土质不良，须把基础埋置于较深的良好地层上，埋置深度超过5m者称为深基础，基础埋置在土层内深度虽较浅（不足5m），但在水下部分较深，如深水中桥墩基础，称为深水基础，在施工、设计中有些问题需要作为深基础考虑。除了深水基础，公路桥梁及人工构造物最常用的基础类型是天然地基上的浅基础，当需要设置深基础时常采用桩基础或沉井基础。基础可由不同材料构筑，目前我国公路结构物基础大多采用混凝土或钢筋混凝土结构。在石料丰富地区，按照就地取材的原则，也常用石砌基础，只有在特殊情况下（如抢修，建临时便桥等）才根据实际条件采用钢、木结构。

地基与基础类型方案的确定主要取决于地基土层的工程性质与水文地质条件、荷载特性、结构物的结构形式及使用要求，以及材料的供应和施工技术等因素。方案选择的原则是：力争做到使用上安全可靠，施工技术上简便可行，经济上合理。因此，必要时应做不同方案的比较，从中得出较为适宜与合理的设计方案与施工方案。

工程实践表明，结构物的地基与基础的设计与施工质量的好坏，是整个结构物质量的根本问题。基础工程因为是隐蔽工程，如有缺陷，较难发现，也较难弥补或修复，而这些缺陷往往直接影响整个结构物的使用甚至安危。基础工程施工的进度，经常控制整个结构物的施工进度。下部工程的造价，通常在整个结构物造价中占相当大的比重，尤其是在复杂地质条件下或深水修筑基础更是如此。因此，从事这项工作必须做到精心设计、精心施工。

结构物是一个整体，上下部结构和地基是共同工作、互相影响的。地基的任何变形都必然引起上下部结构的相应位移，而上下部结构的力学特征也必然影响到地基的强度和稳度所以，地基与基础的设计、施工都应紧密结合结构物的特点和要求，全面分析，综合考虑。

扩大基础施工一般是采用明挖的方法进行的。如果地基土质较为坚实，开挖后能保持坑壁稳定，就可不必设置支撑，采取放坡开挖。但实际上由于土质条件、开挖深度、放坡受到用地或施工条件限制等因素影响，扩大基础施工需要进行各种坑壁支撑。在基坑开挖过程中有渗水时，则需要在基坑四周挖边沟和集水井以便排除积水：在水中开挖基坑时，通常要在基坑周围预先修筑临时性的挡水结构物（称为围堰），然后将堰内水排干，再开挖基坑。基坑开挖至设计标高后，应及时进行坑底土质鉴定、清理及整平工作，然后砌筑基础结构物。故明挖基础施工的主要内容包括基础的定位放样、基坑开挖、基坑排水、基底处理与圬工砌筑等等。

为建筑基础开挖的临时性坑井称为基坑。基坑属于临时性工程，其作用是提供一个空间，从而使基础的砌筑作业得以按照设计所指定的位置进行。

在基坑开挖前，应先进行基础的定位放样工作，以便正确地将设计图上的基础位置准确地设置到实际工程址上来。边桩基坑底部的尺寸较设计的平面尺寸每边各增加 50 ~ 100mm 的富余量，以便于支撑、排水与立模板（如果是坑壁垂直的无水基坑坑底，可不必加宽，直接利用坑壁做基础模板）。按一定的放坡开挖至坑底后，基础灌筑前才定出各点。具体的定位工作视基坑深浅而有所不同，基坑较浅时，可使用挂线板，拉线挂垂球进行定位。基坑较深时，用设置定位桩形成定位线 1-1、2-2、3-3…等进行定位。基坑各定位点的标高及开挖过程中的标高检查，按一般水准测量方法进行。

一、基坑开挖

基坑的开挖应根据土质条件、基坑深度、施工期限以及有无地表水或地下水等因素，采用适当的施工方法。

（一）坑壁不加支撑的基坑

对于在干涸无水河滩、河沟中，或有水经改河或筑堤能排除地表水的河沟中；在地下水位低于基底，或渗透量小，不影响坑壁稳定的；以及基础埋置不深，施工期较短，挖基坑时，不影响邻近建筑物安全的施工场所，可考虑选用坑壁不加支撑的基坑。

黏性土在半干硬或硬塑状态，基坑顶缘无活荷载，稍松土质基坑深度不超过0.5m，中等密实（锹挖）土质基坑深度不超过1.25m，密实（镐挖）土质基坑深度不超过2.00m时，均可采用垂直坑壁基坑。基坑深度在5m以内，土的湿度正常时，采用斜坡坑壁开挖或按坡度比值挖成阶梯形坑壁，每梯高度以0.5～1.0m为宜，可作为人工运土出坑的台阶。

基坑深度大于5m时，可将坑壁坡度放缓，或加平台。当土壤湿度较大，坑壁可能引起坍塌时，坡度应采用该温度时土的天然坡度。当基坑的上层土质适合敞口斜坡坑壁条件，下层土质为密实黏性土或岩石时，可用垂直坑壁开挖，在坑壁坡度变换处，应保留有至少0.5m的平台。挖基经过不同土层时，边坡可分层而异，并视情况留平台：山坡上开挖基坑，如地质不良，除放缓坡度外，应采取防止滑坍的措施。

进行无水基坑施工时，对于工程量不大的基坑，可以人力施工；而对于大、中基础工程，基坑深，基坑平面尺寸较大，挖方量多的，可用机械或半机械施工方法。

（二）基坑施工过程中注意事项

①在基坑顶缘四周适当距离处设置截水沟，并防止水沟渗水，以避免地表水冲刷坑壁，影响坑壁稳定性。

②坑壁边缘应留有护道，静荷载距坑边缘不少于0.5m，动荷载距坑边缘不少于1.0m；垂直坑壁边缘的护道还应适当增宽；水文地质条件欠佳时应有加固措施。

③应经常注意观察坑边缘顶面土有无裂缝，坑壁有无松散塌落现象等发生，以确保安全施工，基坑施工不可延续时间过长。自开挖至基础完成，应抓紧时间连续施工，如用机械开挖基坑，挖至坑底时，应保留不少于30cm的厚度，在基础浇筑圬工前，用人工挖至基底标高。

④坑壁有支撑的施工，按土质情况不同，可一次挖成或分段开挖，每次开挖深度不宜超过2m。

对于稳定性较好的土层，渗水量较小，当直径约为10m、开挖深度在10m以内的圆形基坑时，可采用混凝土护壁基坑。

（三）水中基础的基坑开挖

水中基础常常位于地表水位以下，有时流速还比较大，施工时总希望在无水或静水的条件下进行。水中基础最常用的方法是围堰法。围堰的作用主要是防水和围水，有时还起着支撑基坑坑壁的作用。

围堰的结构形式和材料要根据水深、流速、地质情况、基础形式以及通航要求等条件进行选择。但不论何种形式和材料的围堰，均必须满足下列要求：

第一，围堰顶高宜高出施工期间最高水位 70cm，最低不应低于 50cm，用于防御地下水的围堰宜高出水位或地面 20 ~ 40cm；

第二，围堰外形应适应水流排泄，大小不应压缩流水断面过多，以免蓄水过高危害围堰安全以及影响通航、导流等。围堰内形应适应基础施工的要求。堰身断面尺寸应保证有足够的强度和稳定性，从而使基坑开挖后，围堰不致发生破裂、滑动或倾覆；

第三，应尽量采取措施防止或减少渗漏，以减轻排水工作。对围堰外围边坡的冲刷和筑围堰后引起河床的冲刷均应有防护措施；

第四，围堰施工一般应安排在枯水期进行。

（四）基坑排水

基坑坑底一般多位于地下水位以下，而地下水会经常渗进坑内，因此必须设法把坑内的水排出，以便利施工。要排除坑内渗水，首先要估算涌水量，方能选用适当的排水设备。例如某桥墩基础采用木笼围堰，围堰面积约 1000m^2，设置五台抽水机。

基础施工中常用的基坑排水方法有：

1. 集水坑排水法

除严重流沙外，一般情况下均可适用。集水坑（沟）的大小，主要根据渗水量的大小而定；排水沟底宽不小于 0.3m、纵坡为 1% ~ 5%。如排水时间较长或土质较差时，沟壁可用木板或荆笆支撑防护。集水坑一般设在下游位置，坑深应大于进水龙头高度，并用荆笆、编筐或木笼围护，以防止泥沙阻塞吸水龙头。

2. 井点排水法

当土质较差有严重流沙现象，地下水位较高，挖基较深，坑壁用井点法降低土层中地下水位时，应尽可能将滤水管埋设在透水性较好的土层中。并应在水位降低的范围内，设置水位观测孔；对整个井点系统应加强维修和检查，以保证不间断地进行抽水；还应考虑到水位降低区域构筑物受其影响而可能产生的沉降。为此要做好沉降观测，必要时应采取防护措施。

当土质不易稳定用普通排水方法难以解决时，可采用井点排水法。井点排水适用于渗透系数为 0.5 ~ 150m/d 的土壤中，尤其在 2 ~ 50m/d 的土壤中效果最好。降水深

度一般可达 4 ~ 6m，二级井点可达 6 ~ 9m，超过 9m 时应选用喷射井点或深井点法。具体可视土层的渗透系数，以此来要求降低地下水位的深度及工程特点等，选择适宜的井点排水法和所需设备。

井点排水法因需要设备较多，施工布置较复杂，费用较大，应在进行技术经济比较后采用。

3. 其他排水法

对于土质渗透较大、挖掘较深的基坑可采用板桩法或沉井法。此外，视现场条件、工程特点及工期等，还可采用帷幕法，即将基坑周围土层用硅化法、水泥灌浆法、沥青灌浆法以及冻结法等处理成封闭的不透水的帷幕。这种方法除自然冻结法外，其余均因设备多、费用大，较少采用。

（五）基底检验处理及基础圬工砌筑

1. 基底检验

基础是隐蔽工程。基坑施工是否符合设计要求，在基础砌筑前，应按规定进行检验。检验的目的在于，确定地基的容许承载力是否符合设计要求；确定是否能保证墩台稳定，不致发生滑动；确定基坑位置与标高是否与设计文件相符。

基底检验的主要内容应包括：检查基底平面位置、尺寸大小、基底标高；检查基底土质均匀性、地基稳定性及承载力等；检查基底处理和排水情况；检查施工日志及有关试验资料等等。按照相关要求，基底平面周线位置允许偏差不得大于 20cm，基底标高不得超过 ±5cm（土质）、±5cm（石质）。

基底检验主要是直观检验，确认基底性质与地质情况是否与设计条件相符，必要时可进行试验。如果验收符合设计条件，可签发“墩台基坑检查证”，经监理组确认后由施工单位保存作为竣工交验资料。如地基检验不合格，则应对地基进行加固或变更设计。基坑未经监理组确认，一律不得建筑基础。

2. 基底处理

天然地基上的基础是直接靠基底土壤来承担荷载的，故基底土壤状态的好坏，对基础、墩台及上部结构的影响极大，不能仅检查土壤名称与容许承载力大小，还应为土壤更有效地承担荷载创造条件，即要进行基底处理工作。基底处理方法视基底土质而异。

3. 基础圬工砌筑

在基坑中砌筑基础圬工，可分为无水砌筑、排水砌筑及水下灌筑三种情况。基础圬工用料应在挖基完成前准备好，以保证能及时砌筑基础，避免基底土壤变质。

排水砌筑的施工要点是：确保在无水状态下砌筑圬工；禁止带水作业及用混凝土

将水赶出模板外的灌注方法；基础边缘部分应严密隔水；水下部分圬工必须使水泥砂浆或混凝土终凝后才允许浸水。

水下灌筑混凝土一般只有在排水困难时才采用。基础圬工的水下灌筑分为水下封底和水下直接灌筑基础两种。前者封底后仍要排水再砌筑基础，封底只是起封闭渗水的作用，其混凝土只作为地基而不作为基础本身。它适用于板桩围堰开挖的基坑。

（1）水下封底混凝土的厚度

封底之后，要从基坑内排干水。这时基底面上受到向上作用的水压力 Pw。封底混凝土在 Pw 作用下，如周边有支承的板，其最小厚度应能保证混凝土板有足够的强度。同时，板桩同封底混凝土组成一个浮筒。在封底混凝土的隔离体上作用着的外力有底面处的浮力、自重。因为水下封底混凝土的质量不易控制，故封底厚度不能完全按公式计算决定，还应参照实际经验，为满足防渗漏的要求，封底混凝土的最小厚度一般为 2m 左右。

（2）水下混凝土的灌注方法

混凝土经导管输送至坑底，并迅速将导管下端埋没。随后混凝土不断地输送到被埋没的导管下端，从而迫使先前输送到的但尚未凝结的混凝土向上和四周推移，随着基底混凝土的上升，导管亦缓慢地向上提升，直至达到要求的封底厚度时，则停止灌入混凝土，并拔出导管。当封底面积较大时，宜用多根导管同时或逐根灌注，按先低处后高处、先周围后中部的次序，并保持大致相同的标高进行，以保证使混凝土充满基底的全部范围。导管的根数及其在平面上的布置，可根据封底面积、障碍物情况、导管作用半径等因素确定。

对于大体积的封底混凝土，可分层分段逐次灌注。对于强度要求不高的围堰封底水下混凝土，也可以一次由一端逐渐灌注到另一端。

在正常情况下，所灌注的水下混凝土仅其表面与水接触，其他部分的灌注状态与空气中灌注无异，从而保证了水下混凝土的质量。至于与水接触的表层混凝土，可在排干水而露于外时予以凿除。

采用导管法灌注水下混凝土要注意以下几个问题：

①导管应试拼装，球塞应试验通过。施工时严格按试拼的位置安装。导管试拼后，应封闭两端，充水加压，检查导管有无漏水现象。导管各节的长度不宜过大，连结可靠而且要便于装拆，以保证拆卸时，中断灌注时间最短。

②为使混凝土有良好的流动性，粗骨料粒径以 2 ~ 4cm 为宜。坍落度应不小于 18cm，一般倾向于用大一些的。水泥用量比空气中同等级的混凝土增加 20%。

③必须保证灌注工作的连续性，在任何情况下不得使灌注工作中断。在灌注过程中，应经常测量混凝土表面的标高，正确掌握导管的提升量。导管下端务必埋入混凝土内，埋入深度一般不应小于 0.5m。

④水下混凝土的流动半径，要综合考虑到对混凝土质量的要求、水头的大小、灌注面积的大小、基底有无障碍物以及混凝土拌和机的生产能力等因素来决定。通常，流动半径在 3 ~ 4m 范围内是能够保证封底混凝土的表面不会有较大的高差，并具有可靠的防水性，只要处理得当，就可以保证封底混凝土的防水性能。

（六）地基加固

当水工建筑所在位置的土层为压缩性大、强度低的软弱土层时，除可采用桩基、沉井等深基础外，也可视具体情况不同采用相应的加固处理措施，以提高其承载能力，然后在其上修筑扩大基础，以求获得缩短工期、节省投资的经济效果。对于一般软弱地基土层加固的处理方法，可归纳为三种类型：

1. 换填土法

将基础下软弱土层全部或部分挖除，换填力学物理性质较好的土；

2. 挤密土法

用重锤夯实或砂桩、石灰桩、砂井等方法，使软弱土层挤压密实或排水固结；

3. 胶结土法

用化学浆液灌入或粉体喷射搅拌等方法，使土壤颗粒胶结硬化。

实际工程中可根据软土层的厚度和物理力学性质、要求的承载能力大小、施工期限、施工机具和材料供应等因素，就地取材、因地制宜地予以选用。

二、地基处理

水工建筑的地基一般分为岩石地基、砂砾石地基和软土地基等。由于工程地质和水文地质作用的影响，天然地基往往存在不同程度、不同形式的缺陷，需要经过人工处理，从而使地基具有足够的强度、整体性、抗渗性和耐久性。

由于天然地基性状的复杂多样，各种建筑物对地基的要求各有不同。因此，不同的地质条件，不同的建筑物形式，都要求采用不同的处理措施或方法。

土基是建筑工程中最常见的地基之一，土基处理通常是为了达到两个目的，或者是提高地基的承载能力，或者是改善地基的防渗性能。提高地基承载能力的方法称为土基加固，常见处理方法有换土法、强夯法、排水固结法、振动水冲法、旋喷法等。改善地基防渗性能的方法称为截渗处理，常见处理方法有防渗墙技术、帷幕灌浆法、垂直铺塑法、深层搅拌桩法等。

岩基的一般地质缺陷，经过开挖和灌浆处理后，地基的承载力和防渗性能都可以得到不同程度的改善。常用的处理措施包括断层破碎带的处理、软弱夹层的处理、岩溶处理以及基岩的锚固等。

第二节　施工导流方法

施工单位承担了施工任务后，要尽快做好各项准备工作，创造有利的施工条件，使施工工作能连续、均衡、有节奏、有计划地进行，达到按质、按量、按期完成施工任务的目的。准备工作的内容一般包括：确定施工组织机构及人员配备；对设计文件进一步了解和研究；对施工现场的补充调查和复核，进行施工测量；根据补充调查等重新掌握的情况和资料，结合施工单位的经验和技术条件，对设计中需要变更、改进的地方向建设单位和设计单位提出建议，并通过协商进行修改；根据进一步掌握的情况和资料，对投标时所拟订的施工方案、施工计划、技术措施等重新评价和深入研究，修订或重新编制指导性施工组织设计，同时进行有关的施工设计。

施工准备工作应走在施工之前，并尽可能做得深入、细致，这对保证施工的顺利进行具有决定性的作用，不可嫌其烦琐而草率从事，否则会给施工带来一些不必要的麻烦。

一、施工机构的组织和职工配备

这里所指施工机构是指为完成施工任务负责现场指挥、管理工作的组织机构。

由于施工内容的多样性和复杂性，施工地区和施工规模的不同，机构组织必须随任务的不同而变动。确定机构组织的原则是：适合任务的需要，便于指挥，便于管理，分工明确，权责具体，有利于发扬职工的积极性、创造性和协作精神；机构力求精简，但又能圆满执行任务；要绝对避免机构臃肿，人浮于事，也要防止职责不明或多头指挥，做到指挥具体及时，事事有人负责。

这是一个比较常见的施工机构组织的例子。公司党组织负责贯彻党的方针政策，配合生产对职工进行政治思想工作，以保证施工任务的顺利完成。公司生产管理工作实行经理负责制。总工程师（或主任工程师）在经理领导下负责全面技术工作。有时设置办公室为公司总的办事机构，执行经理命令，指挥和协调生产系统及职能部门的工作。职能部门可根据实际需要增减、合并或再细分。生产系统可按有利于生产的原则设置综合性或专业性工程队，按工程部位或区域设置工区，如南（东）岸工区、北（西）岸工区，或下部工区、上部工区等。

生产系统是直接从事生产的组织机构，要由有实际生产经验及组织管理才能的干

部领导。根据工程规模的实际需要，在队长或工区主任之下可以设置计划、材料、劳资、统计、安全、质量等工作人员或小组，负责办理各项业务的具体工作。

班组是直接参加施工的劳动组织，一般不设脱产管理人员，而是根据需要由生产人员分工担任记工、领料、保管、质量检查、安全检查等工作。这些人员都是不脱产的。班组的数量及工作性质，应根据工程需要及管理的需要在施工组织设计中进行研究和确定。

公司的职能部门是为直接保证生产系统完成施工任务所需而进行一系列管理工作的办事机构，它按工程施工计划及公司领导的意图和指示进行工作，必须有明确的责任、权限和分工，同时要有密切的协作。各个科室下面的小组的设置及人员配备，完全视工作需要决定，不可能定出固定不变的编制。某项工作不需要单独设科时，可以将业务合并到与之关系密切的其他科室中去。例如，有时计划工作可以与技术工作合并由一个科办理，机电工作不太多时，可与材料科合并，组成材料设备科。

党群系统是监督和保证施工任务完成的政治思想工作机构。必须重视这项工作，并充分发挥党群系统的作用。水利水电工程施工工作比较艰苦，工作流动性大，生活无规律，需要有健康的身体和坚强的意志，要调动职工的积极性，圆满完成施工任务，必须进行强有力的、深入细致的政治思想工作。这些工作要依靠党、团员和工会骨干一起来做。

工程规模特别大时，可以安排几个公司共同完成，各个公司可以按工程量分段进行分工。各公司之上设立统一指挥调度单位——指挥部或总公司，以便密切协作配合。工程规模比较小，不需要由一个公司承担时，可以由公司所属工程队独立承担，但投标、签订承包合同及结算等一般仍由公司负责办理。

最后，必须特别强调调度室的重要性。调度室负责监督计划的执行，根据生产进展情况，随时进行计划平衡工作，发布调整计划的命令，它是代表经理及总工程师指挥现场生产的机构，同时也是生产现场的生产活动信息接收和发布中心。不论生产规模大小，都必须设立调度室，使它起到生产中的“二传手”作用。

二、对设计文件的了解和研究

设计文件是施工工作的根本依据，虽然在招标过程中投标单位对设计文件的内容及要求曾有过了解和研究，但在中标及签约后，为了确定切实可行的施工方案和施工计划，施工前还要组织参加施工的技术人员和老工人对设计文件作进一步的了解和研究。具体内容如下：

（一）了解工程所处的地质、水文和气象资料

工程所处的地质、水文和气象资料是工程设计的主要依据，也是施工中必须了解

的重要资料，它与正确选择施工方法和技术措施、合理安排施工程序和施工进度计划有着密切的关系。

1. 地质

工程初步设计时所依据的地质钻探资料往往满足不了施工时的要求，通常需要补充钻探，最好能提供每处的钻孔柱状图，以此来了解每处的基岩埋深、岩层状态、岩石性质和覆盖层土质情况。在靠近城市、港口或原有工程旧址时，还应摸清该处有无妨碍基础施工的障碍物。若发现障碍物，应在基础施工以前清除，以免在基础施工中发生意外。

2. 水文

对水文资料则需进一步了解一年中水位变化情况，最低水位标高及持续时间，基础施工及可施工的水位标高及持续时间，发洪时期的洪水水位、流速和漂浮物情况。在冰冻地区，要了解河流封冻时间、融冰时间、流冰水位、冰块大小等情况。受海潮影响的河流或水域还要了解潮水的涨落时间，潮水位的变化规律和潮流等情况。

3. 气象

由于水利水电工程以露天作业为主，当地的气象条件直接影响着施工期间的可作业天数及恶劣气候下的防护措施，所以应对其进行认真的调查。调查的内容一般包括：降雨、降雪、气温、冰冻、风向、风速等变化规律及历年记录。调查工作可采取向当地气象观测预报部门了解、到实地考察或向当地居民详细询问的方式进行。

（二）了解设计标准、结构细节和质量要求

施工单位必须透彻了解工程的设计标准、结构细节和质量要求。只有这样才能按设计要求圆满完成施工任务。特别是对结构的形状、构造、尺寸等是否便于施工操作，要做细致的了解，如果发现按设计要求进行施工确有在当时技术条件下难以克服的困难时，必须尽早提出，以便与设计单位协商解决。

（三）详细了解设计中考虑采用的施工方法

现代水利水电工程的设计计算，大都与拟采用的施工方法密切相关。即使是同一类型的工程，采用不同的施工方法就要求采用不同的设计计算方法。施工单位应严格遵守设计要求，不可任意采用与设计安全度不同的施工方法进行施工。当然，设计文件中提出的施工方法并非都与结构计算有关，有的施工方法仅仅是为了满足编制初步设计概算时计算人工工日、机械台班和材料数量等的需要而拟订的。对这种情况就不必完全按设计文件中提出的施工方法施工，而应在了解和研究了设计文件之后，尽可能地运用自己以往施工中积累起来的有关经验，学习和引用其他单位的先进技术，改

进或改变设计文件中原拟订的施工方法，以达到更为快速和经济的施工效果。

了解和研究设计文件中拟订的施工方法有着极为重要的意义。这样既可从中深入了解设计者的意图，又可提出进一步的改进措施，为制订施工组织设计打下良好的基础。

河床上修建水利水电工程时，为了使水工建筑物能在干地上进行施工，需要用围堰围护基坑，并将河水引向预定的泄水建筑物泄向下游，这就是施工导流。

施工导流的方法大体上分为两类：一类是全段围堰法导流（即河床外导流），另一类是分段围堰法导流（即河床内导流）。

三、全段围堰法导流

全段围堰法导流是在河床主体工程的上下游各建一道拦河围堰，使上游来水通过预先修筑的临时或永久泄水建筑物（如明渠、隧洞等）泄向下游，主体建筑物在排干的基坑中进行施工，主体工程建成或接近建成时再封堵临时泄水道。这种方法的优点是工作面大，河床内的建筑物在一次性围堰的围护下建造，如能利用水利枢纽中的永久泄水建筑物导流，可大大节约工程投资。

全段围堰法按泄水建筑物的类型不同可分为明渠导流、隧洞导流、涵管导流、渡槽导流等。

（一）明渠导流

上下游围堰一次拦断河床形成基坑，保护主体建筑物在干地上进行施工，天然河道水流经河岸或滩地上开挖的导流明渠泄向下游的导流方式称为明渠导流。

1. 明渠导流的适用条件

如坝址河床较窄，或河床覆盖层很深，分期导流困难，且具备下列条件之一者，可考虑采用明渠导流：河床一岸有较宽的台地、垭口或古河道；导流流量大，地质条件不适于开挖导流隧洞；施工期有通航、排冰、过木要求；总工期紧，不具备挖洞经验和设备。

国内外工程实践证明，在导流方案比较过程中，如明渠导流和隧洞导流均可采用，一般倾向于明渠导流，这是因为明渠开挖可采用大型设备，加快施工进度，对主体工程提前开工有利。对于施工期间河道有通航、过木和排冰要求时，明渠导流更是明显有利。

2. 导流明渠布置

导流明渠布置分在岸坡上和滩地上两种布置形式。

（1）导流明渠轴线的布置

导流明渠应布置在较宽台地、垭口或古河道一岸；渠身轴线要伸出上下游围堰外坡脚，水平距离要满足防冲要求，一般为50～100m；明渠进出口应与上下游水流相衔接，与河道主流的交角以30°为宜；为保证水流畅通，明渠转弯半径应大于5倍渠底宽度；明渠轴线布置应尽可能缩短明渠长度和避免深挖。

（2）明渠进出口位置和高程的确定

明渠进出口力求不冲、不淤和不产生回流，可通过水力学模型试验调整进出口形状和位置，以达到这一目的；进口高程按截流设计选择，出口高程一般由下游消能控制；进出口高程和渠道水流流态应满足施工期通航、过木和排冰要求。在满足上述条件下，应尽可能抬高进出口高程，以减少水下开挖量。

（3）导流明渠断面设计

明渠断面尺寸的确定。明渠断面尺寸由设计导流流量控制，并受地形地质和允许抗冲流速影响，应按不同的明渠断面尺寸与围堰的组合，通过综合分析确定。

明渠断面形式的选择。明渠断面一般设计成梯形，渠底为坚硬基岩时，可设计成矩形。有时为满足截流和通航不同目的，也有设计成复式梯形断面的。

明渠糙率的确定。明渠糙率的大小直接影响到明渠的泄水能力，而影响糙率大小的因素有衬砌的材料、开挖的方法、渠底的平整度等，可根据具体情况查阅有关手册确定。对大型明渠工程，应通过模型试验选取糙率。

（4）明渠封堵

导流明渠结构布置应考虑后期封堵要求。当施工期有通航、过木和排冰任务，明渠较宽时，可在明渠内预设闸门墩，以利于后期封堵。施工期无通航、过木和排冰任务时，应于明渠通水前，将明渠坝段施工到适当高程，并设置导流底孔和坝面口，使二者联合泄流。

（二）隧洞导流

上下游围堰一次拦断河床形成基坑，保护主体建筑物在干地上进行施工，天然河道水流全部由导流隧洞宣泄的导流方式称为隧洞导流。

1. 隧洞导流适用条件

导流流量不大，坝址河床狭窄，两岸地形陡峻，如一岸或两岸地形、地质条件良好，可考虑采用隧洞导流。

2. 导流隧洞的布置

（1）导流隧洞的布置条件

导流隧洞的布置一般应满足以下条件：

①隧洞轴线沿线地质条件良好，足以保证隧洞施工和运行的安全。

②隧洞轴线宜按直线布置，如有转弯，转弯半径不小于5倍洞径（或洞宽），转

角不宜大于 60° ，弯道首尾应设直线段，长度不应小于 3 ~ 5 倍洞径（或洞宽）；进出口引渠轴线与河流主流方向夹角宜小于 30° 。

③隧洞间净距、隧洞与永久建筑物间距、洞脸与洞顶围岩厚度均应满足结构和应力要求。

（2）导流隧洞的布置要求

隧洞进出口位置应保证水力学条件良好，并伸出堰外坡脚一定距离，一般距离应大于 50m，以满足围堰防冲要求。进口高程多由截流控制，出口高程由下游消能控制，洞底按需要设计成缓坡或急坡，避免成反坡。

（3）导流隧洞断面设计

隧洞断面尺寸的大小，取决于设计流量、地质和施工条件，洞径应控制在施工技术和结构安全允许范围内，目前国内单洞断面面积多在 200m^2 以下，单洞泄量不超过 2000 ~ 2500mm^2/s。隧洞断面形式取决于地质条件、隧洞工作状况（有压或无压）及施工条件，常用断面形式有圆形、马蹄形、方圆形。圆形多用于高水头处，马蹄形多用于地质条件不良处，方圆形有利于截流和施工，国内外导流隧洞采用方圆形较多。

洞身设计中，糙率值的选择是十分重要的问题，糙率的大小直接影响到断面的大小，而衬砌与否、衬砌的材料和施工质量、开挖的方法和质量则是影响糙率大小的因素。一般混凝土衬砌糙率值为 0.014 ~ 0.017；不衬砌隧洞的糙率变化较大，光面爆破时为 0.025 ~ 0.032，一般炮眼爆破时为 0.035 ~ 0.044。设计时根据具体条件，查阅有关手册，选取设计的糙率值。对重要的导流隧洞工程，应通过水工模型试验验证其糙率的合理性。

导流隧洞设计应考虑后期封堵要求，布置封堵闸门门槽及启闭平台设施。有条件者，导流隧洞应与永久隧洞结合，以利于节省投资（如小浪底工程的三条导流隧洞后期将改建为三条孔板消能泄洪洞）。一般高水头枢纽工程，导流隧洞只可能与永久隧洞部分相结合，中低水头枢纽工程则有可能全部相结合。

（三）涵管导流

涵管导流一般在修筑土坝、堆石坝工程中采用。

涵管通常布置在河岸岩滩上，其位置在枯水位以上，这样可在枯水期不修围堰或只修小围堰而先将涵管筑好，然后再修上下游全段围堰，将河水引经涵管下泄。

涵管一般是钢筋混凝土结构。当有永久涵管可以利用或修建隧洞有困难时，采用涵管导流是合理的。在某些情况下，可在建筑物基岩中开挖沟槽，必要时予以衬砌，然后封上混凝土或钢筋混凝土顶盖，形成涵管。利用这种涵管导流往往可以获得经济可靠的效果。由于涵管的泄水能力较低，所以一般用于导流流量较小的河流上或只用来担负枯水期的导流任务。

为了防止涵管外壁与坝身防渗体之间的渗流，通常在涵管外壁每隔一定距离设置截流环，以延长渗径，降低渗透坡降，减少渗流的破坏作用。此外，必须严格控制涵管外壁防渗体的压实质量。涵管管身的温度缝或沉陷缝中的止水也必须严格对待。

四、分段围堰法导流

分段围堰法，也称分期围堰法或河床内导流，就是用围堰将建筑物分段分期围护起来进行施工的方法。所谓分段，就是从空间上将河床围护分成若干个干地施工的基坑段进行施工。所谓分期，就是从时间上将导流过程划分成阶段。导流的分期数和围堰的分段数并不一定相同，因为在同一导流分期中，建筑物可以在一段围堰内施工，也可以同时在不同段内施工。必须指出，段数分得愈多，围堰工程量愈大，施工也愈复杂；同样，期数分得愈多，工期有可能拖得愈长。因此，在工程实践中，二段二期导流法采用得最多。

只有在比较宽阔的通航河道上施工，在不允许断航或其他特殊情况下，才采用多段多期导流法（如三峡工程施工导流就采用二段三期的导流法）。

分段围堰法导流一般适用于河床宽阔、流量大、施工期较长的工程，尤其适用于通航河流和冰凌严重的河流上。这种导流方法的费用较低，国内外一些大、中型水利水电工程采用较广。分段围堰法导流，前期由束窄的原河道导流，后期可利用事先修建好的泄水道导流，常见泄水道的类型有底孔、缺口等。

（一）底孔导流

利用设置在混凝土坝体中的永久底孔或临时底孔作为泄水道，是二期导流经常采用的方法。导流时让全部或部分导流流量通过底孔宣泄到下游，保证后期工程的施工。如系临时底孔，则在工程接近完工或需要蓄水时要加以封堵。采用临时底孔时，底孔的尺寸、数目和布置要通过相应的水力学计算确定。其中，底孔的尺寸在很大程度上取决于导流的任务（过水、过船、过木和过鱼），以及水工建筑物结构特点和封堵时使用闸门设备的类型。底孔的布置要满足截流、围堰工程以及本身封堵等的要求。如底坎高程布置较高，截流时落差就大，围堰也高。但封堵时的水头较低，封堵措施就容易。一般底孔的底坎高程应布置在枯水位之下，以保证枯水期泄水。当底孔数目较多时可把底孔布置在不同的高程，封堵时从最低高程的底孔堵起，这样可以减少封堵时所承受的水压力。

临时底孔的断面形状多采用矩形，为了改善孔周的应力状况，也可采用有圆角的矩形。按水工结构要求，孔口尺寸应尽量小，但某些工程由于导游流量较大，只好采用尺寸较大的底孔。

底孔导流的优点是：挡水建筑物上部的施工可以不受水流的干扰，有利于均衡连续施工，这对修建高坝特别有利。若坝体内设有永久底孔可以用来导流，则更为理想。

底孔导流的缺点是：由于坝体内设置了临时底孔，使钢材用量增加；如果封堵质量不好，会削弱坝体的整体性，还有可能漏水；在导流过程中底孔有被漂浮物堵塞的危险；封堵时由于水头较高，安放闸门及止水等均较困难。

（二）坝体缺口导流

混凝土坝施工过程中，当汛期河水暴涨暴落，其他导流建筑物不足以宣泄全部流量时，为了不影响坝体施工进度，使坝体在涨水时仍能继续施工，可以在未建成的坝体上预留缺口，以便配合其他建筑物宣泄洪峰流量，待洪峰过后，上游水位回落，再继续修筑缺口。所留缺口的宽度和高度取决于导流设计流量、其他建筑物的泄水能力、建筑物的结构特点和施工条件。采用底坎高程不同的缺口时，为避免高低缺口单宽流量相差过大，产生高缺口向低缺口的侧向泄流，引起压力分布不均匀，需要适当控制高低缺口间的高差。其高差以不超过 4 ~ 6m 为宜。

在修建混凝土坝，特别是大体积混凝土坝时，这种导流方法比较简单，因此常被采用。上述两种导流方式，一般只适用于混凝土坝，特别是重力式混凝土坝枢纽。至于土石坝或非重力式混凝土坝枢纽，若采用分段围堰法导流，常与隧洞导流、明渠导流等河床外导流方式相结合。

上述两种导流方式，并不只适用于分段围堰法导流，在全段围堰法后期导流时，也常有采用；同样，隧洞导流和明渠导流，并不只适用于全段围堰法导流，在分段围堰法后期导流时，也常有应用。因此，选择一个工程的导流方式，必须因时因地制宜，绝不能机械地套用。

五、施工导流方案的选择

水利水电枢纽工程的施工，从开工到完建往往不是采用单一的导流方法，而是几种导流方法组合起来配合运用的，以取得最佳的技术经济效果。例如，三峡工程采用分期导流方式，分三期进行施工。第一期土石围堰围护右岸汊河，江水和船舶从主河槽通过；第二期围护主河槽，江水经导流明渠泄向下游；第三期修建碾压混凝土围堰拦断明渠，江水经由泄洪坝段的永久深孔和 22 个临时导流底孔下泄。这种不同导流时段不同导流方法的组合，通常就称为导流方案。

导流方案的选择受各种因素的影响。合理的导流方案，必须在周密地研究各种影响因素的基础上，拟订几个可能的方案，进行技术经济比较，从中选择技术经济指标优越的方案。

选择导流方案时考虑的主要因素如下：

（一）水文条件

河流的流量大小、水位变化的幅度、全年流量的变化情况、枯水期的长短、汛期洪水的延续时间、冬季的流冰及冰冻情况等，均直接影响导流方案的选择。一般来说，对于河床单宽流量大的河流，宜采用分段围堰法导流。对于水位变化幅度大的山区河流，可采用允许基坑淹没的导流方法，在一定时期内通过过水围堰和淹没基坑来宣泄洪峰流量。对于枯水期较长的河流，充分利用枯水期安排工程施工是完全必要的。但对于枯水期不长的河流，如果不利用洪水期进行施工，就会拖延工期。对于流冰的河流，应充分注意流冰的宣泄问题，以免流冰壅塞，影响泄流，造成导流建筑物失事。

（二）地形条件

坝区附近的地形条件，对导流方案的选择影响很大。对于河床宽阔的河流，尤其在施工期间有通航、过木要求的情况下，宜采用分段围堰法导流，当河床中有天然石岛或沙洲时，采用分段围堰法导流，更有利于导流围堰的布置，特别是纵向围堰的布置。例如，三峡水利枢纽的施工导流就曾利用了长江的中堡岛来布置一期纵向围堰，取得了良好的技术经济效果。在河段狭窄、两岸陡峻、山岩坚实的地区，宜采用隧洞导流。至于平原河道，河流的两岸或一岸比较平坦，或有河湾、老河道可以利用时，则宜采用明渠导流。

（三）工程地质及水文地质条件

河流两岸及河床的地质条件对导流方案的选择与导流建筑物的布置有直接影响。若河流两岸或一岸岩石坚硬、风化层薄，且有足够的抗压强度，则有利于选用隧洞导流。如果岩石的风化层厚且破碎，或有较厚的沉积滩地，则适合于采用明渠导流。由于河床的束窄，减小了过水断面的面积，使水流流速增大，这时为了河床不受过大的冲刷，避免把围堰基础淘空，应根据河床地质条件来决定河床可能束窄的程度。对于岩石河床，抗冲刷能力较强，河床允许束窄程度较大，甚至可达到88%，流速可增加到7.5m/s。但对覆盖层较厚的河床，抗冲刷能力较差，其束窄程度都不到30%，流速仅允许达到3.0m/s。此外，选择围堰型式时，基坑是否允许淹没，能否利用当地材料修筑围堰等，也都与地质条件有关。水文地质条件则对基坑排水工作和围堰型式的选择有很大关系。因此，为了更好地进行导流方案的选择，要对工程地质和水文地质勘测工作提出专门要求。

（四）水工建筑物的形式及其布置

水工建筑物的形式及其布置与导流方案相互影响，因此在决定建筑物的形式和枢

纽布置时，应该同时考虑并拟订导流方案，而在选定导流方案时，又应该充分利用建筑物形式和枢纽布置方面的特点。

如果枢纽组成中有隧洞、渠道、涵管、泄水孔等永久泄水建筑物，在选择导流方案时应该尽可能加以利用在设计永久泄水建筑物的断面尺寸并拟订其布置方案时，应该充分考虑施工导流的要求。

采用分段围堰法修建混凝土坝枢纽时，应当充分利用水电站与混凝土坝之间或混凝土坝溢流段和非溢流段之间的隔墙作为纵向围堰的一部分，以降低导流建筑物的造价。在这种情况下，对于第二期工程所修建的混凝土坝，应该核算它是否能够布置二期工程导流建筑物（底孔、预留缺口）。例如，三门峡水利枢纽溢流坝段的宽度主要就是由二期导流条件所控制的。与此同时，为了防止河床冲刷过大，还应核算河床的束窄程度，保证有足够的过水断面来宣泄施工流量。

就挡水建筑物的形式来说，土坝、土石混合坝和堆石坝的抗冲能力小，除采用特殊措施外，一般不允许从坝身过水，所以多利用坝身以外的泄水建筑物如隧洞、明渠等或坝身范围内的涵管来导流，这时，通常要求在一个枯水期内将坝身抢筑到拦洪高程以上，以免水流漫顶，发生事故。至于混凝土坝，特别是混凝土重力坝，由于抗冲能力较强，允许流速可达到 25m/s，故不但可以通过底孔泄流，而且还可以通过未完建的坝身过水，使导流方案选择的灵活性大大增加。

（五）施工期间河流的综合利用

施工期间，为了满足通航、筏运、渔业、供水、灌溉或水电站运转等的要求，使导流问题的解决更加复杂。如前所述，在通航河流上，大多采用分段围堰法导流。要求河流在束窄以后，河宽仍能便于船只的通行，水深要与船只吃水深度相适应，束窄断面的最大流速一般不得超过 2.0m/s，特殊情况需与当地航运部门协商研究决定。

对于浮运木筏或散材的河流，在施工导流期间，要避免木材壅塞泄水建筑物或者堵塞束窄河床。在施工中后期，水库拦洪蓄水时，要注意满足下游供水、灌溉用水和水电站运行的要求，有时为了保证渔业的要求，还要修建临时的过鱼设施，以便鱼群能洄游。

（六）施工进度、施工方法及施工场地布置

水利水电工程的施工进度与导流方案密切相关，通常是根据导流方案才能安排控制性进度计划。在水利水电枢纽施工导流过程中，对施工进度起控制作用的关键性时段主要有导流建筑物的完工期限、截断河床水流的时间、坝体拦洪的期限、封堵临时泄水建筑物的时间以及水库蓄水发电的时间等。但各项工程的施工方法和施工进度又直接影响到各时段中导流任务的合理性和可能性。例如，在混凝土坝枢纽中，采用分

段围堰施工时，若导流底孔没有建成，就不能截断河床水流和全面修建第二期围堰，若坝体没有达到一定高程、没有完成基础及坝体接缝灌浆以前，就不能封堵底孔和使水库蓄水等。因此，施工方法、施工进度与导流方案三者是密切相关的。

此外，导流方案的选择与施工场地的布置亦相互影响。例如，在混凝土施工中，当混凝土生产系统布置在一岸时，以采用全段围堰法导流为宜。若采用分段围堰法导流，则应以混凝土生产系统所在的一岸作为第一期工程，因为这样两岸的交通运输问题比较容易解决。

在选择导流方案时，除综合考虑以上各方面因素外，还应使主体工程尽可能及早发挥效益，简化导流程序，降低导流费用，使导流建筑物既简单易行，又适用可靠。

第三节　导流施工

一、围堰工程

围堰是导流工程中临时的挡水建筑物，用来围护施工中的基坑，保证水工建筑物能在干地上进行施工。在导流任务结束后，如果围堰对永久建筑物的运行有妨碍或没有考虑作为永久建筑物的一部分时，应予拆除。

水利水电工程中经常采用的围堰，按其所使用的材料，可以分为土石围堰、混凝土围堰、钢板桩格形围堰和草土围堰等。按围堰与水流方向的相对位置，可以分为横向围堰和纵向围堰。按导流期间基坑淹没条件，可以分为过水围堰和不过水围堰。过水围堰除需要满足一般围堰的基本要求外，还要满足围堰顶过水的专门要求。

选择围堰型式时，必须根据当时当地的具体条件，在满足下述基本要求的原则下，通过技术经济比较加以选定：

具有足够的稳定性、防渗性、抗冲性和一定的强度；造价低，构造简单，修建、维护和拆除方便；围堰的布置应力求使水流平顺，不发生严重的水流冲刷；围堰接头和岸边连接都要安全可靠，不至于因集中渗漏等破坏作用而引起围堰失事；有必要时应设置抵抗冰凌、船舰的冲击和破坏的设施。

（一）围堰的基本形式和构造

1. 土石围堰

土石围堰是水利水电工程中采用最为广泛的一种围堰形式。它是用当地材料填筑

而成的围堰，不仅可以就地取材和充分利用开挖弃料作围堰填料，而且构造简单，施工方便，易于拆除，工程造价低，可以在流水中、深水中、岩基或有覆盖层的河床上修建，但其工程量较大，堰身沉陷变形也较大，如柘溪水电站的土石围堰一年中累计沉陷量最大达 40.1cm，为堰高的 1.75%，一般为 0.8% ~ 1.5%。

因土石围堰断面较大，一般用横向围堰，但在宽阔河床的分期导流中，由于围堰束窄河床增加的流速不大，也可作为纵向围堰，但需注意防冲设计，以保围堰安全。

土石围堰的设计与土石坝基本相同，但其结构在满足导流期正常运行的情况下应力求简单，便于施工。

2. 混凝土围堰

混凝土围堰的抗冲与防渗能力强，挡水水头高，底宽小，易于与永久混凝土建筑物相连接，必要时还可以过水，因此应用比较广泛。

3. 钢板桩格形围堰

钢板桩格形围堰是重力式挡水建筑物，由一系列彼此相接的格体构成。按照格体的平面形状，可分为圆筒形格体、扇形格体和花瓣形格体。这些形式适用于不同的挡水高度，应用较多的是圆筒形格体。钢板桩格形围堰是由许多钢板桩通过锁口互相连接而成为格形整体。钢板桩的锁口有握裹式、互握式和倒钩式三种。格体内填充透水性强的填料，如砂、砂卵石或石渣等。在向格体内进行填料时，必须保持各格体内的填料表面大致均衡上升，因高差太大会使格体变形。

钢板桩格形围堰具有坚固、抗冲、防渗、围堰断面小、便于机械化施工等优点，尤其适用于束窄度大的河床段作为纵向围堰使用，但由于需要大量的钢材，且施工技术要求高，我国目前仅应用于大型工程中。

圆筒形格体钢板桩格形围堰，一般适用的挡水高度小于 15 ~ 18m，可以建在岩基上或非岩基上，也可作为过水围堰用。圆筒形格体钢板桩格形围堰的修建由定位、打设模架支柱、模架就位、安插钢板桩、打设钢板桩、填充料渣、取出模架及其支柱和填充料渣到设计高程等工序组成。圆筒形格体钢板桩围堰一般需在流水中修筑，受水位变化和水面波动的影响较大，施工难度较大。

4. 草土围堰

草土围堰是一种以麦草、稻草、芦柴、柳枝和土为主要原料的草土混合结构，我国运用它已经有两千多年的历史。这种围堰主要用于黄河流域的渠道修堵口工程中。

草土围堰施工简单、速度快、取材容易、造价低、拆除也方便，具有一定的抗冲、抗渗能力，堰体的容重较小，特别适用于软土地基。但这种围堰不能承受较大的水头，所以仅限水深不超过 6m、流速不超过 3.5m/s、使用期 2 年以内的工程。草土围堰的施工方法比较特殊，就其实质来说也是一种进占法。按其所用草料形式的不同，可以分为散草法、捆草法、埽捆法三种。按其施工条件可分为水中填筑和干地填筑两种。由于草土围堰本身的特点，水中填筑质量比干填法容易保证，这是与其他围堰所不同的，实践中的草土围堰，普遍采用捆草法施工。

围堰的平面布置主要包括围堰内基坑范围确定和围堰轮廓布置两个问题。

（1）围堰内基坑范围确定

围堰内基坑范围大小主要取决于主体工程的轮廓和相应的施工方法。当采用一次拦断法导流时，围堰基坑是由上下游围堰和河床两岸围成的。当采用分期导流时，围堰基坑是由纵向围堰与上下游横向围堰围成的。在上述两种情况下，上下游横向围堰的布置，都取决于主体工程的轮廓。通常基坑坡趾到主体工程轮廓的距离，不应小于30m，以便布置排水设施、交通运输道路、堆放材料和模板等。至于基坑开挖边坡的大小，则与地质条件有关。

当纵向围堰不作为永久建筑物的一部分时，基坑坡趾到主体工程轮廓的距离，一般不小于2m，以便布置排水导流系统和堆放模板，如果无此要求，只需留0.4 ~ 0.6m。

实际工程的基坑形状和大小往往是不相同的。有时可以利用地形以减少围堰的高度和长度；有时为了照顾个别建筑物施工的需要，将围堰轴线布置成折线形；有时为了避开岸边较大的溪沟，也采用折线布置。为了保证基坑开挖和主体建筑物的正常施工，基坑范围应当留有一定富余。

（2）分期导流纵向围堰布置

在分期导流方式中，纵向围堰布置是施工中的关键问题，选择纵向围堰位置，实际上就是要确定适宜的河床束窄度。束窄度就是天然河流过水面积被围堰束窄的程度。

（二）围堰的拆除

围堰是临时建筑物，导流任务完成后，应按设计要求拆除，以免影响永久建筑物的施工及运转。例如，在采用分段围堰法导流时，第一期横向围堰的拆除如果不合要求，势必会增加上下游水位差，从而增加截流工作的难度，增加截流料物的重量及数量。

土石围堰相对来说断面较大，拆除工作一般在运行期限的最后一个汛期过后，随上游水位的下降，逐层拆除围堰的背水坡和水上部分。但必须保证依次拆除后所残留的断面能继续挡水和维持稳定，以免发生安全事故，使基坑过早淹没，影响施工。土石围堰的拆除一般可用挖土机或爆破开挖等方法。

钢板桩格形围堰的拆除，首先要用抓斗或吸石器将填料清除，然后用拔桩机起拔钢板桩。混凝土围堰的拆除，一般只能用爆破法炸除，但应注意，必须使主体建筑物或其他设施不受爆破危害。

二、截流工程

施工导流过程中，当导流泄水建筑物建成后，应抓住有利时机，迅速截断原河床水流，迫使河水经完建的导流泄水建筑物下泄，然后在河床中全面展开主体建筑物的施工，这就是截流工程。

截流过程一般为：先在河床的一侧或两侧向河床中填筑截流戗堤，逐步缩窄河床，称为进占。戗堤进占到一定程度，河床束窄，形成流速较大的泄水缺口叫龙口。为了保证龙口两侧堤端和底部的抗冲稳定，通常采取工程防护措施，如抛投大块石、铅丝笼等，这种防护堤端的工作叫裹头。封堵龙口的工作叫合龙。合龙以后，龙口段及戗堤本身仍然漏水，必须在戗堤全线设置防渗设施，这一工作叫闭气。所以，整个截流过程包括戗堤进占、龙口裹头及护底、合龙、闭气等四项工作。截流后，对戗堤进一步加高加厚，修筑成设计围堰。

由此可见，截流在施工中占有重要地位，如不能按时完成，就会延误整个建筑物施工，河槽内的主体建筑物就无法施工，甚至可能拖延工期一年，所以在施工中常将截流作为关键性工程。为了截流成功，必须充分掌握河流的水文、地形、地质等条件，掌握截流过程中水流的变化规律及其影响，做好周密的施工组织，在狭小的工作面上用较大的施工强度在较短的时间内完成截流。

（一）截流的方式

截流的基本方式有立堵法与平堵法两种。

1. 立堵法

立堵法截流是将截流材料从龙口一端向另一端或从两端向中间抛投进占，逐渐束窄龙口，直至全部拦断。

立堵法截流不需架设浮桥，准备工作比较简单，造价较低。但截流时水力条件较为不利，龙口单宽流量较大，出现的流速也较大，同时水流绕截流戗堤端部使水流产生强烈的立轴旋涡，在水流分离线附近造成紊流，易造成河床冲刷，且流速分布很不均匀，需抛投单个重量较大的截流材料。截流时由于工作前线狭窄，抛投强度受到限制。立堵法截流适用于大流量岩基或覆盖层较薄的岩基河床，对于软基河床应采取护底措施后才能使用。

立堵法截流又分为单戗、双戗和多戗立堵截流，单戗适用于截流落差不超过 3m 的情况。

2. 平堵法

平堵法截流是沿整个龙口宽度全线抛投，抛投料堆筑体全面上升，直至露出水面。这种方法的龙口一般是部分河宽，也可以是全河宽。因此，合龙前必须在龙口架设浮桥。

由于它是沿龙口全宽均匀地抛投，所以其单宽流量小，出现的流速也较小，需要的单个材料的重量也较轻，抛投强度较大，施工速度快但有碍于通航，适用于软基河床、架桥方便且对通航影响不大的河流。

3. 综合方式

（1）立平堵

为了充分发挥平堵水力学条件好的优点，同时又降低架桥的费用，有的工程采用先立堵，后在栈桥上平堵的方式。

（2）平立堵

对于软基河床，单纯立堵易造成河床冲刷，宜采用先平抛护底，再立堵合龙的方式，平抛多利用驳船进行。我国青铜峡、丹江口、大化及葛洲坝等工程均采用此法，三峡工程在二期大江截流时也采用了该方法，取得了满意的效果。由于护底均为局部性，故这类工程本质上同属立堵法截流。截流时间应根据枢纽工程施工控制性进度计划或总进度计划决定，至于时段选择，一般应考虑以下原则，经过全面分析比较而定：尽可能在较小流量时截流，但必须全面考虑河道水文特性和截流应完成的各项控制工程量，合理使用枯水期。

对于具有通航、灌溉、供水、过木等特殊要求的河道，应全面兼顾这些要求，尽量使截流对河道综合利用的影响降低。

有冰冻河流，一般不在流冰期截流，避免截流和闭气工作复杂化，如特殊情况必须在流冰期截流，应有充分论证，并有周密的安全措施。

根据以上所述，截流时间应根据河流水文特征、气候条件、围堰施工及通航过木等因素综合分析确定，一般多选在枯水期初，流量已有显著下降的时候，严寒地区应尽量避开河道流冰及封冻期。

（二）截流材料种类、尺寸和数量的确定

1. 材料种类选择

截流时采用当地材料在我国已有悠久的历史，主要有块石、石串、装石竹笼等。此外，当截流水力条件较差时，还须采用混凝土块体。

石料容重较大，抗冲能力强，一般工程较易获得，而且通常也比较经济。因此，凡有条件者，均应优先选用石块截流。

在大中型工程截流中，混凝土块体的运用较普遍。这种人工块体制作使用方便，抗冲能力强，故为许多工程采用。

在中小型工程截流中，因受起重运输设备能力限制，所采用的单个石块或混凝土块体的重量不能太大。石笼（如竹笼、铅丝笼、钢筋笼）或石串，一般使用在龙口水

力条件不利的条件下。大型工程中除石笼、石串外，也采用混凝土块体串。某些工程，因缺乏石料，或河床易冲刷，也可根据当地条件采用梢捆、草土等材料截流。

2. 材料尺寸的确定

采用块石和混凝土块体截流时，所需材料尺寸可通过水力计算初步确定，然后考虑该工程可能拥有的起重运输设备能力，做出最后抉择。

3. 材料数量的确定

（1）不同粒径材料数量的确定

无论是平堵截流还是立堵截流，原则上可以按合龙过程中水力参数的变化来计算相应的材料粒径和数量。常用的方法是将合龙过程按高程（平堵）或宽度（立堵）划分成若干区段，然后按分区最大流速计算出所需材料的粒径和数量。实际上，每个区段也不是只用一种粒径材料，所以设计中均参照国内外已有工程经验来决定不同粒径材料的比例。

（2）备料量

备料量的计算，以设计戗堤体积为准，另外还得考虑各项损失。平堵截流的设计戗堤体积计算比较复杂，需按戗堤不同阶段的轮廓计算。立堵截流戗堤断面为梯形，设计戗堤体积计算比较简单。戗堤顶宽视截流施工需要而定，通常取10～18m者较多，可保证2～3辆汽车同时卸料。

备料量的多少取决于对流失量的估计。实际工程备料量与设计用量的比值多在1.3至1.5之间，个别工程达到2。因此，初步设计时备料系数不必取得过大，实际截流前夕，可根据水情变化适当调整。

4. 分区用料规划

在合龙过程中，必须根据龙口的流速流态变化采用相应的抛投技术和材料。这一点在截流规划时就应予以考虑。在截流中，合理地选择截流材料的尺寸或质量，对于截流的成败和截流费用的节省具有重大意义。截流材料的尺寸或质量取决于龙口的流速。

三、基坑排水

修建水利水电工程时，在围堰合龙闭气以后，就要排除基坑内的积水和渗水，以保持基坑处于基本干燥状态，以利于基坑开挖、地基处理及建筑物的正常施工。

基坑排水工作按排水时间及性质，一般可分为：基坑开挖前的初期排水，包括基坑积水、基坑积水排除过程中的围堰堰体与基础渗水、堰体及基坑覆盖层中的含水量以及可能出现的降水的排除；基坑开挖及建筑物施工过程中的经常性排水，包括围堰和基坑渗水、降水以及施工弃水量的排除。如按排水方法分，有明式排水和人工降低地下水位两种。

（一）明式排水

明式排水是采用截、疏、抽的方法来进行基坑等施工的排水。

1. 排水量的确定

（1）初期排水量估算

初期排水主要包括基坑积水、围堰与基坑渗水两大部分。对于降雨，因为初期排水是在围堰或截流戗堤合龙闭气后立即进行的，通常是在枯水期内，而枯水期降雨很少，所以一般可不予考虑。除积水和渗水外，有时还需考虑填方和基础中的饱和水。

初期排水渗透流量原则上可按有关公式计算。但是，初期排水时的渗流量估算往往很难符合实际。因为，此时还缺乏必要的资料。通常不单独估算渗流量，而将其与积水排出流量合并在一起，依靠经验估算初期排水总流量。

基坑积水体积可按基坑积水面积和积水水深计算，这是比较容易的。但是初期排水时间的确定就比较复杂，初期排水时间主要受基坑水位下降速度的限制，基坑水位的允许下降速度视围堰种类、地基特性和基坑内水深而定。水位下降太快，则围堰或基坑边坡中动水压力变化过大，容易引起塌坡。下降太慢，则影响基坑开挖时间。一般认为，土围堰的基坑水位下降速度应限制在 0.5 ~ 0.7m/d，木笼及板桩围堰等应小于 1.0 ~ 1.5m/d。初期排水时间，大型基坑一般限制在 5 ~ 7d，中型基坑一般限制在 3 ~ 5d。

通常，当填方和覆盖层体积不太大，在初期排水且基础覆盖层尚未开挖时，可以不必计算饱和水的排除。如需计算，可按基坑内覆盖层总体积和孔隙率估算饱和水总水量。

按以上方法估算初期排水流量，选择抽水设备后，往往很难符合实际。在初期排水过程中，可以通过试抽法进行校核和调整，并为经常性排水计算积累一些必要资料。试抽时如果水位下降很快，则显然是所选择的排水设备容量过大，此时应关闭一部分排水设备，使水位下降速度符合设计规定。试抽时若水位不变，则显然是设备容量过小或有较大渗漏通道存在。此时，应增加排水设备容量或找出渗漏通道予以堵塞，然后再进行抽水。还有一种情况是水位降至一定深度后就不再下降，这说明此时排水流量与渗流量相等，据此可估算出需增加的设备容量。

（2）经常性排水的排水量确定

经常性排水的排水量，主要包括围堰和基坑的渗水、降雨、地基岩石冲洗及混凝土养护废水等。设计中一般考虑两种不同的组合，从中选其大者，以选择排水设备。一种组合是渗水加降雨，另一种组合是渗水加施工废水。降雨和施工废水不必组合在一起，这是因为二者不会同时出现。

（3）降雨量的确定

在基坑排水设计中，对降雨量的确定尚无统一的标准。大型工程可采用 20 年一遇 3 日降雨中最大的连续 6h 雨量，再减去估计的径流损失值（每小时 1mm），作为降雨强度：也有的工程采用日最大降雨强度，基坑内的降雨量可根据计算的降雨强度和基坑集雨面积求得。

（4）施工废水

施工废水主要考虑混凝土养护用水，其用水量估算，应根据气温条件和混凝土养护的要求而定。一般初估时可按每立方米混凝土每次用水 5L，每天养护 8 次计算：

2. 基坑排水布置

排水系统的布置通常应考虑两种不同情况。一种是基坑开挖过程中的排水系统布置，另一种是基坑开挖完成后修建建筑物时的排水系统布置。布置时，应尽量同时兼顾这两种情况，并且使排水系统尽可能不影响施工。

基坑开挖过程中的排水系统布置，应以不妨碍开挖和运输工作为原则。一般常将排水干沟布置在基坑中部，以利两侧出土。随基坑开挖工作的进展，逐渐加深排水干沟和支沟，通常保持干沟深度为 1 ~ 1.5m，支沟深度为 0.3 ~ 0.5m。集水井多布置在建筑物轮廓线外侧，井底应低于干沟沟底。但是，由于基坑坑底高程不一，有的工程就采用层层设截流沟、分级抽水的办法，即在不同高程上分别布置截水沟、集水井和水泵站，进行分级抽水。

建筑物施工时的排水系统，通常都布置在基坑四周。排水沟应布置在建筑物轮廓线外侧，且距离基坑边坡坡脚不少于 0.3m。排水沟的断面尺寸和底坡大小，取决于排水量的大小。一般排水沟底宽不小于 0.3m，沟深不大于 1.0m，底坡坡度不小于 0.002。在密实土层中，排水沟可以不用支撑，但在松土层中，则需用木板或麻袋装石来加固。

水经排水沟流入集水井后，利用在井边设置的水泵站，将水从集水井中抽出。集水井布置在建筑物轮廓线以外较低的地方，它与建筑物外缘的距离必须大于井的深度。井的容积至少要能保证水泵停止抽水 10 ~ 15min，井水不致漫溢。集水井可为长方形，边长为 1.5 ~ 2.0m，井底高程应低于排水沟底 1.0 ~ 2.0m。在土中挖井，其底面应铺填反滤料，在密实土中，井壁用框架支撑在松软土中，利用板桩加固。如板桩接缝漏水，尚需在井壁外设置反滤层。集水井不仅可用来集聚排水沟的水量，而且还应有澄清水的作用，因为水泵的使用年限与水中含沙量的多少有关。为了保护水泵，集水井宜偏大、偏深一些。

为防止降雨时地面径流进入基坑而增加抽水量，通常在基坑外缘边坡上挖截水沟，以拦截地面水。截水沟的断面及底坡应根据流量和土质而定，一般沟宽和沟深不小于 5m，底坡坡度不小于 0.002，基坑外地面排水系统最好与道路排水系统相结合，以便自流排水。为了降低排水费用，当基坑渗水水质符合饮用水或其他施工用水要求时，可将基坑排水与生活、施工供水相结合。

（二）人工降低地下水位

在经常性排水过程中，为了保持基坑开挖工作始终在干地进行，常常要多次降低排水沟和集水井的高程，变换水泵站的位置，影响开挖工作的正常进行。此外，在开挖细砂土、砂壤土一类地基时，随着基坑底面的下降，坑底与地下水位的高差愈来愈大，在地下水渗透压力作用下，容易产生边坡脱滑、坑底隆起等事故，甚至危及邻近建筑物的安全，给开挖工作带来不良影响。

而采用人工降低地下水位，可以改变基坑内的施工条件，防止流沙现象的发生，基坑边坡可以陡些，从而可以大大减少挖方量。人工降低地下水位的基本做法是：在基坑周围钻设一些井，地下水渗入井中后，随即被抽走，使地下水位线降到开挖的基坑底面以下，一般应使地下水位降到基坑底部 0.5 ~ 1.0m。

人工降低地下水位的方法，按排水工作原理可分为管井法和井点法两种，管井法是单纯重力作用排水，适用于渗透系数为 10 ~ 250m/d 的土层；井点法还附有真空或电渗排水的作用，适用于 0.1 ~ 50m/d 的土层。

1. 管井法降低地下水位

管井法降低地下水位时，在基坑周围布置一系列管井，管井中放入水泵的吸水管，地下水在重力作用下流入井中，被水泵抽走。采用管井法降低地下水位时，需先设置管井，管井通常由下沉钢井管而成，在缺乏钢管时也可用木管或预制混凝土管代替。

井管的下部安装滤水管节（滤头），有时在井管外还需设置反滤层，地下水从滤水管进入井内，水中的泥沙则沉淀在沉淀管中。滤水管是井管的重要组成部分，其构造对井的出水量和可靠性影响很大。要求它过水能力大，进入的泥沙少，有足够的强度和耐久性。

井管埋设可采用射水法、振动射水法及钻孔法下沉。射水法下沉时，先用高压水冲土下沉套管，较深时可配合振动或锤击（振动水冲法），然后在套管中插入井管，最后在套管与井管的间隙中间填反滤层和拔套管，反滤层每填高一次便拔一次套管，逐层上拔，直至完成。

管井中抽水可应用各种抽水设备，但主要的是普通离心式水泵、潜水泵或深井水泵，分别可降低水位 3 ~ 6m、6 ~ 20m 和 20m 以上，一般采用潜水泵较多。用普通离心式水泵抽水，由于吸水高度的限制，当要求降低到地下水位较深时，要分层设置管井，分层进行排水。

在要求大幅度降低地下水位的深井中抽水时，最好采用专用的离心式深井水泵。每个深井水泵都是独立工作的，井的间距也可以加大，深井水泵一般深度大于 20m，排水效果好，需要井数少。

2. 井点法降低地下水位

井点法和管井法不同，它把井管和水泵的吸水管合二为一，简化了井的构造。

井点法降低地下水位的设备，根据其降深能力分轻型井点（浅井点）和深井点等。其中，最常用的是轻型井点，它是由井管、集水总管、普通离心式水泵、真空泵和集水箱等设备所组成的一个排水系统。

轻型井点系统的井点管为直径 38 ~ 50mm 的无缝钢管，间距为 0.6 ~ 1.8m，最大可到 3.0m。地下水从井管下端的滤水管借真空泵和水泵的抽吸作用流入管内，沿井管上升汇入集水总管，流入集水箱，由水泵排出。轻型井点系统开始工作时，先开动真空泵，排除系统内的空气，待集水井内的水面上升到一定高度后，再启动水泵排水。水泵开始抽水后，为了保持系统内的真空度，仍需真空泵配合水泵工作。这种井点系统也叫真空井点。

井点系统排水时，地下水位的下降深度，取决于集水箱内的真空度与管路的漏气和水力损失。一般集水箱内真空度为 80kPa（400 ~ 600mmHg），相应的吸水高度为 5 ~ 8m，扣去各种损失后，地下水位的下降深度为 4 ~ 5m。

当要求地下水位降低的深度超过 4m 时，可以像管井一样分层布置井点，每层控制范围为 3 ~ 4m，但以不超过 3 层为宜。分层太多，基坑范围内管路纵横，妨碍交通，影响施工，同时也增加挖方量，而且当上层井点发生故障时，下层水泵能力有限，基坑有被淹没的可能。

真空井点抽水时，在滤水管周围形成一定的真空梯度，加速了土的排水速度，因此即使在渗透系数小到 0.1m/d 的土层中，也能进行工作。

布置井点系统时，为了充分发挥设备能力，集水总管、集水管和水泵应尽量接近天然地下水位。当需要几套设备同时工作时，各套总管之间最好接通，并安装开关，以便相互支援。

井管的安设，一般用射水法下沉。在距孔口 1.0m 范围内，应用黏土封口，以防漏气。排水工作完成后，可利用杠杆将井管拔出。

深井点与轻型井点不同，它的每一根井管上都装有扬水器（水力扬水器或压气扬水器），因此它不受吸水高度的限制，有较大的降深能力。

深井点有喷射井点和压气扬水井点两种，喷射井点由集水池、高压水泵、输水干管和喷射井管等组成。通常一台高压水泵能为 30 ~ 35 个井点服务，其最适宜的降水位范围为 5 ~ 18mc 喷射井点的排水效率不高，一般用于渗透系数为 3 ~ 50m/d、渗流量不大的场合。

压气扬水井点是用压气扬水器进行排水。排水时压缩空气由输气管送来，由喷气装置进入扬水管，于是管内容重较轻的水气混合液在管外水压力的作用下，沿扬水管上升到地面排走。为达到一定的扬水高度，就必须将扬水管沉入井中并有足够的潜没深度，使扬水管内外有足够的压力差。压气扬水井点降低地下水位最大可达 40m。

第三章

钢筋混凝土与爆破工程施工

第一节　钢筋混凝土工程与施工

一、钢筋的验收

在水利水电工程中，钢筋混凝土结构广为使用，而钢筋工程的施工是钢筋混凝土结构施工中极为重要的一环，其原材料质量及加工、制作、安装质量的好坏直接影响到结构的承载能力和耐久性，也直接关系到建筑物的安全。所以，从事钢筋施工的人员应全面掌握钢筋施工的基本知识。

①检验进场钢筋是否有出厂合格证明书及试验报告单，每捆（盘）钢筋均应有标牌。

②钢筋运至加工或施工现场时，应根据原附质量证明书或试验报告单按不同等级、牌号、规格及生产厂家分批验收。

③钢筋的外观质量，主要查看锈蚀程度及有无裂纹、结疤、麻坑、气泡、砸碰伤痕等。钢筋外形尺寸应符合国家标准的规定。每捆（盘）钢筋均应进行外观检查。外观检查合格后，方可按规定抽取试样做机械性能试验。

④热轧钢筋机械性能试验。在每批钢筋中任意抽出两根钢筋，各截取一根试件。一根试件做力学试验（测定屈服点、抗拉强度、伸长率），另一根试件做冷弯试验四个指标中如有一个试验项目结果不符合该钢筋的机械性能规定的数值，则另取双倍数量的试件对不合格的项目做第二次试验，如仍有一根试件不合格，则该批钢筋为不合格产品。

⑤热处理钢筋机械性能试验。钢筋进场时应分批验收，从每批钢筋中选取10%的

盘数（不少于 25 盘）进行力学试验。试验结果如有一项不合格，该不合格盘报废。再从未试验过的钢筋中取双倍数量的试件进行复验，如仍有一项不合格，则该批钢筋不合格。如对钢筋质量有疑问，除做机械性能检验外，还应进行化学成分分析。钢筋在加工使用过程中，如发生脆断、焊接性能不良或机械性能异常，应进行化学成分检验或其他专项检验。对国外进口钢筋，应特别注意机械性能和化学成分的分析。钢筋运到施工现场后，必须妥善保管，否则会影响施工或工程质量，造成不必要的浪费。因此，在钢筋储存工作中，一般应做好以下工作：应有专人认真验收入库钢筋，不但要注意数量的验收，而且对入库钢筋的规格、等级、牌号也要认真地进行验收。入库钢筋应尽量堆放在料棚或仓库内，并应按库内指定的堆放区分品种、牌号、规格、等级、生产厂家，分批、分别堆放。每垛钢筋应立标签，每捆（盘）钢筋上应有标牌。标签和标牌应写有钢筋的品种、等级、直径、技术证书编号及数量等。钢筋保管要做到账、物、牌（单）三相符，凡库存钢筋均应附有出厂证明书或试验报告单。如条件不具备，可选择地势较高，土质坚实，较为平坦的露天场地堆放，并应在钢筋垛下面用木方垫起或将钢筋堆放在堆放架上。堆放场地应注意防水和通风，钢筋不应和酸、盐、油等类物品一起存放，以防腐蚀或污染钢筋。钢筋的库存量应和钢筋加工能力相适应，周转期应尽量缩短，避免存放期过长，使钢筋发生锈蚀。

二、钢筋加工

钢筋的加工包括调直、除锈、切断、弯曲和连接等工序。

（一）钢筋调直

1. 冷拔低碳钢丝的调直

在工程量小、设备不易解决的地方可采用蛇形管调直。将需要调直的钢丝穿过蛇形管，用人力向前牵引即可将钢丝基本调直，局部慢弯处可用小锤敲直。冷拔低碳钢丝还可通过夹轮牵引调直。

2. 钢筋的调直

直径在 12mm 以下的圆盘钢筋，一般用绞磨、卷扬机或调直机进行调直。用绞磨拉直钢筋的基本操作方法是：首先将盘圆钢筋搁在放圈架上，用人工将钢筋拉到一定长度切断，分别将钢筋两端夹在地锚和绞磨端的夹具上，转动绞磨，即可将钢筋基本拉直。但有时为减轻劳动强度，提高工效，可用卷扬机代替绞磨作动力。

直径在 12mm 以上的直条状钢筋，可采用锤子敲直、横口扳子扳直和调直机进行调直。钢筋调直机是一种同时具有调直、除锈和切断三项功能的钢筋加工机械，其中工地上最常用的是 GT-3/8、GJ-6/12 和 GTJ-10/16（型号标志中斜线两侧的数字表示所能调直切断的钢筋直径大小上下限）。钢筋经导向筒进入调直筒，调直模高速旋转，穿过调直筒的慢弯钢筋经反复弯曲变形而被调直，同时也清除了钢筋表面的铁锈。当钢筋调直到预定长度时，便将钢筋切断，切断的钢筋落入承料架内。钢筋调直、除锈、切断工作就这样连续进行。

3. 钢筋调直的质量要求

应平直，无局部弯折，钢筋中心线同直线的偏差不应超过其全长的1%。所调直的钢筋不得出现死弯，否则应剔除不用。钢筋调直后如发现钢筋有劈裂现象，应作为废品处理，并鉴定该批钢筋的质量。

钢筋在调直机上调直后，其表面不得有明显的伤痕。如用冷拉方法调直钢筋，则其调直冷拉率不得大于1%。对于Ⅰ级钢筋，为了能在冷拉调直的同时去除锈皮，冷拉率可加大，但不得大于2%。钢筋的调直宜采用机械调直和冷拉方法调直。

（二）钢筋除锈

钢筋的表面应洁净。油渍、漆污和角锤敲击时能剥落的浮皮、铁锈、鳞锈等应在使用前清除干净。在焊接前，焊点处的水锈应清除干净。

凡经过冷拉的钢筋，一般不必再进行除锈。对表面的水锈和色锈可不做专门处理，如钢筋锈蚀较严重，可采用钢丝刷、沙盘除锈。除锈要求较严格时，还可采用风沙枪除锈、酸洗除锈或电动除锈机除锈。除锈后的钢筋不宜长期存放，应尽快使用。

酸洗除锈的方法是：先将经过机械除锈的钢筋浸入浓度为3%～10%的稀盐酸池中。浸入时间视钢筋锈蚀程度而定，一般为10～20min，以除去表面的锈斑为止。然后取出用清水冲洗，再浸入石灰肥皂水中，使残留在钢筋表面的酸液得到中和，最后经自然干燥或用炉火烘干，再进行冷拔。酸洗后的钢筋一般不得用做受拉钢筋。

（三）划线剪切

钢筋切断可采用切断机切断，也可采用手工切断和氧气切割。

1. 准备工作

汇集当班所要切断的钢筋料牌，将同规格的钢筋分别统计，按不同长度进行长短搭配，一般情况下考虑先断长料，后断短料，以尽量减少短头，减少损耗。检查测量长度所用工具或标志（在切断机一端工作辐道台上有长度标尺）的准确性，根据配料单上要求的式样和尺寸，用石笔将钢筋的各段长度尺寸划在钢筋上。如果是利用工作辐道台上的长度标尺，应事先检查定尺挡板的牢固和可靠性。

对根数较多的批量切断任务，在正式操作前应试切两三根，以检验长度准确度。

2. 钢筋切断

（1）切断机切断

常用的钢筋切断机可切断钢筋的最大公称直径为 40mm，有电动和液压传动两种类型，工地上常用的是电动钢筋切断机。

（2）手工切断

手工切断钢筋是一种劳动强度大、工效低的方法，只在切断量小或缺少动力设备的情况下才采用。但如在长线台座上放松预应力钢丝，仍采用手工切断法。

（四）弯曲成型

钢筋弯曲成型是一道技术性较强的工作。它要求将钢筋加工成规定的形状和尺寸，且平面上无翘曲不平的现象，以便绑扎安装。弯曲成型的方法有手工弯曲成型和机械弯曲成型两种。

1. 准备工作

（1）熟悉待加工钢筋的规格、形状和各部分的尺寸

这是最基本的操作依据，它由配料人员提供，包括配料单和料牌。配料单内容包括钢筋规格、式样、根数和下料长度等。料牌是从钢筋下料切断之后传过来的钢筋加工式样牌，上面注明工程名称、图号、钢筋编号、根数、规格、式样以及下料长度等，分别写于料牌的两面，加工过程中用于随时对照，直至成型结束，最后系在加工好的钢筋上作为标志。

（2）划线

钢筋弯曲前，根据钢筋料牌上标明的尺寸用石笔将各弯曲点位置划出。划线时应注意：根据不同的弯曲角度扣除弯曲调整值，其扣法是从相邻两段长度中各扣一半；钢筋端部带半圆弯钩时，该段长度划线时增加 $0.5d$（d 为钢筋直径）；划线工作宜从钢筋中线开始向两边进行，两边不对称的钢筋，也可从钢筋一端开始划线，如划到另一端有出入，则应重新调整。

2. 弯曲成型

钢筋弯曲成型有手工弯曲成型和机械弯曲成型两种方法。

（1）手工弯曲成型

手工弯曲成型是在工作台上固定挡板、扳柱，采用扳手或扳子实施人工弯曲。

（2）机械弯曲成型

使用钢筋弯曲机成型，具有劳动强度低、工效高、质量好等优点。弯曲机可弯直径 40mm 以下的钢筋，弯曲角度可在 180° 范围内任意调节，GJ7-40 型钢筋弯曲机主要依靠工作盘进行操作，工作盘上有 9 个轴孔，中心孔用来插心轴或轴套，周围的 8

个孔用来插成型轴或轴套。操作时，先将钢筋放在心轴与成型轴之间；然后开动弯曲机使工作盘转动，此时，心轴的位置不变，而成型轴围绕心轴作圆弧转动，并通过调整成型轴的位置将钢筋弯曲成需要的角度。用倒顺开关使工作盘反转，成型轴回到起始位置，将钢筋取出，弯制工作即告结束。

3. 弯曲成型的质量检查与管理

钢筋的切断和弯曲，最好形成流水作业，弯曲成型的质量应符合如下规定：

①钢筋形状正确，平面上没有翘曲不平现象。

②钢筋弯曲处不得有裂缝，因此对Ⅱ级及以上的钢筋不得弯过头再弯回来。

③Ⅰ级钢筋末端需作 180° 弯钩，其弯转内直径不应小于钢筋直径的 2.5 倍，平直部分长度不宜小于钢筋直径的 3 倍。用于轻骨料混凝土结构时，其弯转内直径不应小于钢筋直径的 3.5 倍。

④当Ⅱ级钢筋按设计要求弯转 90° 时，其最小弯转内直径应符合下列要求：当 $d < 16$mm 时，$D = 5$d；当 $d \geqslant 16$mm 时，$D = 7d$。（d 为钢筋直径，D 为最小弯转内直径）

⑤当温度低于 - 20℃时，严禁对低合金钢钢筋进行冷弯加工，以避免在钢筋起弯点发生强化，造成钢筋脆断。

⑥用圆钢筋制成的箍筋，其末端应有弯钩，弯钩长度应符合有关规定。采用小直径Ⅱ级钢筋制作箍筋时，其末端应有 90° 弯头，箍筋弯后平直段长度不宜小于 3cm。

（五）钢筋的连接

钢筋连接常用的连接方法有焊接、机械连接和绑扎三类。钢筋接头宜采用焊接接头或机械连接接头，当采用绑扎接头时，应满足以下要求：受拉钢筋直径小于等于 22mm，或受压钢筋直径小于等于 32mm，其他钢筋直径小于等于 25mm；当钢筋直径大于 25mm，在现场施工中采用焊接和机械连接确实有困难时，也可采用绑扎连接，但要从严控制。

1. 钢筋焊接

钢筋焊接是钢筋连接的重要方式之一，它不仅连接强度高，而且节省钢材。钢筋的焊接方法有闪光对焊、电弧焊、电渣压力焊、电阻点焊和气压焊等。其中，闪光对焊主要用于加工厂内接长钢筋，电弧焊则适用于大多数情况下的钢筋连接，电渣压力焊主要用于现场竖向钢筋的接长，电阻点焊多用于焊接钢筋网，气压焊适于不同直径钢筋及各种方向布置的钢筋的现场焊接。

2. 钢筋机械连接

钢筋机械连接是通过连接件的机械咬合作用或钢筋端面的承压作用，将一根钢筋中的力传递至另一根钢筋的连接方法。对于确保钢筋接头质量，改善施工环境，提高

工作效率，保证工程进度具有明显优势。常用的钢筋机械连接类型有：钢筋套筒挤压连接、钢筋锥螺纹套筒连接、钢筋镦粗直螺纹套筒连接、钢筋滚压直螺纹套筒连接等。

（六）钢筋冷加工

常用的冷加工方法有冷拉、冷拔、冷轧等。

1. 钢筋冷拉

钢筋冷拉是指在常温下，以超过钢筋屈服强度的拉应力拉伸钢筋，使其产生塑性变形，以达到调直钢筋、提高强度、节约钢材的目的，对焊接接长的钢筋亦检验了焊接接头的质量。

冷拉工艺适用于Ⅰ～Ⅳ级钢筋。钢筋经过冷拉后，长度一般增加 4%～6%，屈服强度可提高 20%～25%，可节约钢材 10%～20%。但冷拉后的钢筋塑性降低，材质变脆。冷拉钢筋一般不用做受压钢筋；在承受冲击荷载的动力设备基础及负温条件下不应采用冷拉钢筋；在水工结构的非预应力钢筋混凝土中，不宜采用冷拉Ⅱ级及以上的钢筋。

（1）冷拉工艺主要设备

钢筋冷拉设备主要包括卷扬机、千斤顶、测力装置、标尺、夹具、回程设施等。冷拉设备主要由拉力装置、承力结构、钢筋夹具及测量装置等组成。拉力装置一般由卷扬机、张拉小车及滑轮组等组成。承力结构可采用钢筋混凝土压杆，在拉力较小或临时性工程中，可采用地锚。冷拉长度测量可用标尺，测力计可用电子秤或附有油表的液压千斤顶或弹簧测力计。

冷拉控制方法分为单控法和双控法两种：

①单控法。就是只控制钢筋的冷拉率，即将钢筋拉伸到一定长度后，将拉力保持 2～3min，然后再放松夹具，取出钢筋，避免钢筋弹性回缩过大。

②双控法。就是以控制钢筋冷拉应力为主，同时还控制钢筋的冷拉率。

冷拉控制的目的是钢筋经冷拉后仍有一定的塑性和强度储备。

（2）冷拉钢筋的质量要求

冷拉钢筋的质量及验收应符合下列规定：

①应分批验收，每批由不大于 20t 的级别、同直径冷拉钢筋组成。

②冷拉后钢筋表面不得有裂纹及局部颈缩，作预应力钢筋的应逐根检查。

③冷拉钢筋的力学性能指标应符合表 3-1 的规定。

④冷拉钢筋进行冷弯试验后，不得有裂纹、剥落或断裂现象。

⑤预应力钢筋应先对焊后冷拉，以免因焊接高温的影响而降低钢筋冷拉获得的强度。同时冷拉也可检验对焊接头的质量。

⑥钢筋经过冷拉后，表面容易发生锈蚀，因此要注意冷拉后钢筋的防锈工作。

表 3-1 冷拉钢筋的力学性能

钢筋级别	钢筋直径 /mm	伸长率 /%	冷弯	
			弯曲角度	弯心直径
Ⅰ级	12	11	180°	3d
	25	10	90°	3d
Ⅱ级	28 ～ 40	10	90°	4d
Ⅲ级	8 ～ 40	8	90°	5d
Ⅳ级	10 ～ 28	6	90°	5d

2. 钢筋冷拔

钢筋冷拔是将直径 6 ~ 8mm 的Ⅰ级光面盘圆钢筋在常温下通过钨合金钢制成的拔丝模，强力冷拔而成强度高、直径比原来钢筋小的钢丝。如果将钢筋进行多次冷拔，则可加工成直径更小的钢丝。经冷拔后的钢筋称为冷拔低碳钢丝，冷拔低碳钢丝没有明显的屈服阶段，它分甲、乙两级，甲级钢丝适用于做预应力筋，乙级钢丝适用做焊接网，焊接骨架、箍筋和构造钢筋。

钢筋经冷拔后强度有大幅度提高（一般可提高 40% ~ 90%），但其塑性明显降低，伸长率变小。

3. 钢筋冷轧

冷轧钢筋是将圆钢在轧钢机上轧成断面形状规则的钢筋，可提高其强度及与混凝土的黏结力。通常有冷轧带肋钢筋和冷轧扭钢筋。

三、钢筋绑扎安装及其质量控制

钢筋的绑扎安装是将制作好的单根钢筋按设计要求组成钢筋网或钢筋骨架的过程，是钢筋施工的最后一道工序。钢筋的安装方法有整装法和散装法两种。在水利工程中，钢筋的绑扎与安装多使用散装法。

（一）安装前准备

1. 熟悉施工图纸

看施工图时，首先看图纸右下角的标题栏，从中可看到图纸所示的名称、部位、图号、材料、日期、设计单位，以及设计、校核、审批、制图者等基本情况。其次再看建筑物结构的轮廓尺寸，对建筑物的长、宽、高及其所在部位，做到心中有数。再次是分析视图，仔细阅读，弄清结构中钢筋施工与有关的模板、结构安装、管道配置等多方面的联系。尤其要注意安装顺序的可能性和长钢筋接头分段配置是否合乎规范要求和施工方便等。

2. 施工场地的准备

施工场地准备工作包括两个方面：一是安装场地的准备；二是现场钢筋堆放地点的准备。

准备钢筋安装场地时，要查看绑扎钢筋区域内有无影响钢筋定位的建筑物或其他附属物，如沥青井、键槽、止水片、预埋件或钢筋穿过模板等。对于混凝土浇筑仓位要弄清扎筋部位中心线、高程、轮廓点的位置。

堆放场地应靠近安装地点，尽量选在比较平坦的地点，使钢筋进仓方便。堆放地点狭窄时，应仔细规划安装顺序和材料堆放顺序，重叠堆放时，先用的钢筋放在上面，后用的放在下面，中间以木料隔开。为了防止锈蚀，堆放场周围应注意排水，钢筋料堆要下垫木料防水、上盖芦席或塑料布防雨。

3. 材料准备和机具准备

首先按加工配料单和料牌清点场内加工好的钢筋成品，看钢号、直径、形状、尺寸及数量是否相符，清查无误后将加工好的钢筋成品运至现场堆放。还要准备扎丝，一般采用 18 ~ 22 号铁丝或镀锌铁丝。

绑扎钢筋的主要机具包括扳子、绑扎钩、撬棍和临时加固的支撑（支架）、拉筋、挂钩等。为了控制保护层厚度，要做预制砂浆垫块。砂浆垫块中埋有 V 形铁丝，在安装时将铁丝绑在钢筋上，防止垫块滑动、脱落。

4. 确定安装顺序

钢筋绑扎与安装的主要工作内容包括：放样划线、排筋绑扎、垫撑铁和保护层垫块、检查校正及固定预埋件等。为了保证工作顺利进行，施工前要考虑钢筋绑扎安装顺序。板类构件排筋顺序一般先排受力钢筋，后排分布钢筋；梁类构件一般先排纵筋，再排箍筋，最后固定。绑扎形式复杂的结构部位时，应先研究逐根钢筋穿插就位的顺序，并与模板工联系讨论支模和绑扎钢筋的先后次序，以减少绑扎难度。

5. 放线

放线要从中心点开始向两边量距放点、定出纵向钢筋的位置。水平筋的放线可放在纵向钢筋或模板上。

（二）钢筋绑扎安装

1. 钢筋绑扎接头

直径在 25mm 以下的钢筋接头，可采用绑扎接头。但对轴心受拉、小偏心受拉构件和承受震动荷载的构件，钢筋接头不得采用绑扎接头。

2. 钢筋绑扎接头的规定

钢筋采用绑扎接头时，应遵守下列规定：

①搭接长度不得小于规定的数值。

②受拉区域内的光圆钢筋绑扎接头的末端，应做弯钩。螺纹钢筋可不做弯钩。

③梁、柱钢筋的接头，如采用绑扎接头，则在绑扎接头的搭接长度范围内加密箍筋。当搭接钢筋为受拉钢筋时，箍筋间距不应大于5d（d为两搭接钢筋中较小的直径）；当搭接钢筋为受压钢筋时，其箍筋间距不应大于10d。

3. 钢筋绑扎的操作方法

钢筋绑扎的基本操作方法如下：

①一面顺扣法。它的主要特点是操作简单方便，绑扎效率高，通用性强。可适用于钢筋网、架各个部位的绑扎，并且绑扎点也比较牢靠。其余绑扎法与一面顺扣法相比较，绑扎速度慢、效率低，但绑扎点更牢固，在一定间隔处可以使用。此方法施工中使用最多。

②十字花扣法。主要用于要求比较牢固处，如平面钢筋网和箍筋处的绑扎。

③反十字花扣法。用于梁骨架的箍筋和主筋的绑扎。

④兜扣法。适用于梁的箍筋转角处与纵向钢筋的连接及平板钢筋网的绑扎。

⑤缠扣法。可防止钢筋下滑，主要用于墙钢筋网和柱箍，一般绑扎墙钢筋网片每隔1m左右应加一个缠扣，缠绕方向可根据钢筋可能移动情况来确定。

⑥套扣法。用于梁的架立筋与箍筋的绑扎处，绑扎时往钢筋交叉点插套即可。

4. 绑扎与安装质量要求

水工钢筋混凝土工程中的钢筋安装，其质量应符合以下规定：

（1）钢筋的安装位置、间距、保护层厚度及各部分钢筋的大小尺寸，均应符合设计要求

检查时先进行宏观检查，没发现有明显不合格处，即可进行抽样检查，对梁、板、柱等小型构件，总检测点数不得少于30个，其余总检测点数一般不少于50个。

（2）现场焊接或绑扎的钢筋网，其钢筋交叉的连接应按设计规定进行

如设计未做规定，且直径在25mm以下，则除楼板和墙内靠近外围两行钢筋之交点应逐根扎牢外，其余按50%的交叉点进行间隔绑扎。

（3）钢筋安装中交叉点的绑扎

对于Ⅰ、Ⅱ级钢筋，直径在16mm以上且不损伤钢筋截面时，可用手工电弧焊进行点焊来代替，但必须采用细焊条、小电流进行焊接，并严加外观检查，钢筋不应有明显的咬边和裂纹出现。

（4）板内双向受力钢筋网，应将钢筋全部交叉点全部扎牢

柱与梁的钢筋中，主筋与箍筋的交叉点在拐角处应全部扎牢，其中间部分可每隔一个交叉点扎一点。

（5）安装后的钢筋应有足够的刚度和稳定性

整装的钢筋网和钢筋骨架，在运输和安装过程中应采取措施，以免变形、开焊及松脱。安装后的钢筋应避免错动和变形。

5. 钢筋施工安全技术

钢筋绑扎安装，尤其是在高空进行钢筋绑扎作业时，应特别注意安全。

①应佩戴好安全帽，注意力集中，站稳后再操作，上下、左右应随时关照，减少相互之间的干扰。

②在高空作业，传递钢筋时应防止钢筋掉下伤人。

③在绑扎安装梁、柱等部位钢筋时，应待绑扎或焊接牢固后，方可上人操作。

④在高空绑扎和安装钢筋时，不要把钢筋集中堆放在模板或脚手架的某一部位，以保安全，特别是在悬臂结构上，更应随时检查支撑是否稳固可靠，安全设施是否牢靠，并要防止工具、短钢筋坠落伤人。

⑤不要在脚手架上随便放置工具、箍筋或短钢筋，避免放置不稳坠落伤人。

⑥应尽量避免在高空修整、弯曲粗钢筋，在必须操作时，要系好安全带，选好位置，人要站稳，防止脱手伤人。

⑦安装钢筋时不要碰撞电线，避免发生触电事故。

⑧在雷雨时，必须停止露天作业，预防雷击钢筋伤人。

四、混凝土制备

（一）骨料制备与储存

水工混凝土工程，对骨料需要量及质量的要求都比较高，施工单位往往自行制备砂石骨料，而对于中小型水利工程，当条件允许时，可就近购买砂石骨料。根据骨料的来源不同，可将骨料分为天然骨料、人工骨料、组合骨料三种；按粒径不同，可将骨料分为细骨料、粗骨料。对于细骨料应使用质地坚硬、清洁、级配良好、含水率稳定的中砂；对于粗骨料应满足质地坚硬、清洁、级配良好，最大粒径不应超过钢筋净间距的2/3、构件断面最小边长的1/4、素混凝土板厚的1/2，对少筋或无筋混凝土结构应选用较大的粗骨料粒径。总之，使用骨料应根据优质、经济、就地取材的原则进行选择。

1. 骨料加工

从料场开采的砂石料不能直接用于制备混凝土，需要通过破碎、筛分、冲洗等加工过程，制成符合级配要求，质量合格的各级粗、细骨料。

（1）破碎

为了将开采的石料破碎到规定的粒径，往往需要经过几次破碎才能完成。因此，通常将骨料破碎过程分为粗碎（将原石料破碎到 300 ~ 70mm）、中碎（将原石料破碎到 70 ~ 20mm）和细碎（将原石料破碎到 20 ~ 1mm）三种。骨料破碎用碎石机进行，常用的有旋回破碎机、反击式破碎机、圆锥式破碎机，此外还有辊式破碎机和锤式破碎机、棒磨制砂机、旋盘破碎机、立轴冲击式破碎机等制砂设备。

（2）筛分

筛分是将天然或人工的混合砂石料，按粒径大小进行分级。筛分作业分人工筛分和机械筛分两种。

（3）冲洗

冲洗是为了清除骨料中的泥质杂质。机械筛分的同时，常在筛网上安装几排带喷水孔的压力水管，不断对骨料进行冲洗，冲洗水压应大于 0.2MPa。若经筛分冲洗仍达不到质量要求，应增设专用的洗石设备。骨料加工厂常用的洗石设备有槽式洗石机和圆筒洗石机。

常用的洗砂设备有螺旋洗砂机和沉砂箱。其中，螺旋洗砂机兼有洗砂、分级、脱水的作用，其构造简单，工作可靠，应用较广。螺旋洗砂机在半圆形的洗砂槽内装一个或一对相对旋转的螺旋。洗砂槽以 18° ~ 20° 的倾斜角安放，低端进砂，高端进水由于螺旋叶片的旋转，被洗的砂受到搅拌，并移向高端出料口，卸到皮带机上。污水则从低端的溢水口排出。沉砂箱的工作原理是：由于不同粒径的砂粒在水中的沉降速度不同，控制沉砂箱中水的上溢速度，使 0.15mm 以下的废砂和泥土等随水悬浮溢出，而 0.15mm 以上的合格的砂在箱中沉降下来。

2. 骨料加工厂

把骨料破碎、筛分、冲洗、运输和堆放等一系列生产过程与作业内容组成流水线，并形成一定规模的骨料生产企业，称为骨料加工厂。当采用天然骨料时，加工的主要作业是筛分和冲洗；当采用人工骨料时，加工的主要作业是破碎、筛分、冲洗和棒磨制砂。骨料加工厂要根据地形情况、施工条件、来料和出料方向，做好主要加工设备、运输线路、净料和弃料堆的布置。骨料加工应做到开采和使用相平衡，尽量减少弃料；骨料的开采和加工过程中，还应注意做好环境保护工作，应采取措施避免水土流失，减少废水及废渣排放。

大中型工程常设置筛分楼：进入筛分楼的砂石混合料，应先经过预筛分，剔出粒

径大于150mm的超径石。经过预筛分的砂石混合料，由皮带机运送上筛分楼，经过两台筛分机筛分和冲洗，筛分出5种粒径不同的骨料。其中，特大石在最上一层筛网上不能过筛，首先被筛分。砂料经沉砂箱和洗砂机清洗得到洁净的砂。经过筛分的各级骨料，分别由皮带机运送到净料堆储存，以供混凝土制备的需要。

成品骨料在堆存和运输时应注意以下要求：

①堆存场地应有良好的排水设施，必要时应设遮阳防雨棚。

②各级骨料仓应设置隔墙等有效措施，严禁混料，并应避免泥土和其他杂物混入骨料中。

③应尽量减少转运次数。卸料时，若粒径大于40mm骨料的自由落差大于3mm，应设置缓降设施。

④储料仓除有足够的容积外，还应维持不小于6m的堆料厚度。细骨料仓的数量和容积应满足细骨料脱水的要求。

⑤在粗骨料成品堆场取料时，同一级料在料堆不同部位同时取料。

混凝土制备是按照混凝土配合比设计要求，将其各组成材料拌和成均匀的混凝土料，以满足浇筑的需要。混凝土的制备主要包括配料和拌和两个生产环节。混凝土的制备除满足混凝土浇筑强度要求外，还应确保混凝土标号无误、配料准确、拌和充分、出机温度适当。

3. 配料

配料是按设计要求，称量每次拌和混凝土的材料用量。配料有体积配料法和重量配料法两种。因体积配料法难以满足配料精度的要求，所以水利工程广泛采用重量配料法，即混凝土组成材料的配料量均以重量计。称量的允许偏差（按重量百分比）为：水泥、掺和料、水、外加剂溶液为 ±1%，骨料为 ±2%。

（1）混凝土的施工配合比换算

设计配合比中的加水量根据水灰比计算确定，并以饱和面干状态的砂子为标准。在配料时采用的加水量，应扣除砂子表面含水量及外加剂溶液中的水量。所以，施工时应及时测定现场砂、石骨料的含水量，并将混凝土的实验室配合比换算成在实际含水量情况下的施工配合比。

（2）常用称量设备

混凝土配料称量的设备，有台秤、地磅、专门的配料器。

①台秤和地磅。当混凝土制备量不大时，多采用台秤或地磅进行称量。其中，地磅称量法最简便，但称量速度较慢。台秤称量，需配置称料斗、贮料斗等辅助设备。称料斗安装在台秤上，骨料能由称料斗迅速落入，故称量时间较快，但贮料斗承受骨料的重量大，结构较复杂。称料斗的进料可采用皮带机、卷扬机等提升设备 .

②配料器。配料器是用于称量混凝土原材料的专门设备，其基本原理是悬挂式的

重量秤：按所称物料的不同，可分为骨料配料器、水泥配料器和量水器等按配料称量的操作方式不同，可分为手动的、半自动化的和自动化的配料器。

在自动化配料器中，装料、称量和卸料的全部过程都是自动控制的。配料时仅需定出所需材料的重量和分量，然后启动自动控制系统，配料器便开始自动配料，并将每次配好的材料分批卸入拌和机中。自动化配料器动作迅速，称量精度高，在混凝土拌和楼中应用很广泛。

（二）拌和

1. 人工拌和

缺乏搅拌机械的小型工程或混凝土制备数量较少时，采用人工拌和混凝土。人工拌和在一块钢板上进行，先倒入砂子，后倒入水泥，用铁铲干拌三遍然后倒入石子，加水拌和至少三遍，直至拌和均匀为止。人工拌和劳动强度大、混凝土质量不易保证，拌和时不得任意加水。

2. 机械拌和

采用机械拌和混凝土可提高拌和质量和生产率。按照拌和机械的工作原理，可分为强制式和自落式两种。

（1）强制式拌和机

强制式拌和机拌和时，一般筒身固定，叶片旋转，从而带动混凝土材料进行强制拌和。强制式拌和机的搅拌作用比自落式强烈，拌和时间短，拌和效果好，但能耗大，衬板及叶片易磨损。适用于拌和干硬性混凝土和轻骨料混凝土。

强制式拌和机按构造不同可分立轴式和卧轴式。立轴式可分为涡桨式和行星式，卧轴式可分为单卧轴式和双卧轴式。

（2）自落式拌和机

自落式拌和机的叶片固定在拌和筒内壁上，叶片和筒一起旋转，从而将物料带至筒顶，再靠自重跌落而与筒底的物料掺混，如此反复直至拌和均匀。自落式拌和机按其外形分为鼓形和双锥形两种。双锥形拌和机又有反转出料和倾翻出料两种形式。鼓形拌和机构造简单，装拆方便，使用灵活，但容量较小，生产率不高，多用于中小型工程或大型工程施工初期。双锥形拌和机容量较大，拌和效果好，生产率高。混凝土拌和机的选用直接影响工程造价、进度和质量，因此需根据施工强度要求施工方式、施工布置及所拌制混凝土的品种、流动性、骨料的最大粒径等因素进行合理选用。

混凝土的拌和时间与混凝土的品种类别、拌和温度、拌和机的机型、骨料的品种和粒径及拌和料的流动性有关轻骨料混凝土的拌和时间比普通混凝土要长，低温季节时混凝土的拌和时间比常温季节要长，流动性小的混凝土比流动性大的混凝土拌和时

间要长。

加冰混凝土的拌和时间应延长 30s（强制式 15s），出机的混凝土拌和物中不应有冰块。

拌和机每一个工作循环拌制出的新鲜混凝土的实方体积，称混凝土的出料体积（又称拌和机的工作容量）。每拌和一次，装入拌和筒内各种松散体积之和，称装料体积。出料体积与装料体积之比称拌和机的出料系数，为 0.65 ~ 0.7。拌和过程中，应根据拌和机容量大小，确定允许拌和的最大骨料粒径。单台拌和机的生产率主要取决于拌和机的工作容量和循环工作一次所需的时间。

（3）投料顺序

为了提高混凝土拌和质量，减少叶片、衬板磨损，减少水泥的飞扬和粘罐，提高混凝土强度，节约水泥。常用的投料顺序可分为一次投料法、二次投料法。

①一次投料法。一次投料法是在上料斗中先装石子，再加水泥和砂，依次加入搅拌筒内进行搅拌的方法。对于自落式搅拌机要在搅拌筒内先加部分水；对立轴强制式搅拌机，因出料口在下部，不能先加水，应在翻斗投料入机的同时，缓慢均匀分散地加水。

②二次投料法。二次投料法分为预拌水泥砂浆法、预拌水泥净浆法和裹砂石法等。预拌水泥砂浆法，是先将水泥、砂和水加入搅拌筒内进行充分搅拌，成为均匀的水泥砂浆后，再加入石子搅拌成均匀的混凝土。预拌水泥净浆法，是先将水泥和水充分搅拌成均匀的水泥净浆后，再加入砂和石子搅拌成混凝土。裹砂石法，先将全部石子、砂子和 70% 的拌和水倒入搅拌机，拌和 15s，再倒入全部水泥进行造壳搅拌 30s 左右，然后加入 30% 的拌和水，再进行糊化搅拌 60s 左右即完成。

二次投料法搅拌的混凝土比一次投料法搅拌的混凝土和易性好，强度可提高 20% 左右。

（三）混凝土拌和站和混凝土拌和楼

大中型水利工程中，常把骨料堆场、水泥仓库、配料装置、拌和机及运输设备等比较集中地布置，组成混凝土拌和站，或采用成套的混凝土工厂（拌和楼）来制备混凝土：这样既有利于生产管理，又能充分利用设备的生产能力。

进行混凝土拌和站或拌和楼的布置时，应与砂石来料、混凝土的运输和浇筑地点相互协调。拌和站和拌和楼的布置应尽量减少运输距离，尽量减少占地，尽量减少土建工程量，尽量减少施工干扰，尽量减轻、避免对周围环境产生污染。

混凝土拌和站或拌和楼的容量应满足混凝土浇筑强度的需要。混凝土拌和楼按照物料提升次数和制备机械垂直布置的方式，可分为双阶式和单阶式两种：双阶式拌和楼建筑高度小，运输设备简单，易于装拆，投产快，投资少，但效率和自动化程度较低，占地面积大，多用于中小型工程。

单阶式拌和楼生产效率高，布置紧凑，占地少，自动化程度高。但单阶式结构复杂，投产慢，投资大，因此不宜用于零星的混凝土工程。

五、混凝土运输

（一）混凝土运输要求

混凝土运输是混凝土施工中的重要环节，对工程质量和施工进度的影响较大。混凝土拌和物在运输过程中，应满足下列基本要求：无强度等级错误；不初凝；不漏浆；不分层离析；不发生严重泌水；不发生过多的温度回升和下落度损失；运输途中不得加水；尽量缩短运输时间和转运次数；不能使混凝土料从 1.5m 以上的高度自由跌落，超过时应采取缓降或其他措施，以防止骨料分离；对于掺普通减水剂的混凝土，运输时间不宜超过表 3-2 的规定；混凝土的运输能力应与拌和、浇筑能力相适应，满足施工进度计划的要求。

表 3-2　运输时间

运输时段的平均气温 /℃	混凝土运输时间 /min
20 ～ 30	45
10 ～ 20	60
5 ～ 10	90

混凝土运输包括两个运输过程：从拌和机前到浇筑仓前，主要是水平运输；从浇筑仓前到仓内，主要是垂直运输。

（二）混凝土水平运输

混凝土的水平运输又称供料运输。常用的运输方式有以下几种。

1. 人工运输

人工运输混凝土常用手推车、架子车和斗车等。用手推车和架子车时，要求运输道路路面平整，随时清扫干净，防止混凝土在运输过程中受到强烈振动。道路的纵坡，一般要求水平，局部不宜大于 15%，否则应有相应的辅助爬坡措施，一次爬高不宜超过 3m，运输距离不宜超过 200m。

2. 机动翻斗车运输

机动翻斗车具有轻便灵活、转弯半径小、速度快、能自卸等优点，但载重量不大。适用于短途运输混凝土或砂石料。

3. 自卸汽车运输

自卸汽车运输机动灵活，载重量较大，卸料迅速。自卸汽车常用的载重量为3.5 ~ 20t，运距不宜超过1.5km。

4. 混凝土搅拌车运输

随着商品混凝土的发展，混凝土搅拌车应用越来越广泛。混凝土搅拌车适于长距离运送混凝土，运输途中缓慢旋转继续拌和混凝土，以防止混凝土发生分层离析。在运输距离很长时，也可将混凝土干料装入筒内，在运输途中加水搅拌。水利工程施工中，常将混凝土搅拌车与混凝土拌和楼或混凝土泵车等配合使用，多用于隧洞、厂房衬砌及大坝厂房坝段的通风井等部位的混凝土浇筑。

5. 铁路运输

采用铁路平台列车配立罐运输混凝土，轨距常用1000mm窄轨及1435mm标准轨两种，平板车3 ~ 5节，每节放一个立罐，常用立罐容积有$3m^3$、$6m^3$、$9m^3$三种，其中一节空位，便于空罐回放。铁路运输运行速度快，运输强度高，但对运输线路要求高，运输线路建设周期长，适用于混凝土工程量较大的工程。

（三）混凝土垂直运输

混凝土的垂直运输又称为入仓运输，主要由起重机械来完成，常用的有以下几种。

1. 履带式起重机和轮胎式起重机

履带式起重机可由挖掘机改装而成，也有专用系列，起重量为10 ~ 50t，工作半径为10 ~ 30m。轮胎式起重机型号品种齐全，起重量为8 ~ 300t，工作半径一般为10 ~ 15m。履带式起重机和轮胎式起重机提升高度不大，控制范围小，但转移灵活，适应狭窄地形，在开工初期能及早使用，适用于浇筑高程较低的部位和零星分散小型建筑物的混凝土运输。

2. 门式起重机

门式起重机是一种大型移动式起重设备。它的下部为钢结构门架，门架下有足够的净空（7 ~ 10m），能并列通行2列运输混凝土的平台列车。门架底部装有车轮，可沿轨道移动。门架上面是机身，包括起重臂、回转工作台、钢索滑轮组（或臂架连杆）、支架及平衡轴等。整个机身通过转盘的齿轮作用，可水平回转360°。我国水利工程施工时，常用的门机有：10t丰满门机、10t/20t四连杆臂架门机、10t/30t高架门机和20t/60t高架门机，其中高架门机起重高度可达70m，常配合栈桥用于浇筑高坝和大型厂房。

门机运行灵活、起重量大、控制范围大，在大中型水利工程中应用广泛。

3. 塔式起重机

塔式起重机是在门架上装置高达数十米的钢塔，用于增加起重高度 c 起重臂按一般水平布设，起重小车（带有吊钩）可沿起重臂水平移动，用以改变起重幅度。塔机可靠近建筑物布置，沿着轨道移动，利用起重小车变幅，其控制范围是一个长方形的空间。但塔机的起重臂较长，相邻塔机运行时的安全距离要求大，相邻中心距不小于 34 ~ 85m。塔式起重机适用于高层施工，并可将多台塔机安装在不同的高程上。

4. 缆式起重机

缆式起重机主要由缆索系统、起重小车、主塔架、副塔架等组成。主塔内设有机房和操纵室。缆索系统是缆机的主要组成部分，包括承重索、起重索、牵引索等。缆机的类型，一般按主、副塔架的移动情况划分，有固定式、平移式、辐射式和摆塔式四种。缆机适用于狭窄河床的混凝土坝浇筑。它不仅具有控制范围大、起重量大、生产率高的特点，而且能提前安装和使用，使用期长，不受河流水文条件和坝体升高的影响，对加快主体工程施工具有明显的作用。

混凝土的垂直运输，除上述几种大型机械设备外，还有升高塔（金属井架）、桅杆式起重机及起重量较小的塔机等。小型垂直运输机械在大中型水利工程施工中，通常仅作为辅助运输手段。

（四）混凝土辅助运输设备

混凝土的辅助运输设备有吊罐、集料斗、溜槽、溜管等。用于混凝土装料、卸料和转运入仓，以保证混凝土质量和运输工作的顺利进行。为了防止骨料分离，混凝土的自由下落高度不宜大于 1.5m。超过时，应采取缓降或其他措施。近几年来，负压溜槽、My-Box 缓降器等新型混凝土输送设备在水利工程施工中得以应用，能有效地避免混凝土沿较陡坡面或垂直运输过程中的离析。

1. 吊罐

吊罐是与起重机配套使用的混凝土运输设备，广泛用于大体积混凝土施工的转运入仓作业。吊罐上部为圆形或方形敞口，便于进料；下部为收缩形锥体，并在底部设下料开关装置，便于卸料。吊罐分卧式与立式两种，分别简称为卧罐和立罐。卧罐的容量一般为 $1.6m^3$、$3m^3$，立罐的容量有 $1m^3$、$3m^3$、$6m^3$、$9m^3$ 等。

2. 溜槽与振动溜槽

溜槽为一铁皮槽子，用于高度不大的情况下滑送混凝土，从而将皮带机、自卸汽车、吊罐等运输来的料转运入仓。

振动溜槽是在溜槽上附有振动器，每节长 4 ~ 6m，拼装总长可达 30m，坡度可放缓至 15° ~ 20° 。

采用溜槽时，应在溜槽末端加设 1 ~ 2 节溜管。以防止混凝土料在下滑过程中分离。利用溜槽转运入仓，是大型机械设备难以控制部位的有效入仓手段。

3. 溜管与振动溜管

溜管由多节铁皮管串挂而成。每节长 0.8 ~ 1m，上大下小，相邻管节铰挂在一起，可以拖动。

采用溜管卸料，可以防止混凝土料分离和破碎，可以避免吊罐直接入仓，碰坏钢筋和模板。溜管卸料时，其出口离浇筑面的高差应不大于 1.5m，并利用拉索拖动均匀卸料，但应使溜管出口段（约 2m 长）与浇筑面保持垂直，以避免混凝土料分离。随着混凝土浇筑面的上升，可逐节拆卸溜管下端的管节。溜管卸料多用于断面小、布筋密的浇筑部位。其卸料半径为 1.5 ~ 2.0m，卸料高度不大于 10m。

振动溜管与普通溜管相似，但每隔 4 ~ 8m 的距离装有一个振动器，以防止混凝土料中途堵塞，其卸料高度可达 10 ~ 20m。

六、混凝土浇筑与养护

混凝土浇筑的施工过程包括：浇筑仓面准备工作、入仓铺料、平仓振捣和浇筑后的养护。

（一）浇筑仓面准备工作

建筑物地基应在基础开挖到设计要求的标高和轮廓线后，经验收合格，才可进行混凝土浇筑仓面准备工作。混凝土浇筑仓面准备工作包括：基础面处理，施工缝处理，模板、钢筋及预埋件检查，混凝土浇筑的准备工作。

1. 基础面处理

对于土基，应先挖除保护层，并清除杂物。然后用碎石垫底，盖上湿砂，再进行压实。处理过程中，应避免破坏和扰动原状土壤。如有扰动，必须处理。

对于砂砾地基，应清除杂物，平整基础面，并浇筑低标号混凝土垫层。处理过程中，如湿度不够，应至少浸湿 15cm 深，使其湿度与最优强度时的湿度相符。

对于岩基，岩基面上的松动岩块及杂物、泥土均应清除。岩基面应冲洗干净并排净积水，如有承压水，必须采取可靠的处理措施。清洗后的岩基在浇筑混凝土前应保持洁净和湿润。

软基或容易风化的岩基，在混凝土覆盖前，一应做好基础保护。可经审批后在处理合格的基础面上先浇一层 15 ~ 20cm 厚与结构物相同强度等级的混凝土垫层。

2. 施工缝处理

施工缝是指浇筑块之间的水平和垂直结合缝，即为新老混凝土之间的结合面。为了保证建筑物的整体性，在新混凝土浇筑前，必须将老混凝土表面的水泥膜（又称乳皮）清除干净，形成石子半露而不松动的清洁糙面，以利于新老混凝土的紧密结合。

施工缝毛面处理宜采用 25 ~ 50MPa 高压水冲毛机，也可采用低压水、风砂枪、刷毛机、人工凿毛、涂刷混凝土界面处理剂等方法。毛面处理的开始时间由试验确定。采取喷洒专用处理剂时，应通过试验再实施。

刷毛和冲毛是指在混凝土凝结后但尚未完全硬化以前，用钢丝刷或高压水对混凝土表面进行冲刷，以形成麻面。高压水冲毛是一种高效、经济而又能保证质量的缝面处理技术，其关键是掌握开始冲毛的时间。在三峡工程施工中，试验表明高压水冲毛开始时间以收仓后 24 ~ 36h 为最佳，冲毛时间以 0.75 ~ 1.25min 为最佳

凿毛是指当混凝土已经硬化时，用石工工具或风镐等机械将混凝土表面凿成麻面。这种方法处理的缝面质量好，处理开始时间易确定，但效率低，劳动强度大，损失混凝土多。

风砂枪冲毛是指将经过筛选的粗砂和水装入密封的砂箱，再通入压缩空气。压缩空气与水、砂混合后，经喷枪喷出，将混凝土表面冲成麻面。采用风砂枪冲毛，质量较好，工效较高，但清理仓面石渣和砂子的工作量较大。

3. 模板、钢筋及预埋件检查

开仓浇筑前，应按照设计图纸和施工规范的要求，对模板、钢筋、预埋件的规格、数量、尺寸、位置与牢固稳定程度等进行全面检查验收，验收合格后才能开仓浇筑混凝土。

4. 混凝土浇筑的准备工作

混凝土浇筑的准备工作是指对浇筑仓面的机具设备、劳动组合、风水电供应、施工质量、技术要求等进行布置安排和检查落实。

（二）混凝土浇筑

1. 入仓铺料

基岩面和新老混凝土施工缝面在浇筑第一层混凝土前，可铺一层 1 ~ 3cm 厚的水泥砂浆、20 ~ 40cm 厚的小级配混凝土或同强度等级的富砂浆混凝土，保证新混凝土与基岩或新老混凝土施工缝面良好结合。

混凝土入仓后，可采用平层浇筑法、斜层浇筑法或阶梯浇筑法施工，同时应创造条件优先采用平层浇筑法。施工时应根据混凝土温控要求、混凝土允许间隔时间、混凝土入仓设备及生产能力、混凝土强度等级种类、级配种类和仓面结构特征等因素合理选择混凝土入仓铺料方法。平层浇筑法是沿仓面长边逐个逐层水平铺筑。入仓铺料应按一定厚度、次序、方向，分层进行，且浇筑层面应平整。在压力钢管、竖井、孔道、

廊道等周边及顶板浇筑混凝土时，混凝土应对称均匀上升。

混凝土浇筑坯层厚度指每一铺料层振捣完成后的厚度，应根据拌和能力、运输能力、浇筑速度、气温及振捣能力等因素确定，一般为 30 ~ 50cm。根据振捣设备类型确定浇筑坯层允许的最大厚度时，如采用低塑性混凝土及大型强力振捣设备，其浇筑坯层厚度应根据试验确定。

为保证浇筑块内的各浇筑层能够形成一个整体，要求下层混凝土未初凝之前，覆盖上层混凝土，否则，已初凝的混凝土表面将产生乳皮，在振捣中无法消失，上、下层混凝土间形成薄弱结合面，称冷缝。冷缝可以破坏结构物的整体性、耐久性等，且不易处理好。

若混凝土浇筑分块尺寸和铺料层厚度已定，为了避免出现冷缝，应采取措施增大运浇能力。若运浇能力难以增加，则应考虑改变浇筑方法，改平层浇筑为斜层浇筑或阶梯浇筑。采用斜层浇筑法，倾斜角不宜大于 10° ，浇筑块高度不宜超过 1.5m；阶梯浇筑法的层数不宜超过 3 ~ 5 层，台阶宽度宜大于 2.0m，浇筑块高度不宜超过 1.5m。

无论采用何种浇筑方法，混凝土浇筑应保持连续性，若层间间歇时间超过混凝土初凝时间，则会出现冷缝。混凝土浇筑允许间歇时间应通过试验确定。若因故超过允许间歇时间，但混凝土能重者，可继续浇筑；如局部初凝，但未超过允许初凝面积，则在初凝部位铺水泥砂浆或小级配混凝土后可继续浇筑；若超过允许初凝面积，则应停止浇筑，按施工缝处理后再继续浇筑。混凝土能重塑的标准是，将混凝土用振捣器振捣 30s，周围 10cm 内能泛浆且不留孔洞者。

2. 平仓与振捣

入仓的混凝土应及时平仓振捣，不得堆积。混凝土的浇筑应先平仓后振捣，严禁以振捣代替平仓。

（1）平仓

平仓就是把卸入仓内成堆的混凝土均匀铺平到要求的厚度。一般常用插入振捣器，斜插入料堆下部，然后再一次一次地插向料堆上部，使混凝土在振动作用下自行摊平。使用振捣器平仓，不能替代振捣密实工序。对于边角部位或狭小空间，也可采用人工平仓。仓面较大，仓内无拉条时可用平仓振捣机（类似于小型履带式推土机）平仓。

（2）振捣

振捣是混凝土施工中的关键作业。振捣时产生小振幅高频率振动作用，克服了混凝土拌和物颗粒间的摩阻力和黏结力，使混凝土液化、骨料相互滑动并挤密、砂浆充满空隙，排出空气和多余的水分，使混凝土密实并与模板、钢筋、预埋件紧密结合。

振捣设备的振捣能力应与浇筑机械和仓位的客观条件相适应。混凝土振捣常用振捣器进行，对于少数零星工程或振捣器施工不便时也可采用人工振捣，对于大型机械（如塔带机）浇筑的大仓位宜采用振捣机振捣。

混凝土振捣器按振捣方式的不同，可分为插入式、外部式、表面式三种。插入式电动振捣器分为硬轴和软轴振捣器。硬轴振捣器的振捣棒直径 80 ~ 130mm，一般用于大体积混凝土；软轴振捣器的振捣棒直径 50 ~ 60mm，操作轻便，可用于钢筋密集的薄壁结构和空间狭小的金属结构埋件二期混凝土中。外部式只适用于柱、墙等结构尺寸小且钢筋较密的构件。表面式只适用于薄层混凝土的振捣。

当使用手持式振捣器时应遵守下列规定：

①振捣器插入混凝土的间距，应根据试验确定并不超过振捣器有效半径的 15 倍。

②振捣器宜垂直按顺序插入混凝土。如略有倾斜，则倾斜方向应保持一致，以免漏振。

③振捣时，应将振捣器插入下层混凝土中 5cm 左右。

④严禁振捣器直接碰撞模板、钢筋及预埋件。

⑤在预埋件、止浆片周围，应细心振捣，必要时辅以人工捣固密实。

⑥浇筑块第一层、卸料接触带和台阶边坡的混凝土应加强振捣。

当使用振捣机等其他振捣设备时，同样应注意插点间距、距离模板等的距离、插入下层混凝土的深度等有关施工规定。

振捣时间以混凝土粗骨料不再显著下沉、无气泡产生，并开始泛浆为准，应避免欠振或过振。

（三）混凝土养护

混凝土浇筑完毕后，在一定的时间内保持适宜的温度和湿度，以利于混凝土强度的增加，减少或避免混凝土表面形成干缩裂缝，即为混凝土的养护工作。

常温下，水平面混凝土的养护，可蓄水覆盖，也可用聚合物材料、湿麻袋、草袋、锯末、湿砂等覆盖；垂直方向的养护可以进行人工洒水，或用带孔的水管进行定时洒水。

养护时间的长短取决于气温、水泥品种及工程的重要性。混凝土浇筑完毕后，应及时洒水养护，保持混凝土表面湿润。塑性混凝土应在浇筑完毕后 6 ~ 18h 内开始洒水养护，低塑性混凝土宜在浇筑完毕后立即喷雾养护，并及早开始洒水养护。混凝土应连续养护，养护期内始终使混凝土表面保持湿润，混凝土养护时间，不宜少于 28d，有特殊要求的部位宜适当延长养护时间。混凝土养护应有专人负责，并应做好养护记录。

七、泵送混凝土施工

（一）混凝土泵送设备及管道选择

混凝土泵的选型，应根据混凝土工程特点、要求的最大输送距离、最大输出量及混凝土浇筑计划确定。混凝土输送管，应根据工程和施工场地特点、混凝土浇筑方案

进行选择。

混凝土输送管包括直管、弯管、锥管、布料软管。对其要求是阻力小、耐磨损、质量轻、易装拆、密封好。材质常用钢管和低合金管，应使用无龟裂、无凹凸损伤和无弯折，接头严密，有足够强度，能快速装拆的输送管。

1. 混凝土输送管的水平换算长度

为了验算混凝土泵的输送能力，通常将不同类别的混凝土输送管进行水平长度换算。弯管的弯曲角度小于90°，需将表列数值乘以该角度与90°的比值。向下垂直管，其水平换算长度等于其自身长度。斜向配管时，根据其水平及垂直投影长度，分别按水平、垂直配管计算。

2. 混凝土泵的最大水平输送距离

混凝土的最大水平输送距离，可由试验确定，也可参照产品的性能表确定，或根据混凝土泵的最大出口压力、配管情况、混凝土性能指标和输出量。

（二）管道布置及安装

泵送混凝土输送管道的布置及安装应满足以下要求：

①管线宜直，转弯宜缓，以减少压力损失。

②接头应严密，防止漏水漏浆。

③浇筑点先远后近，管道只拆不接，方便工作。

④管道应合理固定，不影响交通运输，不搞乱已绑扎好的钢筋，不使模板振动。

⑤管道、弯头、零配件等应有备品，可随时更换。

⑥垂直向上布管时，为减轻混凝土管出口处压力，宜使地面水平管长度不小于垂直管长度的1/4，一般不宜少于15m。当垂直输送距离较大时，在混凝土泵机“Y”形管出料口3～6m处的输送管根部应设置截止阀，以防混凝土拌和物反流。

⑦倾斜向下布管时，应在斜管上端设排气装置；当高差大于20m时，应在斜管下端设置5倍高差长度的水平管。

（三）布料设备的配置要求

布料设备的配置要求主要有以下三个方面：

①应根据工程结构特点、施工工艺、布料要求和配管情况等，选择布料设备；

②应根据结构平面尺寸、配管情况和布料杆长度，布置布料设备；

③布料设备应安设牢固、稳定。

（四）泵送混凝土的浇筑

泵送混凝土的浇筑应根据工程结构特点、平面形状和几何尺寸、混凝土供应和输送设备能力、劳动力和管理能力，以及周围场地大小等条件，预先划分好混凝土浇筑区域。

当多台混凝土泵同时泵送或与其他输送方法组合输送混凝土时，应预先规定各自的输送能力、浇筑区域和浇筑顺序，并应分工明确、互相配合、统一指挥。

1. 浇筑前的准备

混凝土浇筑之前应做好混凝土的生产准备，混凝土泵、泵送管道及布料设备的安装，浇筑仓面的准备工作。

由于泵送混凝土的流动性大和施工的冲击力大，因此在浇筑混凝土前应确保模板、预埋件和支撑有足够的强度、刚度和稳定性。对于有预留洞、预埋件和钢筋密集的部位，应预先制订好相应的技术措施，确保顺利布料和振捣密实。

2. 混凝土泵送

混凝土泵与输送管道经全面检查符合要求后，应先空转运行并泵送适量的水以湿润混凝土泵及输送管道。泵水检查结束，应泵送水泥浆或水泥砂浆，以润滑混凝土泵及输送管道。一般多用水泥砂浆进行润滑，当砂浆即将压送完毕，即可泵送混凝土。开始泵送混凝土时，应使混凝土泵处于慢速、匀速并随时可反泵的状态，并逐步加速。同时注意观察混凝土泵的输送压力和各系统的工作情况，在确认混凝土泵各系统均工作正常后，即可以正常速度泵送混凝土。泵送结束应及时将混凝土泵和输送管道清洗干净。

3. 泵送混凝土的浇筑顺序

当在采用混凝土输送管输送混凝土时，应由远而近浇筑。

在同一区域的混凝土应按先竖向结构后水平结构的顺序，分层连续浇筑。当不允许留施工缝时，区域之间、上下层之间的混凝土浇筑间歇时间不得超过混凝土初凝时间。当下层混凝土初凝后，浇筑上层混凝土时，应先按施工缝处理。

4. 泵送混凝土的布料

在浇筑竖向结构混凝土时，布料设备的出口离模板内侧面不应小于 50mm，并且不得向模板内侧面直冲布料，也不得直冲钢筋骨架布料。

浇筑水平结构混凝土时，不得在同一处连续布料，应在 2 ~ 3m 内水平移动布料，且宜垂直于模板布料。

5. 混凝土的浇筑

泵送混凝土因坍落度较大，多用平层浇筑法。混凝土浇筑分层厚度一般为

30 ~ 50cm。当水平结构的混凝土浇筑厚度超过 50cm 时，可按 1 ： 6 ~ 1 ： 10 坡度分层浇筑，且上层混凝土应超前覆盖下层混凝土 50cm 以上。

振捣泵送混凝土时，振动棒插入的间距一般为 40cm 左右，振捣时间一般为 15 ~ 30s，并且在 20 ~ 30min 后对其进行第二次复振。当发现混凝土有不密实等现象时，应立即采取措施纠正。水平结构的混凝土表面应适时用木抹子抹平搓毛两遍以上。还应先用铁滚筒压两遍以上，以防止产生收缩裂缝。泵送混凝土浇筑完毕，应做好养护工作。泵送混凝土的养护要求同常规混凝土。

八、模袋混凝土施工

模袋混凝土是用高强度化纤织物为材料机织而成的双层织物（土工模袋），中间用泵送混凝土施工工艺充灌高流动性的混凝土（或水泥砂浆），从而形成的板块状或其他形状的混凝土结构。

模袋可以按工程需求预制成不同大小、形状和厚度。模袋为柔性材料，浇筑混凝土时能紧贴被保护的基面。模袋具有反滤作用，灌入混凝土后，随着多余的水分渗出，水灰比变小，提高了混凝土强度。模袋混凝土水下施工无须截流和修筑围堰、无须立模，结构简单、施工方便、进度快、成本低，施工质量有保证，广泛用于江河堤防工程的护岸护堤。

（一）施工机械

模袋混凝土的主要施工机械设备有混凝土搅拌机、混凝土输送泵、柴油发电机和混凝土输送管路、滑轮、尼龙绳、锚固钉等。混凝土输送管路由钢管及橡胶软管两部分组成，泵出口处用钢管连接。

土工模袋按加工工艺的不同，可分为两类，即机织模袋和简易模袋。前者是由工厂生产的定型产品，而后者是用手工缝制而成。我国常用的机织模袋有下列五种：有过滤点模袋、薄型无过滤点模袋、厚型无过滤点模袋、铰链型模袋、框架模型袋。工程中应根据现场地形、土质、施工条件、工程类型和重要性以及水流条件等综合因素选择强度高、变形较小、孔径适宜的模袋材料。

（二）模袋混凝土的技术要求

模袋混凝土拌和物要有良好的流动性、保水性、黏聚性和可泵性，保证混凝土能顺利地充灌入模袋中，不需要机械外力而自动密实，且不发生离析。同时，充填模袋的混凝土需适宜的水灰比、骨料级配比以及适量的外加剂，使其具有足够的强度，以承受各种外力的作用。为便于泵送施工，粗骨料最大粒径不得大于泵送管径的 1/3，一般不超过 20mm。模袋混凝土适宜采用双掺技术。在混凝土中掺粉煤灰，掺量 15% 左右，以改善混凝土的和易性，同时节约水泥，降低工程造价；掺用泵送剂等外加剂，以提高混凝土的可泵性。模袋混凝土的坍落度一般为 20cm 左右；砂率 40%左右；水灰比 0.4 ~ 0.6 为宜；未使用高效外加剂及高效掺合料时，水泥最小用量不宜小于 300kg。施工中应严格控制混凝土质量，以免发生堵管现象。

（三）混凝土施工

模袋护岸施工通常可分铺设前的准备、铺设模袋及充灌材料的灌注和养护等几个方面。

1. 铺设前的准备

铺设前应了解和掌握铺设土工模袋段的地形和标准设计断面图、水力要素及自然条件等资料。对模袋混凝土施工区域进行测量放样，按设计断面修整边坡、清除树根、块石及其他杂物，岸坡及顶脚基槽要开挖平顺并修理平整。施工前应备好所需的原材料、机具、器材，做好施工场地布置工作。

2. 模袋缝制及铺设

模袋为双层织物、四层组织，上下两层土工模袋起模板作用，中间织入两层不同粗细的丝或绳作为厚度加固筋，以控制模袋混凝土成型的厚度。模袋缝制和铺设时必须考虑坡长纵横向收缩率和边界处理要求。拟定铺设单元及每单元体内留设充灌混凝土的灌浆口数量，各灌浆口的数量与位置均匀分布，每个口进料要求大致能填满 10 ~ 15m^2 的面积，每条模袋缝制好后，要正反逐点检查，发现不合格点，要现场拆除重缝。

模袋铺设定位是模袋混凝土施工中十分重要的环节，模袋铺设以上游为起点，分铺设单元，每一单元沿坡度方向平顺摊铺模袋，逐单元顺下游推进。坡顶距模袋端以外 1m 左右沿岸线方向设桩位 3 ~ 4 个，用松紧器与模袋上端穿管布内的钢管连接，以调行模袋施灌混凝土时的动态张力。坡顶模袋要有预留部分，使单元施工结束时，上端控制在设计位置，预留量约 15cm，或凭经验确定，并在第 1 单元施工时修正确定。单元间跨缝处按设计要求认真处理。一般做法是在相邻处底部缝制 50cm 宽的无纺布，将两单元连接。水下铺设模袋且水深超过 2m，操作人员穿简易潜水服水下作业。若有配筋，则在模袋铺开后按要求插入袋内，插筋时应防止刺破模袋。

3. 模袋混凝土的充灌

无论是单岸护坡还是两岸同时护坡，模袋充灌顺序为：自下而上，从两侧向中间进行充灌；此原则利于土工模袋充填过程中的定位和模袋的纵、横向自由收缩，确保充填料的密实。

模袋混凝土的充灌是整个施工过程中的关键工序，应严格要求。施工前应对动力

设备进行检查，确保处于完好状态。输送泵在混凝土灌注前，必须先用水冲洗、湿润，后灌注水泥砂浆，使管道得到充分润滑，各项准备工作做好后才能灌注混凝土。灌注混凝土时，把模袋灌浆口与输送泵的橡胶软管连接，并防止漏浆，在充填时要严格控制混凝土的密实度，使模袋饱和，必要时，边角处由人工捣实。模袋内有钢筋时，在充灌过程中应不使钢筋沉底。为了防止管道堵塞，应随时检查混凝土级配和坍落度；防止过粗骨料进入并堵塞管道；防止泵机进入空气，造成堵管或气爆；泵机与充灌操作人员之间应随时联系，紧密配合，充灌到位后及时停机，以防充灌过程产生鼓包或鼓破。出现鼓胀时，应及时停机，查找原因并处理。随时检查坡顶钢桩是否牢固，以防充灌过程中模袋下滑。施工中应特别注意相邻两单元间的连接质量。

灌注时，混凝土的拌和及运输能力必须能跟得上泵的输送能力，尽可能加快浇筑速度，连续作业，缩短浇筑时间，保证施工质量及施工安全。灌注结束后的混凝土面高程应控制在设计要求的范围内。每次混凝土浇灌完毕后，都应及时把输送泵与管道清洗干净。全部护坡施工完成后，进行坡顶、坡脚和上下游两侧接头的回填处理，及时对模袋混凝土进行养护。

4. 质量检验

施工过程中应做好施工记录、原材料取样、混凝土立方体抗压强度试件成型的工作，然后进行原材料质量检测及混凝土立方体抗压强度测定，也可用钻孔取芯法检验混凝土的质量。

第二节　爆破工程与施工

一、爆破原理与分类

（一）爆破原理

炸药爆炸属于化学反应。炸药被引爆后，在瞬间（约十万分之一秒）发生化学分解，从而使炸药本身具有的化学能很快转化成热能、机械能和其他能，并产生高温（几千摄氏度）、高压（几百亿帕）的气体，对介质产生极大的冲击压力，并以波的形式向四周传播：其在空气中传播时叫冲击波，在岩土中传播时叫地震波。而爆破是利用炸药爆炸所释放的能量，使周围介质改变或遭到破坏的过程。

（二）爆破漏斗的几何参数

在有限介质中爆破，当药包埋设较浅，爆破后将形成以药包中心为顶点的倒圆锥形爆破坑，称为爆破漏斗。

爆破漏斗的形状多种多样，随着岩土性质、炸药的品种性能和药包大小及药包埋置的深度等不同而变化。

爆破漏斗的几何参数有：最小抵抗线长度，即药包中心至临空面的最短距离。爆破漏斗底半径，即漏斗在临空面上的半径即爆破作用半径，即药包中心到漏斗底边缘的距离。可见漏斗深度，即经爆破后所形成的坑槽深度。它与爆破作用的指数大小、炸药的性质、药包的排数、爆破介质的物理性质、地面坡度有关。爆破作用指数，指爆破漏斗底半径与最小抵抗线长度取的比值。

由爆破作用指数的大小可判断爆破作用性质及岩石抛掷的远近程度，也是计算药包量、决定漏斗大小和药包距离的重要参数。一般用 n 来区分不同的爆破漏斗，划分不同的爆破类型。

（三）爆破的分类

爆破可按爆破规模、凿岩情况、爆破要求等的不同进行分类。

①按爆破规模可分为小爆破、中爆破和大爆破；

②按凿岩情况可分为浅孔爆破、深孔爆破、药壶爆破、洞室爆破和二次爆破；

③按爆破要求可分为压缩爆破、松动爆破、标准抛掷爆破、加强抛掷爆破及定向爆破、光面爆破、预裂爆破、特殊物爆破（冻土、冰块等）。

二、炸药

一般来说，凡能发生化学爆炸的物质均可称为炸药。通常应按照岩石性质和爆破要求选择不同性能指标的炸药。

（一）炸药的基本性能

1. 爆速

爆速指炸药爆炸时的分解速度。炸药的爆速一般为 2000 ~ 75000m/s。爆速的测定方法有导爆索法、电测法和高速摄影法。

2. 猛度

猛度指炸药爆炸瞬间产生的爆轰波和爆炸气体产物直接对与其接触的固体介质局部产生破碎的能力。爆速的高低决定猛度的大小，爆速愈高，猛度愈大，爆炸直接破

碎的作用愈强。测量炸药猛度的方法是铅柱压缩法。

3. 爆力

爆力指炸药爆炸所产生的冲击波和爆轰气体，作用于介质内部，对介质产生压缩、破坏和抛移的能力。它的大小与炸药爆炸时释放的能量大小成正比，炸药的爆热愈高，生成的气体量愈多，爆力也就愈大。测定炸药爆力的方法常用铅铸扩孔法和爆破漏斗法。

4. 安定性

炸药的安定性指炸药在长期贮存中，保持其原有物理化学性能不变的能力。它包括物理安定性与化学安定性两个方面。物理安定性主要是指炸药的吸湿性、挥发性、可塑性、机械强度、结块、老化、冻结、收缩等。物理安定性的大小，取决于炸药的物理性质。炸药化学安定性的大小，取决于炸药的化学性质及常温下化学分解速度的大小，特别取决于储存温度的高低。

5. 敏感度

炸药在外界能量作用下起爆的难易程度称为该炸药的敏感度。不同的炸药起爆所需的外能是不一样的。炸药起爆所需的外能越小，炸药的敏感度越高；起爆所需的外能越大，该炸药的敏感度越低。外界能量主要指热能、光能、机械能、冲击能等。炸药对于不同形式的外能作用所表现的敏感度是不一样的，根据起爆能的不同，炸药的敏感度可分为热敏感度、机械敏感度、起爆敏感度。影响炸药敏感度的因素有温度、炸药颗粒度、炸药密度、炸药物理状态与晶体形态。

（二）常用的工程炸药

1. 炸药分类

①按炸药组成分类。单质炸药。指由碳、氢、氧、氮等元素组成的，自身能迅速发生氧化还原反应的化合物。这类炸药有：TNT（三硝基甲苯）、黑索金、硝化甘油、雷汞、二硝基重氮酚等。在民用爆破器材中，单质炸药大多用作混合炸药的主要成分或雷管、导爆索装药，很少单独直接用来进行爆破作业。混合炸药。指两种或两种以上成分按比例所组成的机械混合物。组成混合炸药的成分既可以含单质炸药，也可以不含单质炸药，但应含氧化剂和可燃剂。混合炸药在受外界能量激发时，能发生爆炸反应，是目前水利水电工程开挖爆破中品种最多、应用最广的一类炸药。

②按炸药的用途分类起爆药。主要用于制造雷管和导爆索来引爆其他工业炸药。它是一种对外界作用特别敏感的炸药，其特点是受较小外能作用，如机械、热、火焰等，其均易激发爆轰。猛炸药。猛炸药与起爆药不同，具有较大的稳定性，其机械敏感度较低，需要足够的能量才能将其引爆。工程爆破中多用雷管、导爆索等起爆器材将其引爆。常用的猛炸药有混合型工业炸药、TNT、黑索金、奥克托金等。火药。火药在火花作用下，

能引起燃烧或爆炸，产生高温、高压气体对外界做功，它可用作点火药和延期药。

2. 常用炸药的性能

常用的炸药主要有TNT、硝铵类炸药、胶质炸药、黑火药等，其主要性能及用途见表3-3。

表3-3 常用炸药的主要性能及用途

名称	主要性能及特性	用途
TNT（三硝基甲苯）	有压榨的、鳞片的和熔铸的三种。淡黄色或黄褐色，味苦，有毒，爆烟也有毒。安定性好，对冲击和摩擦敏感性不大。块状时不易受潮，威力大	做雷管副起爆药。适于露天及水下爆破，不宜用于通风不良的隧洞爆破和地下爆破
硝铵类炸药	硝铵类炸药是以硝酸铵为主要成分的混合炸药，常用的有铵梯炸药、铵油炸药、铵松蜡炸药、浆状炸药、水胶炸药、乳化炸药等。浅黄或灰白色，粉末状。药质有毒，但爆烟毒气少，对热和机械作用敏感度不大，撞击摩擦不爆炸，不易点燃。易受潮，受潮后威力降低或不爆炸，长期存放易结块，能腐蚀铜、铅、铁等金属，起爆时，雷管插入药内不得超过一昼夜	应用较广。适于一般岩石爆破，也可用于隧洞或地下爆破
黑色火药	一般由硝石（75%）、硫磺（15%）、木炭（10%）混合而成。带深蓝黑色，颗粒坚硬明亮，对摩擦、火花、撞击均较敏感，爆速低，威力小，易受潮，但制作简便，起爆容易（不用雷管）	水中不能用。常用于小型水利工程中的小型岩石爆破，以及用作导火线炸药
胶质炸药（硝化甘油）	由硝化棉吸收硝化甘油而制成，为淡黄色半透明体的胶状物，不溶于水，可在水中爆炸，威力大。敏感度高，有毒性，粘于皮肤便可引起头痛中毒，冻结后更为敏感。受撞击、摩擦或折断药包后均可引起爆炸，可点燃，当储藏时间过长时，可能产生老化现象，威力降低	主要用于水下爆破

三、爆破的基本方法

（一）裸露爆破法

裸露爆破法又称表面爆破法，是将药包直接放置于岩石表面进行的爆破。药包放在块石或孤石的中部凹槽或裂隙部位，块石体积大于1m³药包可分数处放置，或在块石上打浅孔或浅孔破碎。为提高爆破效果，表面药包底部可做成集中爆破穴，药包上

护以草皮或是泥土、沙子，其厚度应大于药包高度或以粉状炸药敷 30cm 厚，然后用电雷管或导爆索起爆。

该法不需钻孔设备，操作简单迅速，但炸药消耗量大（比炮孔法多 3 ~ 5 倍），破碎岩石飞散较远。适于地面上大块岩石、大孤石的二次破碎及树根、水下岩石与改建工程的爆破。

（二）药壶爆破法

药壶爆破法又称葫芦炮、坛子炮，是在普通浅孔或深孔炮孔底先放入少量的炸药，经过一次至数次爆破后，扩大成近似圆球形的药壶，然后装入一定数量的炸药进行爆破。

药壶爆破法容纳炸药较多且集中，爆破的方量较大，所爆破岩石块度不均，需要进行二次爆破。它适用于缺乏大直径钻孔机械、造孔力量薄弱、爆破量大的中等坚硬岩石。

（三）洞室爆破法

洞室爆破法通常也称为大爆破。它是先开挖导洞和药室，在药室中装入大量炸药组成的集中药包，一次可以爆破大量石方。洞室爆破法可以进行松动爆破或定向爆破。导洞有平洞及竖井两种形式，平洞的断面一般为 1m × 1.5m，竖井为 1m × 1.2m 或直径 1.2m 为宜。平洞施工方便，利于通风、排水，应优先选用。药室的容积按药量计算，一个导洞往往有两个或三个药室，药室与药室间的距离为最小抵抗线的 0.8 ~ 1.2 倍。

洞室爆破的起爆一般采用混合连接（即并串联或串并联）电力起爆，并另配以传爆线路，以保证起爆。起爆体是在方形木箱内装优质炸药 10 ~ 25kg，炸药内设置雷管束，雷管束即若干电雷管用布带捆扎在一起。起爆体装在炸药中间，装好后立即用黄土和细石渣将导洞堵塞。操作简单，爆破效果比炮孔法好，节约劳力，出渣容易（对横洞而言），凿孔工作量少，技术要求不高，同时不受炸药品种限制，可用黑火药。但开洞工作量大，较费时，排水堵洞较困难，速度慢，比药壶法费工稍多，工效稍低。

洞室爆破法适于六类以上的较大量的坚硬石方爆破；竖井适于场地整平、基坑开挖松动爆破；平洞适于阶梯高不超过 6m 的软质岩石或有夹层的岩石松爆。

四、爆破施工

（一）钻孔

钻孔有人工钻孔打眼和机械钻孔之分，工程上多用机械钻孔。在钻爆作业中，钻孔消耗的时间占爆破工程各工序时间总和的一半以上，而其费用则占爆破工程总费用的 70%以上。钻孔的效率和质量很大程度上取决于钻孔机具。

浅孔作业多用轻型手提式风钻，多用于向下钻垂直孔；向上及倾斜钻孔，则多采用支架式重型风钻，所用风压一般为 4×105 ~ 6×105 Pa，耗风量一般为 2 ~ 4m^3/min。

采石、削坡和基础开挖作业多用大型钻机进行深孔作业，常用的钻机有三种。

1. 回转式钻机

回转式钻机可钻斜孔，钻进速度快。一般常以钻孔的最大深度表示钻机的型号。由于钻杆回转钻进，当采用岩心管时，可取出整段岩心，故又称岩心钻孔。钻杆端部可根据钻孔孔径要求装大小不同的钻头。当钻一般硬度的岩石时，可用普通工具钢钻头，钻头与孔底间投放钢砂；当钻中等硬度岩石时，可用嵌有合金刀片的各型钻头；当钻坚硬岩石时，则宜用钻石钻头。钻进过程中为了排除岩粉，冷却钻头，则由钻杆顶部通过空心钻杆向孔内注水。钻进松软岩石时，可向孔内注入泥浆，使岩屑浮至表面溢出孔外，同时泥浆还起到固护孔壁的作用。

2. 冲击式钻机

钻机安放在可移动的履带轮上，工作时只能钻垂直向下的孔，而不能像回转钻机一样钻斜孔。钻具的自重和落高是机械类型的控制参数。

冲击式钻机钻孔，每冲击一次，钻具就会提离孔底，钢索随之旋转带动钻具旋转一个角度，以保证钻具均匀破碎岩石，形成圆形钻孔。孔内岩渣用清渣筒清除，为了冷却钻头，钻进时应不断向孔内加水。

3. 潜孔钻

潜孔钻钻孔作用既有回转也有冲击。国内常用的 YQ-150A 型钻机，钻孔直径 170mm，钻孔方向有 45°、60°、75°、90° 四种。在钻进过程中，将粉尘吹出孔口，由设在孔口的捕尘罩借助抽风机将粉尘吸入集尘箱处理。潜孔钻结构简单，运行可靠，维修方便，钻孔效率高，是一种通用、功能良好的深孔作业的钻孔机械：

（二）药包现场加工

1. 火线雷管的制作

将导火索和火雷管连接在一起，也就叫火线雷管。制作火线雷管应在专用房间内，禁止在炸药库、住宅、爆破工点进行。制作的步骤是：

①检查雷管和导火索。

②按照需要长度，用锋利小刀切齐导火索，最短导火索不应少于 60cm。

③把导火索插入雷管，直到接触火帽为止，不要猛插和转动。

④用皎钳夹夹紧雷管口（距管口 5mm 以内）。固定时，应使该钳夹的侧面与雷管口相平。如无钗钳夹，可用胶布包裹，严禁用嘴咬。

⑤在接合部包上胶布防潮。当火线雷管不马上使用时，导火索点火的一端也应包

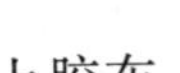

上胶布。

2. 电雷管检查

对于电雷管应先进行外观检查，把有擦痕、生锈、铜绿、裂隙或其他损坏的雷管剔除，再用爆破电桥或小型欧姆计进行电阻及稳定性检查。为了保证安全，测定电雷管的仪表输出电流不得超过 50mA。如发现有不导电的情况，应作为不良的电雷管处理。然后把电阻相同或电阻差不超过 0.25Ω 的电雷管放置在一起，以备装药时串联在一条起爆网络上。

3. 制作起爆药包

起爆药包只许在爆破工点于装药前制作该次所需的数量，不得先做成成品备用。制作好的起爆药包应小心妥善保管，不得震动，亦不得抽出雷管。

制作时分如下几个步骤：

①解开药筒一端；

②用木棍（直径 5mm，长 10 ~ 12cm）轻轻地插入药筒中央然后抽出，并将雷管插入孔内；

③雷管插入深度，易燃的硝化甘油炸药将雷管全部插入即可，对于其他不易燃炸药，雷管应埋在接近药筒的中部；

④收拢包皮纸，用绳子扎起来，如用于潮湿处则加以防潮处置，防潮时防水剂的温度应不超过 60℃。

（三）装药、堵塞

1. 装药

在装药前要首先了解炮孔的深度、间距、排距等，由此确定装药量。根据孔中是否有水确定药包的种类或药的种类，同时还要清除炮孔内的岩粉和水分。在干孔内可装散药和药卷。在装药前，先用硬纸或铁皮在炮孔底部架空，形成聚能药包。炸药要分层用木棍压实，雷管的聚能穴指向孔底，雷管装在炸药全长的中部偏上处。在有水炮孔中装吸湿炸药时，注意不要将防水包装捣破，以免炸药受潮而拒爆。当孔深较大时，药包要用绳子吊下，不允许直接向孔内抛投，以免发生爆炸危险。

2. 堵塞

装药后即进行堵塞。对堵塞材料的要求是：与炮孔壁摩擦作用大，材料本身能结成一个整体，充填时易于密实，不漏气。可用 1:2 的黏土粗砂堵塞，堵塞物要分层用木棍压实。在堵塞过程中，要注意不要将导火线折断或破坏导火线的绝缘层。

（四）起爆

按雷管的起爆方法不同，常用的起爆方法可分为电力起爆法、非电力起爆法两种。

1. 电力起爆法

电力起爆法就是利用电能引爆电雷管进而引起爆炸药的起爆方法。本法可以同时起爆多个药包，可间隔延期起爆，安全可靠。但是操作较复杂，准备工作量大，需较多电线，须检查仪表和电源设备。其适用于大中型重要的爆破工程。

2. 非电力起爆法

（1）火花起爆法

火花起爆法是以导火索燃烧时的火花引爆雷管，进而起爆炸药的起爆方法。火花起爆法所用的材料有火雷管、导火索及点燃导火索的燃火材料等。

火花起爆法的优点是操作简单，准备工作少，成本较低；缺点是操作人员处于爆破地点，不够安全。目前主要用于浅孔和裸露药包的爆破，在有水或水下爆破中不能使用。

（2）导爆索（传爆线）起爆法

导爆索起爆法是用导爆索爆炸产生的能量直接引爆药包的起爆方法。这种起爆方法所用的起爆器材有雷管、导爆索、继爆管等。

导爆索起爆法的优点是导爆速度高，可同时起爆多个药包，准爆性好；连接形式简单，无复杂的操作技术；在药包中不需要放雷管，故装药、堵塞时比较安全。缺点是成本高，不能用仪表来检查爆破线路的好坏。它适用于瞬时起爆多个药包的炮孔、深孔或洞室爆破。

（3）导爆管起爆法

导爆管起爆法是利用塑料导爆管来传递冲击波引爆雷管，然后使药包爆炸的一种新式起爆方法。导爆管起爆网络通常由激发元件、传爆元件、起爆元件和连接元件组成。这种方法的优点是：导爆速度高，可同时起爆多个药包；作业简单、安全；抗杂散电流，起爆可靠。缺点是：导爆管连接系统和网络设计较为复杂。其适用于露天、井下、深水、杂散电流大和一次起爆多个药包的微差爆破作业中，以进行瞬发爆破或秒延期爆破。

第四章

土石坝与混凝土坝施工

第一节　土石坝与施工

一、土的施工分级和可松性

在进行土石方开挖及确定挖运组织时，须根据各种土石的工程性质、具体指标来选择施工方法及施工机具，并确定工料消耗和劳动定额。对土石方工程施工影响较大的因素有土的施工分级与性质。

从广义的角度而言，土包括土质土和岩石两大类。由于开挖的难易程度不同，水利水电工程中沿用十六级分类法时，通常把前Ⅰ～Ⅳ级叫作土（即土质土），Ⅴ级及其以上的都叫作岩石。

（一）土的工程性质

土的工程性质对土方工程的施工方法及工程进度影响很大。主要的工程性质有：密度、含水量、渗透性、可松性等。

1. 土的工程性质指标

（1）密度

土壤密度，就是单位体积土壤的质量。土壤保持其天然组织、结构和含水量时的密度称为自然密度。单位体积湿土的质量称为湿密度。单位体积干土的质量称为干密度。它是体现黏性土密实程度的指标，常用它来控制压实的质量。

（2）含水量

土的含水量表示土壤空隙中含水的程度，常用土壤中水的质量与干土质量的百分比表示。含水量的大小直接影响黏性土的压实质量。

（3）可松性

自然状态下的土经开挖后因变松散而使体积增大，这种性质称为土的可松性。土的可松性用可松性系数表示。土的可松性系数，用于计算土方量、进行土方填挖平衡计算和确定运输工具数量。

（4）自然倾斜角

自然堆积土壤的表面与水平面间所形成的角度，称为土的自然倾斜角。挖方与填方边坡的大小，与土壤的自然倾斜角有关。确定土体开挖边坡和填土边坡时应慎重考虑，重要的土方开挖，应通过专门的设计和计算确定稳定边坡。挖深在 5m 以内的窄槽未加支撑时的安全施工边坡一般可参考表 4-1。

表 4-1　挖深在 5m 以内的窄槽未加支撑时的安全施工边坡

土的类别	人工开挖	机械开挖	备注
砂土	11.00	10.751	1. 必须做好防水措施，雨季应加支撑； 2. 附近如有强烈震动，应加支撑
轻亚黏土	10.67	10.50	—
亚黏土	10.50	10.331	—
黏土	10.33	10.25	—
码石土	10.67	10.50	—
干黄土	10.25	10.10	—

2. 土的颗粒分类

根据土的颗粒级配，土可分为碎石类土、砂土和黏性土。按土的沉积年代，黏性土又可分为老黏性土、一般黏性土和新近沉积黏性土。按照土的颗粒大小，又可分为块石、碎石、砂粒等。

3. 土的松实关系

当自然状态的土挖松后，再经过人工或机械的碾压、振动，土可被压实。例如，在填筑拦河坝时，从土区取 $1m^3$ 的自然方，经过挖松运至坝体进行碾压后的实体方，就小于原 $1m^3$ 的自然方，这种性质叫作土的可缩性。

在土方工程施工中，经常有三种土方的名称，即自然方、松方、实体方。它们之间有着密切的关系。

4. 土的体积关系

土体在自然状态下由土粒（矿物颗粒）、水和气体三相组成。当自然土体松动后，

气体体积（即孔隙）增大，若土粒数量不变，原自然土体积小于松动后的土体积；当经过碾压或振动后，气体被排出，则压实后的土体积小于自然土体积。

对于砾、卵石和爆破后的块碎石，由于它们的块度大或颗粒粗，可塑性远小于土粒，因而它们的压实方大于自然方。

当 $1m^3$ 的自然土体松动后，土体增大了，因而单位体积的质量变轻了；再经过碾压或振动，土粒紧密度增加，因而单位体积质量增大，即 P 自 < P 松 < P 实。P 松为开挖后的土体密度，P 自为未扰动的土体密度，P 实为碾压后的土体密度，单位均为 kg/m^3。

在土方工程施工中，设计工程量为压实后的实体方，取料场的储量是自然方。在计算压实工程的备料量和运输量时，应该将二者之间的关系考虑进去，并考虑施工过程中技术处理、要求以及其他不可避免的各种损耗。

（二）土的工程分级

土的工程分级按照十六级分类法，前Ⅰ～Ⅳ级称为土。同一级土中各类土壤的特征有着很大的差异。例如，坚硬黏土和含砾石黏土，前者含黏粒量（粒径 < 0.05mm）在 50% 左右，而后者含砾石量在 50% 左右。它们虽都属Ⅰ级土，但颗粒组成不同，开挖方法也不尽相同。

在实际工程中，对土壤的特性及外界条件应在分级的基础上进行分析研究，认真确定土的级别。

二、土石方开挖

开挖和运输是土方工程施工的两项主要过程，承担这两项过程施工的机械是各类挖掘机械、挖运组合机械和运输机械。

（一）挖掘机械

挖掘机械的作用主要是完成挖掘工作，并将所挖土料卸在机身附近或装入运输工具中。挖掘机械按工作机构可分为单斗式和多斗式两类。

1. 单斗式挖掘机

（1）单斗式挖掘机的类型

单斗式挖掘机由工作装置、行驶装置和动力装置等组成。工作装置有正向铲、反向铲、索铲和抓铲等。工作装置可用钢索或液压操作。行驶装置一般为履带式或轮胎式。动力装置可分为内燃机拖动、电力拖动和复合式拖动等几种类型。

①正向铲挖掘机。该种挖掘机，由推压和提升完成挖掘，开挖断面是弧形，最适

用于挖停机面以上的土方，也能挖停机面以下的浅层土方。由于稳定性好，铲土能力大，可以挖各种土料及软岩、岩渣进行装车。它的特点是循环式开挖，由挖掘、回转、卸土、返回构成一个工作循环，生产率的大小取决于铲斗大小和循环时间的长短。正向铲的斗容从 $5m^3$ 至几十立方米，工程中常用 $1 \sim 4m^3$。基坑土方开挖常采用正面开挖，土料场及渠道土方开挖常用侧面开挖，还要考虑与运输工具的配合问题。

正向铲挖掘机施工时，应注意以下几点：为了操作安全，使用时应将最大挖掘高度、挖掘半径值减少 5% ~ 10%；在挖掘黏土时，工作面高度宜小于最大挖土半径时的挖掘高度，以防止出现土体倒悬现象；为了发挥挖掘机的生产效率，工作面高度应不低于挖掘一次即可装满铲斗的高度。

挖掘机的工作面称为掌子面，正向铲挖掘机主要用于停机面以上的掌子面开挖。根据掌子面布置的不同，正向铲挖掘机有不同的作业方式。

正向挖土，侧向卸土：挖掘机沿前进方向挖土，运输工具停在它的侧面装土（可停在停机面或高于停机面上）。这种挖掘运输方式在挖掘机卸土时，动臂回转角度很小，卸料时间较短，挖运效率较高，施工中应尽量布置成这种施工方式。

正向挖土，后方卸土：挖掘机沿前进方向挖土，运输工具停在它的后面装土。卸土时挖掘机动臂回转角度大，运输车辆需倒退对位，运输不方便，生产效率低。适用于开挖深度大、施工场地狭小的场合。

②反向铲挖掘机。反向铲挖掘机为液压操作方式时，适用于停机面以下土方开挖。挖土时后退向下，强制切土，挖掘力比正向铲挖掘机小，主要用于小型基坑、沟渠、基槽和管沟开挖。反向铲挖土时，可用自卸汽车配合运土，也可直接弃土于坑槽附近。由于稳定性及铲土能力均比正向铲差，只用来挖 Ⅰ ~ Ⅱ 级土，硬土要先进行预松。反向铲的斗容有 $5m^3$、$1.0m^3$、$1.6m^3$ 几种，目前最大斗容已超过 $3m^3$。

反向铲挖掘机工作方式分为以下两种：

一是沟端开挖，挖掘机停在基坑端部，后退挖土，汽车停在两侧装土；

二是沟侧开挖，挖掘停在基坑的一侧移动挖土，可用汽车配合运土，也可将土卸于弃土堆。由于挖掘机与挖土方向垂直，挖掘机稳定性较差，而且挖土的深度和宽度均较小，故这种开挖方法只是在无法采用沟端开挖或不需将弃土运走时采用。

③索铲挖掘机。索铲挖掘机的铲斗用钢索控制，利用臂杆回转将铲斗抛至较远距离，回拉牵引索，靠铲斗自重下切装满铲斗，然后回转装车或卸土。由于挖掘半径、卸土半径、卸土高度较大，最适用于水下土砂及含水量大的土方开挖，在大型渠道、基坑及水下砂卵石开挖中应用广泛。开挖方式有沟端开挖和沟侧开挖两种。当开挖宽度和卸土半径较小时，用沟端开挖；当开挖宽度大，卸土距离远时，用沟侧开挖。

④抓铲挖掘机。抓铲挖掘机靠铲斗自由下落中斗瓣分开切入土中，抓取土料合瓣后提升，回转卸土。其适用于挖掘窄深型基坑或沉井中的水下淤泥，也可用于散粒材

料装卸，在桥墩等柱坑开挖中应用较多。

（2）单斗式挖掘机生产率

施工机械的生产率是指它在一定时间内和一定条件下，能够完成的工程量。生产率可分为理论生产率、技术生产率和实用生产率。实用生产率是考虑了在生产中各种不可避免的停歇时间（如加燃料、换班、中间休息等）之后，所能达到的实际生产率。

要想提高挖掘机的实用生产率，必须提高单位时间的循环次数和所装容量。为此可采取下述措施：加长中间斗齿长度，以减小铲土阻力，从而减少铲土时间；合并回转、升起、降落的操纵过程，采用卸土转角小的装车或卸土方式，以缩短循环时间；挖松散土料时，可更换大铲斗；加强机械的保养维修，保证机械正常运转；合理布置工作面，做好场地准备工作，使工作时间得以充分利用；保证有足够的运输工具并合理地组织好运输路线，使挖掘机能不断地进行工作。

2. 多斗式挖掘机

多斗式挖掘机是一种连续作业式挖掘机械，按构造不同，可分为链斗式和斗轮式两类。链斗式是由传动机械带动，固定在传动链条上的土斗进行挖掘的，多用于挖掘河滩及水下沙砾料；斗轮式是用固定在转动轮上的土斗进行挖掘的，多用于挖掘陆地上的土料。

（1）链斗式采砂船

水利水电工程中常用的国产采砂船有 120m^3/h 和 250m^3/h 两种，采砂船是无自航能力的砂砾石采掘机械。当远距离移动时，需靠拖轮拖带；近距离移动时（如开采时移动），可借助船上的绞车和钢丝绳移动。其配合的运输工具一般采用轨距为 1435mm 和 762mm 的机车牵引矿斗车（河滩开采）或与砂驳船（河床水下开采）配合使用。

（2）斗轮式挖掘机

斗轮式挖掘机的斗轮装在可仰俯的斗轮臂上，斗轮上装有 7 ~ 8 个铲斗，当斗轮转动时，即可挖土，铲斗转到最高位置时，斗内土料借助自重卸到受料皮带机上，并卸入运输工具或直接卸到料堆上。斗轮式挖掘机的主要特点是斗轮转速较快，连续作业，因而生产率高。此外，斗轮臂倾角可以改变，且可回转 360°，因而开挖范围大，可适应不同形状工作面的要求。

（二）挖运组合机械

挖运组合机械是指由一种机械同时完成开挖、运输、卸土任务，有推土机、铲运机及装载机。

1. 推土机

推土机在水利水电工程施工中应用很广，可用于平整场地、开挖基坑、推平填方、堆积土料、回填沟槽等。推土机的运距不宜超过60 ~ 100m，挖深不宜大于1.5 ~ 2.0m，填高不宜大于2 ~ 3m。

推土机按安装方式可分为固定式和万能式两种，按操纵机构可分为索式及液压式两种，按行驶机构可分为轮胎式和履带式两种。

固定式推土机的推土器仅能升降，而万能式不仅能升降，还可在三个方向调整角度。固定式结构简单，应用广泛。索式推土机的推土器升降是利用卷扬机和钢索滑轮组进行的，升降速度较快，操作较方便，缺点是推土器不能强制切土，推硬土有困难。液压式推土机升降是利用液压装置来进行控制的，因而可以强制切土，但提升高度和速度不如索式，由于液压式推土机具有重量轻、构造简单、操作容易、震动小、噪声低等特点，应用较为广泛。

推土机的开行方式基本上是穿梭式的。为了提高推土机的生产率，应力求减少推土器两侧的散失土料，一般可采用槽行开挖、下坡推土、分段铲土、集中推运及多机并列推土等方法。

2. 铲运机

铲运机是一种能铲土、运土和填土的综合性土方工程机械：它一次能铲运几立方米到几十立方米的土方，经济运距达几百米。铲运机能开挖黏性土和砂卵石，多用于平整场地、开采土料、修筑渠道和路基以及软基开挖等。

铲运机按操纵系统分为索式和液压式两种，按牵引方式分为拖行式和自行式两种，按卸土方式分为自由卸土、强制卸土和半强制卸土三种。

3. 装载机

装载机是一种工作效率高、用途广泛的工程机械，它不仅可对堆积的松散物料进行装、运、卸作业，还可以对岩石、硬土进行轻度的铲掘工作，并能用于清理、刮平场地及牵引作业。如更换工作装置，还可完成堆土、挖土、松土、起重以及装载棒状物料等工作，因此被广泛应用。

装载机按行走装置可分为轮胎式和履带式两种，按卸载方式可分为前卸式、后卸式和回转式三种，按铲斗的额定重量可分为小型（< 1t）、轻型（1 ~ 3t）、中型（4 ~ 8t）、重型（> 10t）四种。

（三）运输机械

水利工程施工中，运输机械有无轨运输、有轨运输和皮带机运输等。

1. 无轨运输

在我国水利水电工程施工中，汽车运输因其操纵灵活、机动性大，能适应各种复杂的地形，已成为最广泛采用的运输工具。

土方运输一般采用自卸汽车。目前常用的车型有上海、黄河、解放、斯太尔和卡特等。随着施工机械化水平的不断提高，工程规模愈来愈大，国内外都倾向于采用大吨位重型和超重型自卸汽车，其载重量可达 60 ~ 100t 以上。

对于车型的选择方面，自卸汽车车厢容量，应与装车机械斗容相匹配。一般自卸汽车容量为挖装机械斗容的 3 ~ 5 倍较适合。汽车容量太大，其生产率就会降低，反之挖装机械生产率降低。

对于施工道路，要求质量优良。加强经常性养护，可提高汽车运输能力和延长汽车使用年限；汽车道路的路面应按工程需要而定，一般多为泥结碎石路面，运输量及强度大的可采用混凝土路面。对于运输线路的布置，一般是双线式和环形式，应依据施工条件、地形条件等具体情况确定，但必须满足运输量的要求。

2. 有轨运输

水利水电工程施工中所用的有轨运输，除巨型工程以外，其他工程均为窄轨铁路。窄轨铁路的轨距有 1000mm、762mm、610mm 几种。轨距为 1000mm 和 762mm，窄轨铁路的钢轨质量为 11 ~ 18kg/m，其上可行驶 $3m^3$、$6m^3$、$15m^3$ 的可倾翻的车厢，用机车牵引。轨距 610mm 的钢轨质量为 8kg/m，其上可行驶 1.5 ~ $1.6m^3$ 可倾翻的铁斗车，可用人力推运或电瓶车牵引。

铁路运输的线路布置方式，有单线式、单线带岔道式、双线式和环形式四种。线路布置及车型应根据工程量的大小、运输强度、运距远近以及当地地形条件来选定。需要指出的是，随着大吨位汽车的发展和机械化水平的提高，目前国内水电工程一般多采用无轨运输方式，仅在一些有特殊条件限制的情况下才考虑采用有轨运输（如小断面隧洞开挖运输）。若选用有轨运输，为确保施工安全，工人只许推车不许拉车，两车前后应保持一定的距离。当为坡度小于 0.5% 的下坡道时，不得小于 10m；当为坡度大于 0.5% 的下坡道或车速大于 3m/s 时，不得小于 30m。每一个工人在平直的轨道上只能推运重车一辆。

3. 皮带机运输

皮带机是一种连续式运输设备，适用于地形复杂、坡度较大、通过地形较狭窄和跨越深沟等情况，特别适用于运输大量的粒状材料。

按皮带机能否移动，可分为固定式和移动式两种。固定式皮带机，没有行走装置，多用于运距长而路线固定的情况。移动式皮带机则有行走装置，一般长 5 ~ 15m，移动方便，适用于需要经常移动的短距离运输。按承托带条的托辊分，有水平和槽形两种形式，一般常用槽形。皮带宽度有 300mm、400mm、500mm、650mm、800mm、1000mm、1200mm、1400mm、1600mm 等几种。其运行速度一般为 1 ~ 2.5m/s 皮带机的允许坡度和运行速度，可参考表 4-2。

表 4-2　皮带机的允许坡度和运行速度

材料	材料带条运行速度（m/s）			允许坡度 /°	
	带宽（mm）				
	400，650	800，1000	1200，1400	上升	下降
干砂	1.25 ～ 2.0	1.6 ～ 2.5	1.6 ～ 2.5	15	9 ～ 10
湿砂	1.25 ～ 2.0	1.6 ～ 2.5	1.6 ～ 2.5	15	21 ～ 22
砾石	1.25 ～ 2.0	1.6 ～ 2.5	1.6 ～ 2.5	20	14 ～ 15
碎石	1.0 ～ 1.6	1.25 ～ 2.0	1.25 ～ 2.0	18	11 ～ 12
干松泥土	1.25 ～ 2.0	1.6 ～ 2.5	1.6 ～ 2.5	20	14 ～ 15
水泥	1.5	1.5	1.5	20	—
混凝土（坍落度＜ 4cm）	1.5	1.5	1.5	18	12
混凝土（坍落度 4 ～ 8cm）	1.5	1.5	1.5	15	10

三、土料压实

土料压实的程度主要取决于机具能量（压实功）、碾压遍数、铺土的厚度和土料的含水量等。

土料是由土粒、水和空气三相体组成的。通常固相的土粒和液相的水是不会被压缩的，土料压实就是将被水包围的细土颗粒挤压填充到粗土粒间的孔隙中去，从而排走空气，使土料的空隙率减小，密实度提高。一般来说，碾压遍数愈多：则土料越密实，当碾压到接近土料的极限密度时，再进行碾压，那时起的作用就不明显了。

在同一碾压条件下，土的含水量对碾压质量有直接的影响。当土具有一定含水量时，水的润滑作用使土颗粒间的摩擦阻力减小，从而使土易于压实。但当含水量超过某一限度时，土中的孔隙全由水来填充而呈饱和状态，反而使土难以压实。

（一）土料压实方法、压实机械及其选择

1. 压实方法

土料的物理力学性能不同，压实时要克服的压实阻力也不同。黏性土的压实主要是克服土体内的凝聚力，非黏性土的压实主要是克服颗粒间的摩擦力。压实机械作用于土体上的外力有静压碾压、振动碾压和夯击三种。

静压碾压：作用在土体上的外荷不随时间而变化。振动碾压：作用在土体上的外力随时间做周期性的变化，夯击：作用在土体上的外力是瞬间冲击力，其大小随时间而变化。

2. 压实机械

在碾压式的小型土坝施工中，常用的碾压机具有平碾、肋形碾，也有用重型履带

式拖拉机作为碾压机具使用的。碾压机具主要是靠沿土面滚动时碾滚本身的重量，在短时间内对土体产生静荷重作用，使土粒互相移动而达到密实。

（1）平碾

平碾的钢铁空心滚筒侧面设有加载孔，加载大小根据设计要求而定。平碾碾压质量差、效率低，较少采用。

（2）肋形碾

肋形碾一般采用钢筋混凝土预制。肋形碾单位面积压力较平碾大，压实效果比平碾好，用于黏性土的碾压

（3）羊脚碾

羊脚碾的碾压滚筒表面设有交错排列的羊脚。钢铁空心滚筒侧面设有加载孔，加载大小根据设计要求而定。

羊脚碾的羊脚插入土中，不仅使羊脚底部的土体受到压实，而且使其侧向土体受到挤压，从而达到均匀压实的效果。碾筒滚动时，表层土体被翻松，有利于上下层间结合。但对于非黏性土，由于插入土体中的羊脚使无黏性颗粒产生向上和侧向的移动，由此会降低压实效果，所以羊脚碾不适用于非黏性土的压实。

羊脚碾压实有两种方式：圈转套压和进退错距：后种方式压实效果较好。羊脚碾的碾压遍数，可按土层表面都被羊脚压过一遍即可达到压实要求考虑。

（4）气胎碾

气胎碾是一种拖式碾压机械，分单轴和双轴两种口单轴气胎碾主要由装载荷载的金属车厢和装在轴上的 4 ~ 6 个充气轮胎组成。碾压时，在金属车厢内加载同时将气胎充气至设计压力。为避免气胎损坏，停工时用千斤顶将金属车厢顶起，并把胎内的气放出一些。

气胎碾在压实土料时，充气轮胎随土体的变形而发生变形。开始时，土体很松，轮胎的变形小，土体的压缩变形大。随着土体压实密度的增大，气胎的变形也相应增大，气胎与土体的接触面积也增大，这样始终能保持较均匀的压实效果。另外，还可通过调整气胎内压，来控制作用于土体上的最大应力，使其不致超过土料的极限抗压强度。增加轮胎上的荷重后，由于轮胎的变形调节，压实面积也相应增加，所以平均压实应力的变化并不大、因此，气胎的荷重可以增加到很大的数值。对于平碾和羊脚碾，由于碾滚是刚性的，不能适应土壤的变形，荷载过大就会使碾滚的接触应力超过土壤的极限抗压强度，而使土壤结构遭到破坏。

气胎碾既适宜于压实黏性土，又适宜于压实非黏性土，适用条件好，压实效率高，是一种十分有效的压实机械。

（5）振动碾

振动碾是一种振动和碾压相结合的压实机械。它是由柴油机带动与机身相连的轴

旋转，使装在轴上的偏心块产生旋转，迫使碾滚产生高频振动。振动功能以压力波的形式传递到土体内。非黏性土料在振动作用下，内摩擦力迅速降低，同时由于颗粒不均匀，振动过程中粗颗粒质量大、惯性力大，细颗粒质量小、惯性力小。粗细颗粒由于惯性力的差异而产生相对移动，细颗粒因此填入粗颗粒间的空隙，使土体密实。而对于黏性土，由于土粒比较均匀，在振动作用下，不能取得像非黏性土那样的压实效果。

（6）蛙夯

夯击机械是利用冲击作用来压实土方的，具有单位压力大、作用时间短的特点，既可用来压实黏性土，也可用来压实非黏性土。蛙夯由电动机带动偏心块旋转，在离心力的作用下带动夯头上下跳动而夯击土层。夯击作业时各夯之间要套压。一般用于施工场地狭窄、碾压机械难以施工的部位。

以上碾压机械碾压实土料的方法有两种：圈转套压法和进退错距法。

①圈转套压法：碾压机械从填方一侧开始，转弯后沿压实区域中心线另一侧返回，逐圈错距，以螺旋形线路移动进行压实。这种方法适用于碾压工作面大，多台碾具同时碾压的情况，生产效率高。但转弯处重复碾压过多，容易引起超压剪切破坏，转角处易漏压，难以保证工程质量。

②进退错距法：碾压机械沿直线错距进行往复碾压。这种方法操作简单，容易控制碾压参数，便于组织分段流水作业，漏压重压少，有利于保证压实质量。此法适用于工作面狭窄的情况。

由于振动作用，振动碾的压实影响深度比一般碾压机械大 1 ~ 3 倍，可达 1m 以上。它的碾压面积比振动夯、振动器压实面积大，生产率高，振动碾压实效果好，从而使非黏性土料的相对密实度大为提高，坝体的沉陷量大幅度降低，稳定性明显增强，使土工建筑物的抗震性能大为改善：故抗震规范明确规定，对有防震要求的土工建筑物必须用振动碾压实。振动碾结构简单，制作方便，成本低廉，生产率高，是压实非黏性土石料的高效压实机械。

3. 压实机械的选择

选择压实机械主要考虑如下原则：

（1）适应筑坝材料的特性

黏性土应优先选用气胎碾、羊脚碾；砾质土宜用气胎碾、夯板；堆石与含有特大粒径的砂卵石宜用振动碾。

（2）应与土料含水量、原状土的结构状态和设计压实标准相适应

对含水量高于最优含水量 1% ~ 2% 的土料，宜用气胎碾压实；当重黏土的含水量低于最优含水量，原状土天然密度高并接近设计标准时，宜用重型羊脚碾、夯板；当含水量很高且要求压实标准较低时，黏性土也可选用轻型的肋形碾、平碾。

（3）应与施工强度大小、工作面宽窄和施工季节相适应

气胎碾、振动碾适用于生产要求强度高和抢时间的雨季作业；夯击机械宜用于坝体与岸坡或刚性建筑物的接触带、边角和沟槽等狭窄地带。冬季作业则选择大功率、高效能的机械。

（二）压实参数的选择及现场压实试验

坝面的铺土压实，除应根据土料的性质正确地选择压实机具外，还应合理地确定黏性土料的含水量、铺土厚度、压实遍数等各项压实参数，以便使坝体既达到要求的密度，而同时消耗的压实功能又最少。由于影响土石料压实的因素很复杂，目前还不能通过理论计算或由实验室确定各项压实参数，因此宜通过现场压实试验进行选择。现场压实试验应在坝体填筑以前，即在土石料和压实机具已经确定的情况下进行。

1. 压实标准

土石坝的压实标准是根据设计要求通过试验提出来的。对于黏性土，在施工现场是以干密度作为压实指标来控制填方质量的。对于非黏性土则以土料的相对密度来控制。由于在施工现场用相对密度来进行施工质量控制不方便，因此往往将相对密度换算成干密度，以作为现场控制质量的依据。

2. 压实参数的选择

当初步选定压实机具类型后，即可通过现场碾压试验进一步确定为达到设计要求的各项压实参数。对于黏性土，主要是确定含水量、铺土厚度和压实遍数。对于非黏性土，一般多加水可压实，所以主要是确定铺土厚度和压实遍数。

3. 碾压试验场地选择

根据设计要求和参考已建工程资料，可以初步确定压实参数，并进行现场碾压试验。

要求试验场地地面密实，地势平坦开阔，可以选在建筑物附近或在建筑物的不重要部位。

4. 碾压试验成果整理分析

根据上述碾压试验成果，进行综合整理分析，以确定满足设计干密度要求的最合理碾压参数，步骤如下：

①根据干密度测定成果表，绘制不同铺土厚度、不同压实遍数土料含水量和干密度的关系曲线。

②查出最大干密度对应的最优含水量，填入最大干密度与最优含水量汇总表。

③绘制出铺土厚度、压实遍数和最优含水量、最大干密度的关系曲线。

对于非黏性土料的压实试验，也可用上述类似的方法进行，但因含水量的影响较小，可以不作考虑。根据试验成果，按不同铺土厚度绘制干密度（或相对密度）与压实遍数的关系曲线，然后根据设计干密度（或相对密度）即可由曲线查得在某种铺土厚度情况下所需的压实遍数，再选择其中压实工作量最小的，即仍以单位压实遍数的压实厚度最大者为经济值，取其铺土厚度和压实遍数作为施工的依据。

选定经济压实厚度和压实遍数后，应首先核对是否满足压实标准的含水量要求，然后将选定的含水量控制范围与天然含水量比较，看是否便于施工控制，否则可适当改变含水量和其他参数。有时对同一种土料采用两种压实机具、两种压实遍数是最经济合理的。

四、碾压式土石坝施工

碾压式土石坝施工，包括准备作业（如基坑排水、三通一平及修建临时用房等）、基本作业（如土石料开挖、装运、铺卸、压实等）以及为基本作业提供保证条件的辅助作业（如清除料场的覆盖层、清除杂物、坝面排水、刨毛及加水等）和保证建筑物安全运行而进行的附加作业（如修整坝坡、铺砌块石、种植草皮等）。

（一）坝基与岸坡处理

坝基与岸坡处理工程为隐蔽工程，必须按设计要求并遵循有关规定认真施工。

清理坝基、岸坡和铺盖地基时，应将树木、草皮、树根、乱石、坟墓以及各种建筑物等全部清除，并认真做好水井、泉眼、地道、洞穴等处理。坝基和岸坡表层的粉土、细砂、淤泥、腐殖土、泥炭等均应按设计要求和有关规定清除。对于风化岩石、坡积物、残积物、滑坡体等，应按设计要求和有关规定处理。

坝基岸坡的开挖清理工作，宜自上而下一次完成。对于高坝可分阶段进行。凡坝基和岸坡易风化、易崩解的岩石和土层，开挖后不能及时回填者，应留保护层，或喷水泥砂浆或喷混凝土保护。防渗体、反滤层和均质坝体与岩石岸坡接合，必须采用斜面连接，不得有台阶、急剧变坡及反坡。对于局部凹坑、反坡以及不平顺岩面，可用混凝土填平补齐，使其达到设计坡度。

防渗体或均质坝体与岸坡接合，岸坡应削成斜坡，不得有台阶、急剧变坡及反坡。岩石开挖清理坡度不陡于 10.75，土坡不陡于 11.15. 防渗体部位的坝基、岸坡岩面开挖，应采用预裂、光面等控制爆破法，使开挖面基本平顺。必要时可预留保护层，在开始填筑前清除。人工铺盖的地基按设计要求清理，表面应平整压实。砂砾石地基上，必须按设计要求做好反滤过渡层。坝基中软黏土、湿陷性黄土、软弱夹层、中细砂层、膨胀土、岩溶构造等，应按设计要求进行处理。天然黏性土岸坡的开挖坡度，应符合设计规定。

对于河床基础，当覆盖层较浅时，一般采用截水墙（槽）处理。截水墙（槽）施工受地下水的影响较大，因此必须注意解决不同施工深度的排水问题，特别注意防止

软弱地基的边坡受地下水影响引起塌坡。对于施工区内的裂隙水或泉眼，在回填前必须认真处理。

土石坝用料量很大，在坝型选择阶段应对土石料场全面调查，在施工前还应结合施工组织设计，对料场做进一步勘探、规划和选择。料场的规划包括空间、时间、质与量等方面的全面规划。

空间规划，是指对料场的空间位置、高程进行恰当选择，合理布置。土石料场应尽可能靠近大坝，并有利于重车下坡。用料时，原则上低料低用、高料高用，以减少垂直运输。最近的料场一般也应在坝体轮廓线以外300m以上，以免影响主体工程的防渗和安全。坝的上下游、左右岸最好都有料场，以利于各个方向同时向大坝供料，保证坝体均衡上升。料场的位置还应利于排除地表水和地下水，对土石料场也应考虑与重要建筑物和居民点保持足够的防爆、防震安全距离。

时间规划，是指料场的选择要考虑施工强度、季节和坝前水位的变化。在用料规划上力求做到近料和上游易淹的料场先用，远料和下游不易淹的料场后用；含水量高的料场旱季用，含水量低的料场雨季用。上坝强度高时充分利用运距近、开采条件好的料场，上坝强度低时用运距远的料场，以平衡运输任务。在料场使用计划中，还应保留一部分近料场，供合龙段填筑和拦洪度汛施工高峰时使用。

料场质与量的规划，是指对料场的质量和储量进行合理规划。料场的质与量是决定料场取舍的前提。在选择和规划使用料场时，应对料场的地质成因、产状、埋深、储量及各种物理力学性能指标进行全面勘探和试验，选用料场应满足坝体设计施工的质量要求。

料场规划时还应考虑主要料场和备用料场。主要料场，是指质量好、储量大、运距近的料场，且可常年开采；备用料场一般设在淹没区范围以外，以便当主要料场被淹没或因库水位抬高而导致土料过湿或其他原因不能使用时使用备用料场，保证坝体填筑的正常进行。主要料场总储量应为设计总强度的1.5～2.0倍，备用料场的储量应为主要料场的20%～30%。

此外，为了降低工程成本，提高经济效益，还应尽量充分利用开挖料作为大坝填筑材料。当开挖时间与上坝填筑时间不相吻合时，则应考虑安排必要的堆料场加以储备。

（二）土石料挖运组织

1. 综合机械化施工的基本原则

土石坝施工，工程量很大，为了降低劳动强度，保证工程质量，有必要采用综合机械化施工。组织综合机械化施工的原则如下：

（1）确保主要机械发挥作用

主要机械是指在机械化生产线中起主导作用的机械。充分发挥它的生产效率，有利于加快施工进度，降低工程成本。如土方工程机械化施工过程中，施工机械组合为挖掘机、自卸汽车、推土机、振动碾。挖掘机为主要机械，其他为配套机械，挖掘机如出现故障或工效降低，会导致停产或施工强度下降。

（2）根据机械工作特点进行配套组合

连续式开挖机械和连续式运输机械配合，循环式开挖机械和循环式运输机械配合，形成连续生产线。否则，需要增加中间过渡设备。

（3）充分发挥配套机械作用

选择配套机械，确定配套机械的型号、规格和数量时，其生产能力要略大于主要机械的生产能力，以保证主要机械的生产能力。

（4）便于机械使用、维修管理

选择配套机械时，尽量选择一机多能型，减少衔接环节。同一种机械力求型号单一，便于维修管理。

（5）合理布置、加强保养、提高工效

严格执行机械保养制度，使机械处于最佳状态，合理布置工作面和运输道路。

目前，一般在中小型的工程中，多数不能实现综合机械化施工，而采用半机械化施工，在配合时也应根据上述原则结合现场具体情况，合理组织施工。

2. 挖运方案及其选择

①人工开挖，马车、拖拉机、翻斗车运土上坝。人工挖土装车，马车运输，距离不宜大于1km；拖拉机、翻斗车运土上坝，适宜运距为2 ~ 4km，坡度不宜大于0.5% ~ 1.5%。

②挖掘机挖土装车，自卸汽车运输上坝。正向铲开挖、装车，自卸汽车运输直接上坝，通常运距小于10km。自卸汽车可运各种坝料，运输能力高，设备通用性强，能直接铺料，转弯半径小，爬坡能力较强，机动灵活，使用管理方便，设备易于获得。目前，国内外土石施工普遍采用自卸汽车。

③在施工布置上，正向铲一般采用立面开挖，汽车运输道路可布置成循环路线，装料时采用侧向掌子面，即汽车鱼贯式的装料与行驶。这种布置形式可避免汽车的倒车时间和挖掘机的回转时间，生产率高，能充分发挥正向铲与汽车的效率。

④挖掘机挖土装车，胶带机运输上坝。胶带机的爬坡能力强、架设简易，运输费用较低，运输能力也较大，适宜运距小于10km。胶带机可直接从料场运输上坝；也可与自卸汽车配合，做长距离运输，在坝前经漏斗卸入汽车转运上坝；或与有轨机车配合，用胶带机转运上坝作短距离运输。

⑤斗轮式挖掘机挖土装车，胶带机运输上坝。该方案具有连续生产，挖运强度高，管理方便等优点。陕西石头河水库土石坝施工采用该挖运方案。

⑥采砂船挖土装车，机车运输，转胶带机上坝。在国内一些大中型水电工程施工中，

广泛采用采砂船开采水下的砂斑料，配合有轨机车运输。当料场集中，运输量大，运距大于10km时，可用有轨机车进行水平运输。有轨机车的临建工程量大，设备投资较高，对线路坡度和转弯半径要求也较高，不能直接上坝，在坝脚经卸料装置转胶带机运土上坝。

总之，在选择开挖运输方案时，应根据工程量大小、土料上坝强度、料场位置与储量、土质分布、机械供应条件等综合因素，进行技术上和经济上的分析，之后确定经济合理的挖运方案。

3. 挖运强度与设备

分期施工的土石坝，应根据坝体分期施工的填筑强度和开挖强度来确定相应的机械设备容量。

为了充分发挥自卸汽车的运输能效，应根据挖掘机械的斗容选择具有适宜容量的汽车型号。挖掘机装满一车斗数的合理范围应为3～5斗，通常要求装满一车的时间不超过3.5～4min，卸车时间不超过2min。

（三）坝面作业与施工质量控制

1. 坝面作业施工组织

坝面作业包括铺土、平土、洒水或晾晒（控制含水量）、压实、刨毛（平碾碾压）、修整边坡、修筑反滤层和排水体及护坡、质量检查等工序。坝体土方填筑的特点是：作业面狭窄，工种多，工序多，机具多，施工干扰大。若施工组织不当，将产生干扰，造成窝工，影响工程进度和施工质量。为了避免施工干扰，充分发挥各不同工序施工机械的生产效率，一般采用流水作业法组织坝面施工。

采用流水作业法组织施工时，首先根据施工工序将坝面划分成几个施工段，然后组织各工种的专业队依次进入所划分的施工段施工。对同一施工段而言，各专业队按工序依次连续进行施工；对各专业队，则不停地轮流在各个施工段完成本专业的施工工作。施工队作业专业化，有利于工人技术的熟练和提高，同时在施工过程中也保持了人、地、机具等施工资源的充分利用，避免了施工干扰和窝工。各施工段面积的大小取决于各施工期土料上坝的强度。

对坝面流水作业的实施有如下要求：

如以m'表示流水工序数目，以m表示每层I段数。当m' = m时，表明流水作业是在人、机、地等三不闲的情况下正常施工；当m > m'时，表明流水作业是在“地闲”，机、人不闲的情况下进行施工；当m < m'时，表明流水作业不能正常进行。出现第三种情况是坝体升高，工作面减小，所划分的流水工序过多所致。解决的方法是，增大m值，可采用缩小流水单位时间的办法，或者是合并一些工序，以减小m'值。

2. 坝面填筑施工要求

（1）基本要求

铺料宜沿坝轴线方向进行，铺料应及时，严格控制铺土厚度，不得超厚。防渗体土料应用进占法卸料，汽车不应在已压实土料面上行驶。砾质土、风化料、掺和土可视具体情况选择铺料方式。汽车穿越防渗体路口段时，应经常更换位置，每隔40 ~ 60m 宜设专用道口，不同填筑层路口段应交错布置，对路口段超压土体应予以处理。防渗体分段碾压时，相邻两段交接带碾迹应彼此搭接，垂直碾压方向搭接带宽度应不小于0.3 ~ 0.5m，顺碾压方向搭接带宽度应为1 ~ 1.5m。平土要求厚度均匀，以保证压实质量，对于自卸汽车或皮带机上坝，由于卸料集中，多采用推土机或平土机平土。斜墙坝铺筑时应向上游倾斜1% ~ 2%的坡度，对均质坝、心墙坝，应使坝面中部凸起，向上下游倾斜1% ~ 2%的坡度，以便排除雨水。铺填时土料要平整，以免雨后积水，影响施工。

（2）心墙、斜墙、反滤料施工

心墙施工中，应注意使心墙与砂壳平衡上升。心墙上升快，易干裂影响质量；砂壳上升太快，则会造成施工困难。因此，要求在心墙填筑中应保持同上下游反滤料及部分坝壳平起，骑缝碾压。为保证土料与反滤料层次分明，可采用土砂平起法施工。根据土料与反滤料填筑先后顺序的不同，又分为先土后砂法和先砂后土法。

先砂后土法。即先铺反滤料，后铺土料。当反滤料宽度较小3m时，铺一层反滤料，填二层土料，碾压反滤料并骑缝压实与土料的结合带。因先填砂层与心墙填土收坡方向相反，为减少土砂交错宽度，碧口、黑河等坝在铺第二层土料前，采用人工将砂层沿设计线补齐。对于高坝，反滤层宽度较大，机械铺设方便，反滤料铺层厚度与土料相同，平起铺料和碾压。如小浪底斜心墙，下游侧设两级反滤料，一级（20 ~ 0.1mm）宽6m，二级（60 ~ 5mm）宽4m，上游侧设一级反滤料（60 ~ 0.1mm）宽4m。先砂后土法由于土料填筑有侧限，施工方便，工程较多采用。

先土后砂法。即先铺土料，后铺反滤料，齐平碾压。由于土料压实时，表面高于反滤料，土料的卸、铺、平、压都是在无侧限的条件下进行的，很容易形成超坡。采用羊脚碾压实时，要预留30 ~ 50cm松土边，避免土料被羊脚碾插入反滤层内。当连续晴天时，土料上升较快，应注意防止土体干裂。

对于塑性斜墙坝施工，则宜待坝壳修筑到一定高程甚至达到设计高程后，再行填筑斜墙土料，以便使坝壳有较大的沉陷，避免因坝壳沉陷不均匀而造成斜墙裂缝现象。斜墙应留有余量（0.3 ~ 0.5m），以便削坡，已筑好的斜墙应立即在其上游面铺好保护层防止干裂，保护层应随斜墙增高而增高，其相差高度不大于1 ~ 2m。

3. 接缝处理

土石坝的防渗体要与地基、岸坡及周围其他建筑物的边界相接；由于施工导流、施工分期、分段分层填筑等要求，还必须设置纵向横向的接坡、接缝。这些结合部位是施工中的薄弱环节，质量控制应采取如下措施：

（1）土料与坝基结合面处理

一般用薄层轻碾的方法施工，不允许用重碾或重型夯，以免破坏基础，造成渗漏。黏性土地基：将表层土含水量调至施工含水量上限范围，用与防渗体土料相同的碾压参数压实，然后刨毛 3 ~ 5cm，再铺土压实。非黏性土地基：先洒水压实地基，再铺第一层土料，含水量为施工含水量的上限，采用轻型机械压实岩石地基。先把局部不平的岩石修理平整、清洗干净，封闭岩基表面节理、裂隙。若岩石面干燥可适当洒水，边涂刷浓泥浆、边铺土、边夯实。填土含水率大于最优含水率 1% ~ 3%，用轻型碾压实，适当降低干密度。待厚度在 0.5 ~ 1.0m 以上时方可用选定的压实机具和碾压参数正常压实。

（2）土料与岸坡及混凝土建筑物接合面处理

填土前，先将结合面的污物冲洗干净，清除松动岩石，在结合面上洒水湿润，涂刷一层浓黏土浆，厚约 5mm，以提高固结强度，防止产生渗透，搭接处采用黏土，小型机具压实。防渗体与岸坡结合带碾压，搭接宽度不小于 1m，搭接范围内或边角处，不得使用羊脚碾等重型机械。

（3）坝身纵横接缝处理

土石坝施工中，坝体接坡具有高差较大，停歇时间长，要求坡身稳定的特点。一般情况下，土料填筑力争平起施工，斜墙、心墙不允许设纵向接缝。防渗体及均质坝的横向接坡不应陡于 1:3，高差不超过 15m。均质坝接坡宜采用斜坡和平台相间的形式，坡度和平台宽度应满足稳定要求，平台高差不大于 15m。接坡面可采用推土机自上而下削坡。坝体分层施工临时设置的接缝，通常控制在铺土厚度的 1 ~ 2 倍以内。接缝在不同的高程要错缝。

渗体的铺筑作业应连续进行，如因故停工，表面必须洒水湿润，控制含水量。

4. 施工质量控制

施工质量的检查与控制是土石坝安全的重要保证，它应贯穿于土石坝施工的各个环节和施工全过程。在施工中除对地基进行专门检查外，还应对料场土料、坝身填筑以及堆石体、反滤料等填筑进行严格的检查和控制，在土石坝施工中应实行全面质量管理，建立健全质量保证体系。

（1）料场的质量检查和控制

各种筑坝材料应以料场控制为主，必须是合格的坝料方能运输上坝，不合格坝料应在料场处理合格后方能上坝，否则应废弃。在料场建立专门的质量检查站，按设计要求及有关规范规定进行料场质量控制，主要控制包括：是否在规定的料区开采，是否将草皮、覆盖层等清除干净；坝料开采加工方法是否符合规定；排水系统、防雨措施、负温下施工措施是否完备；坝料性质、级配、含水率是否符合要求。

（2）填筑质量检查和控制

坝面填筑质量是保证土石坝施工质量的关键。在土料填筑过程中，应对铺土厚度、土块大小、含水量、压实后的干密度等进行检查，并提出质量控制措施。对黏性土含水量可采用“手检”法；即手握土料能成团，手搓可成碎块，则含水量合格，准确检测应用含水量测定仪测定。取样所测定的干密度试验结果，其合格率应不小于90%，不合格干密度不得低于设计值的98%，且不能集中出现。黏性土和砂土的密度可用环刀法测定，砾质土、沙砾料、反滤料可用灌水法或灌砂法测定。

对于反滤层、过渡层、坝壳等非黏性土的填筑，除按要求取样外，主要应控制压实参数，发现问题应及时纠正。对于铺筑厚度、是否混有杂物、填筑质量等应进行全面检查。对堆石体主要应检查上坝块石的质量、风化程度，石块的重量、尺寸、形状，堆筑过程中有无离析架空现象发生。对于堆石的级配、空隙率大小，应分层分段取样，检查是否符合设计要求。根据地形、地质、坝料特性等因素，在施工特征部位和防渗体中，选定若干个固定断面，每升高5～10m，取代表性试样进行室内物理力学性质试验，作为复核设计及工程管理的依据。所有质量检查的记录，应随时整理，分别编号存档备查。

（四）土石坝的季节性施工措施

1. 负温下填筑

我国北方的广大地区，每年都有较长的负温季节。为了争取更多的作业时间，需要根据不同的负温条件，采取相应措施，进行负温下填筑。负温下填筑可分为露天法施工和暖棚法施工两种方法，暖棚法施工所需器材多，一般只是气温过低时，在小范围内进行。露天施工要求压实时土料温度必须在-1℃以上。当日最低气温在-10℃以下，或在0℃以下且风速大于10m/s时，应停工；黏性土料的含水率不应大于塑限的90%，粒径小于5mm的细砂砾料的含水率应小于4%；填土中严禁带有冰雪、冻块；土、砂、砂砾料与堆石不得加水；防渗体不得受冻。施工可采取如下措施：

（1）防冻措施

降低土料含水量，或采用含水量低的土料上坝；挖取深层正温土料，加大施工强度，薄层铺筑，增大压实功能，快速施工，争取受冻前压实结束。

（2）保温措施

加覆盖物保温，如树叶、干草、草袋、塑料布等；设保温冰层，即在土料面上修

土梗放水冻冰，将冰层下的水放走，形成冰盖，冰盖下的空气夹层可起到保温作用；在土料表面进行翻松等。

2. 雨季施工

雨季施工最主要的问题是土料含水量的变化对施工带来的不利影响。雨季施工应采取以下有效措施：

①加强雨季水文气象预报，提前做好防雨准备，把握好雨后复工时机；

②充分利用晴天加强土料储备，并安排心墙和两侧反滤料与部分顶壳料的筑高，以便在雨天继续填筑坝壳料，保持坝面稳定上升。来雨前用光面碾快速压实松土，防止雨水渗入；

③铺料时，心墙向两侧、斜墙向下游铺成2%的坡度，以利排水；

④做好坝面防雨保护，如设防雨棚、覆盖苫布、油布等；

⑤做好料场周围的排水系统，控制土料含水量。

五、面板堆石坝施工

（一）堆石坝材料、质量要求

根据施工组织设计，查明各料场的储量和质量，如果利用施工中挖方的石料，要按料场要求增做试验。一、二级高坝坝料室内试验项目应包括坝料的颗粒级配、相对密度、抗剪强度和压缩模量，以及垫层料、砂砾料、软岩料的渗透和渗透变形试验。100m以上的坝，应测定坝料的应力应变参数。

高坝垫层料要求有良好的级配，最大粒径为80～100mm，粒径小于5mm的颗粒含量为30%～50%，粒径小于0.075mm的颗粒含量不宜超过8%，中低坝可适当降低要求。压实后应具有内部渗透稳定性、低压缩性、高抗剪强度、并具有良好的施工特性。用天然砂砾料作垫层料时，要求级配连续、内部结构稳定、压实后渗透系数为1/1000～1/10000cm/s。寒冷地区，垫层的颗粒级配要满足排水性要求。垫层料可采用人工砂石料、砂砾石料，或两者的掺料。

过渡料要求级配连续，最大粒径不宜超过300mm，可用人工细石料、经筛分加工的天然砂砾料等。压实后的过渡料要压缩性小、抗剪强度高、排水性好。

主堆石料可用坝基开采的硬岩堆石料，也可采用砂砾石料，但坝体分区应满足规范要求。硬岩堆石料要求压实后应有良好的颗粒级配，最大粒径不超过压实层厚度，粒径小于5mm颗粒含量不宜超过20%，粒径小于0.075mm的颗粒含量不宜超过5%。在开采之前，应进行专门的爆破试验。砂砾石料中粒径小于0.075mm的颗粒含量超过5%时，宜用在坝内干燥区。

软岩堆石料压实后应具有较低的压缩性和一定的抗剪强度，可用于下游堆石区下游水位以上的干燥区，如用于主堆石区需经专门论证和设计。

（二）坝体分区

堆石坝坝体应根据石料来源及对坝料的强度、渗透性、压缩性、施工方便和经济合理性等要求进行分区。从上游到下游分为垫层区、过渡区、主堆石区、下游堆石区；在周边缝下游应设置特殊垫层区；设计中可结合枢纽建筑物开挖石料和近坝可用料源增加其他分区。并根据需要调整垫层区的水平宽度应由坝高、地形、施工工艺和经济性比较确定。当用汽车直接卸料，推土机推平方法施工时，垫层区不宜小于 3m，有专门的铺料设备时，垫层区宽度可减小，并相应增大过渡区的面积，主堆石区用硬岩时，到垫层区之间应设过渡区，为方便施工，其宽度不应小于 3m。

（三）坝体施工

1. 坝体填筑工艺

坝体填筑原则上应在坝基、两岸岸坡处理验收以及相应部位的趾板混凝土浇筑完成后进行。由于施工工序及投入工程和机械设备较多，为提高工作效率，避免相互干扰，确保安全，坝料填筑作业应按流水作业法组织施工。坝体填筑的工艺流程为测量放样、卸料、摊铺、洒水、压实、质检。坝体填筑尽量做到平起、均衡上升。垫层料、过渡料区之间必须平起上升，垫层料、过渡料与主堆石料区之间的填筑面高差不得超过一层。各区填筑的层厚、碾压遍数及加水量等严格按碾压试验确定的施工参数执行。

堆石区的填筑料采用进占法填筑，卸料堆之间保留 60cm 间隙，采用推土机平仓，超径石应尽量在料场解小。坝料填筑宜加水碾压，碾压时采用错距法顺坝轴线方向进行，低速行驶（1.5 ~ 2km/h），碾压按坝料的分区分段进行，各碾压段之间的搭接不少于 1.0m。在岸坡边缘靠山坡处，大块石易集中，故岸坡周边选用石料粒径较小且级配良好的过渡料填筑，同时周边部位先于同层堆石料铺筑。碾压时滚筒尽量靠近岸坡，沿上下游方向行驶，仍碾压不到之处用手扶式小型振动碾或液压振动夯加强碾压。

垫层料、过渡料卸料铺料时，避免分离，两者交界处避免大石集中，超径石应予剔除。填筑时自卸汽车将料直接卸入工作面，后退法卸料，碾压时顺坝轴线行驶，用推土机推平，人工辅助平整，铺层厚度等按规定的施工参数执行。垫层料的铺填顺序必须先填筑主堆石区，再填过渡层区，最后填筑垫层区。

下游护坡宜与坝体填筑平起施工，护坡石宜选取大块石，机械整坡、堆码，或人工干砌，块石间嵌合要牢固。

2. 垫层区上游坡面施工

垫层区上游坡面传统施工方法：在垫层料填筑时，向上游侧超出设计边线30～40cm，先分层碾压。填筑一定高度后，由反铲挖掘机削坡，并预留5～8cm高出设计线，为了保证碾压质量和设计尺寸，需要反复进行斜坡碾压和修整，工作量很大。为保护新形成的坡面，常采用的形式有碾压水泥砂浆、喷乳化沥青、喷射混凝土等。这种传统施工工艺技术成熟，易于掌握，但工序多，费工费时，坡面垫层料的填筑密实度难以保证。

混凝土挤压墙技术是混凝土面板坝上游坡面施工的新方法。挤压边墙施工法是在每填筑一层垫层料前，用边墙挤压机制出一个半透水混凝土小墙，然后在其下游面按设计铺填坝料，用振动碾平面碾压，合格后再重复以上工序。

坡面整修、斜坡碾压等工序，施工简单易行，施工质量易于控制，降低劳动强度，避免垫层料的浪费，效率较高。挤压边墙技术在国内应用时间较短，施工工艺还有待进一步完善。

3. 质量控制

（1）料场质量控制

在规定的料区范围内开采，料场的草皮、树根、覆盖层及风化层已清除干净；堆石料开采加工方法符合规定要求；堆石料级配、含泥量、物理力学性质符合设计要求，不合格料则不允许上坝。

（2）坝体填筑的质量控制

堆石材料、施工机械符合要求。负温下施工时，坝基已压实的砂砾石无冻结现象，填筑面上的冰雪已清除干净。坝面压实后，应对压实参数和孔隙率进行控制，以碾压参数为主。铺料厚度、压实遍数、加水量等应符合要求，铺料误差不宜超过层厚的10%，坝面保持平整。堆石坝体压实参数需经压实试验确定，振动碾的压实参数可参考表4-3。

表4-3　振动碾的压实参数

土石料类型	碾重/t	铺料厚度/m	碾压遍数	备注
砂砾料	13.5	1.2～1.6	4～6	—
风化料	13.5	1.0～1.5	4～6	—
石渣料	13.5	1.0～1.5	4	—
堆石料	13.5	1.0～1.5	4～6	堆石最大粒径应比铺料层厚小10～20cm
	10.0	0.6～0.8	4～6	

垫层料、过渡料和堆石料压实干密度的检测方法，宜采用挖坑灌水法，或辅以表面波压实密度仪法。施工中可用压实计实施控制，垫层料可用核子密度计法。垫层料

试坑直径应不小于最大粒径的 4 倍，过渡料试坑直径应不小于最大粒径的 3 ~ 4 倍，堆石料试坑直径为最大粒径的 2 ~ 3 倍，试坑直径最大不超过 2m。以上三种料的试坑深度均为碾实层厚度。此外填筑质量检测还可采用 K30 法，即直接检测填筑土的力学性质参数 K30。将 K30 法用于坝体填筑质量检测，可以减少挖坑取样的数量，快捷、准确地进行坝体填筑质量的检测。

（四）钢筋混凝土面板分块和浇筑

1. 钢筋混凝土面板的分块

混凝土防渗面板包括趾板（面板底座）和面板两部分。防渗面板应满足强度、抗渗、抗侵蚀、抗冻要求。趾板设伸缩缝，面板设垂直伸缩缝、周边伸缩缝等永久缝和临时水平施工缝。垂直伸缩缝从底到顶布置，中部受压区，分缝间距一般为 12 ~ 18m，两侧受拉区按 6 ~ 9m 布置。受拉区设两道止水，受压区在底侧设一道止水，水平施工缝不设止水，但竖向钢筋必须相连。

2. 防渗面板混凝土浇筑与质量

面板施工在趾板施工完毕后进行。面板一般采用滑模施工，由下而上连续浇筑。面板浇筑可以一期进行，也可以分期进行，需根据坝高、施工总计划而定。对于中低坝，面板宜一期浇筑；对于高坝，面板可一期或分期施工。为便于流水作业，提高施工强度，面板混凝土均采用跳仓施工。当坝高不大于 70m 时，面板在堆石体填筑全部结束后施工，这主要考虑避免堆石体沉陷和位移对面板产生的不利影响：高于 70m 的堆石坝，应考虑需拦洪度汛，提前蓄水，面板宜分二期或三期浇筑，分期接缝应按施工缝处理。面板钢筋采用现场绑扎或焊接，也可用预制网片现场拼接。混凝土浇筑中，布料要均匀，每层铺料 250 ~ 300cm：止水片周围需人工布料，防止分离。振捣混凝土时，要垂直插入，至下层混凝土内 5cm，止水片周围用小振捣器仔细振捣一振动过程中，防止振捣器触及滑模、钢筋、止水片。脱模后的混凝土要及时修整和压面。

（五）沥青混凝土面板施工

沥青混凝土由于抗渗性好，适应变形能力强，工程量小，施工速度快，正在广泛用于土石坝的防渗体中。

沥青混凝土面板所用沥青主要根据工程地点的气候条件选择，我国目前多采用道路沥青。粗骨料选用碱性碎石，其最大粒径一般为 15 ~ 25mm；细骨料可选碱性岩石加工的人工砂、天然砂或两者的混合。骨料要求坚硬、洁净、耐久，按满足 5d 以上施工需要量储存。填料种类有石棉、消石灰、水泥、橡胶、塑料等，其掺量由试验确定。

沥青混凝土面板一般采用碾压法施工。施工中对温度要严加控制，其标准根据材料性质、施工地区和施工季节，由试验确定。在日平均气温高于 5℃和日降雨量小于

5mm 时方可施工，日气温虽然在 5 ~ 15℃，但风速大于 4 级也不能施工。

沥青混凝土面板施工是在坡面上进行的，施工难度较大，所以尽量采用机械化流水作业。首先进行修整和压实坡面，然后铺设垫层，垫层料应分层压实，并对坡面进行修整，使坡度、平整度和密实度等符合设计要求，在垫层面上喷涂一层乳化沥青或稀释沥青。沥青混凝土面板多采用一级铺筑。当坝坡较长或因拦洪度汛需要设置临时断面时，可采用二级或二级以上铺筑。一级斜坡长度铺筑通常不超过 120 ~ 150m，当采用多级铺筑时，临时断面应根据牵引设计的布置及运输车辆交通的要求，一般不小于 15m。沥青混合料的铺筑方向多采用沿最大坡度方向分成若干条幅，自下而上依次铺筑。防渗层一般采用多层铺筑，各区段条幅宽度间上下层接缝必须相互错开，水平接缝的错距应大于 1m，顺坡纵缝的错距一般为条幅宽度的 1/3 ~ 2/3。先用小型振动碾进行初压，再用大型振动碾二次碾压，上行振压，下行静压。施工接缝及碾压带间，应重叠碾压 10 ~ 15cm。压实温度应高于 110℃。二次碾压温度应高于 80℃。防渗层的施工缝是面板的薄弱环节，尽量加大条幅摊铺宽度和长度，减少纵向和横向施工缝。防渗层的施工缝以采用斜面平接为宜，斜面坡度一般为 45°。整平胶结层的施工缝可不做处理。但上下层的层面必须干燥，间隔不超过 48h。防渗层层间应喷涂一薄层稀沥青或热沥青，用喷洒法施工或橡胶刮板涂刷。

（六）其他坝型施工

1. 抛填式堆石坝

抛填式堆石坝施工一般先建栈桥，将石块从栈桥上距填筑面 10 ~ 30m 的高处抛掷下来，靠石块的自重将石料冲实，同时用高压水枪冲射，把细颗粒碎石充填到石块间的孔隙中。采用抛填式填筑成的堆石体孔隙率较大，所以在承受水压力后变形大，石块尖角容易被压裂和剪裂，抗剪强度较低，在发生地震时沉降量更大。随着重型碾压机械的出现，目前此种坝型已很少采用。

2. 定向爆破堆石坝

定向爆破堆石坝是在河谷两岸或一岸对岩体进行定向爆破，将石块抛掷到河谷坝址，从而堆筑起大部分坝体。然后修整坝坡，并在抛填堆石体上加高碾压堆石体，直至坝顶。最后在上游坝坡堆筑反滤层、斜墙防渗体、保护层和护坡等。采用这种方法筑坝，一次爆破可得石方数万、数十万甚至上百万立方米，爆破抛射出的石块下落时以高速填入堆石体，紧密度较大，孔隙率可在 28%以下，从而可节约大量人力、物力和财力。但爆破对山体的破坏作用较大，使岩体内的裂缝加宽，有时可形成绕坝渗流通道，并可使隧洞、溢洪道周围的地质条件以及岸坡的稳定条件恶化。因此，这种坝型主要适用于山高、坡陡、窄河谷、交通运输条件极为不便以及地质条件良好的中小型工程。

第二节　混凝土坝与施工

一、砂石骨料生产系统

砂石骨料在混凝土中起骨架作用，每立方米混凝土需 1.3 ~ 1.5m^3（松散体积）的砂石骨料，所以骨料质量的好坏直接影响混凝土强度、水泥用量和温度要求，从而影响大坝的质量和造价。

砂石骨料生产系统主要由采料场、骨料加工厂、堆料场和内部运输系统等组成，其任务是及时供应混凝土拌和所需要的质量合格、数量充分、成本低廉的粗细骨料。骨料生产系统设计的主要内容有勘探和选择料场，确定料源、开采和运输方法；选择骨料加工厂位置，确定其生产能力和工艺流程；进行骨料堆存设计和质量控制等。

（一）骨料料场规划

砂石骨料的主要原料来源于天然砂砾石料场（包括陆地料场、河滩料场和河床料场）、岩石料场和工程弃渣。

骨料料场规划应根据料场的分布、开采条件、可利用料的质量、储量、天然级配、加工要求、弃料多少、运输方式、运距远近、生产成本等因素综合考虑。

1. 搞好砂石料场规划应遵循的原则

①首先要了解砂石料的需求，流域（或地区）的近期规划、料源的状况，以确定是建立流域或地区的砂石生产基地还是工程专用的砂石系统。

②应充分考虑自然景观、珍稀动植物、文物古迹保护方面的要求，将料场开采后的景观、植被恢复（或美化改造）列入规划之中，应重视料源剥离和弃渣的堆存，避免水土流失，还应采取恢复环境的措施。在进行经济比较时应计入这方面的投资。当在河滩开采时，还应对河道冲淤、航道影响进行论证。

③满足水工混凝土对骨料的各项质量要求，其储量力求满足各设计级配的需要，并有必要的富余量。初查精度的勘探储量，一般不少于设计需要量的 3 倍，详查精度的勘探储量，一般不少于设计需要量的 2 倍。

④选用的料场，特别是主要料场，应场地开阔、高程适宜、储量大、质量好、开采季节长，主辅料场应能兼顾洪枯季节互为备用的要求。

⑤选择可采率高，天然级配与设计级配较为接近，用人工骨料调整级配数量少的料场。任何工程应充分考虑利用工程弃渣的可能性和合理性。

⑥料场附近有足够的回车和堆料场地，且占用农田少，不拆迁或少拆迁现有生活、生产设施。

2. 毛料开采最大的确定

（1）天然砂砾料开采量的确定

毛料开采量取决于混凝土中各种粒径的骨料需要量和天然砂砾料中各种粒径骨料的含量。通常按不同粒径组所求的开采总量各不相同，取其中的最大开采量作为理论开采总量。在实际施工中，大石含量通常过多，而中小石含量不足，若按中小石需要量开采，大石将过剩。为此，实际施工中选择的开采量往往介于最大值与最小值之间，于是有些粒径组就会短缺，另一些粒径组则会有弃料。此时，可采取如下措施：

①调整混凝土的设计配合比，在许可范围内减少短缺粒径的需用量；

②设置破碎机，将富余大骨料加工，补充短缺粒径；

③改进生产工艺，减少短缺粒径组的损失；

④以人工骨料补充短缺粒径。

（2）采石场开采量的确定

当采用人工骨料时，采石场开采量主要取决于混凝土骨料需要量及块石开采成品获得率。

若有有效开挖石料可供利用，应将利用部分扣除，以确定实际开采石料量。

3. 开采方法

（1）水下开采天然砂砾料

从河床或河滩开挖天然砂砾料宜用索铲挖掘机和采砂船，采砂船应用中应注意：选择大型采砂船时应考虑设备进场、撤退及下一工程衔接使用的可能性；选择合理开采水位，研究开采顺序和作业路线，尽可能创造静水和低流速开采条件，减少细砂与骨料的流失量。

（2）陆上开采天然砂砾料

陆上开采天然砂砾料所用设备和生产工艺与一般土石方开挖工程相同，主要使用挖掘机。至于运输方式则随料场条件而异，有的采用标准轨矿车或窄轨矿车，有的则采用自卸汽车。

（3）碎石开采

采石场的开采可用洞室爆破和深孔爆破。洞室爆破比深孔爆破原岩破碎平均粒度大，超径量多，二次爆破量大，因而挖掘机生产率下降，粗碎负荷加重。洞室巷道施工条件差、劳动强度大。当深孔爆破的台阶尚未形成时，用洞室爆破进行削帮、揭顶并提供初期用料。深孔爆破，尤其是深孔微差挤压爆破应作为采石场的主要爆破方法。进行爆破设计时要注意开采石块的最大粒度与挖装、破碎设备相适应。

（二）骨料加工

骨料加工厂的生产能力应满足混凝土浇筑的需要。混凝土浇筑强度是不均衡的，就其高峰值来说，又有高峰月浇筑强度和高峰时段月平均浇筑强度之分。若按高峰月浇筑强度考虑，系统设备过多，不经济；若按高峰时段月平均浇筑强度计算，则应考虑堆料场的调节作用。

实际生产中，还可以按骨料需要量累计曲线确定生产能力。先根据混凝土浇筑计划，绘出骨料需要量累计曲线，然后绘出骨料生产量累计曲线。生产量累计曲线始终位于需要量累计曲线的上方。它们之间的垂直距离，即为骨料成品料堆的储存量。此储量应不超过成品料堆的最大容量，但又不能小于最小安全储量。此外，生产量累计曲线的起点和终点，应比需要量累计曲线提前一定时间。一般起点提前时间为 10 ~ 15d，终点也应相应提前，具体时间由施工计划定。

生产量累计曲线的各段斜率，代表加工厂各时段的生产强度。其中，斜率最大值即为加工厂的生产能力，斜率最大时段即为骨料加工的高峰期。

（三）骨料的储存

1. 骨料堆场的任务和种类

为了解决骨料生产与需求之间的不平衡，应设置骨料堆场。骨料储存分毛料堆存、半成品料堆存和成品料堆存三种形式。毛料堆存用于解决骨料开采与加工之间的不平衡；半成品料（经过预筛分的砂石混合料）堆存用于解决骨料加工各工序之间的不平衡；成品料堆存用于保证混凝土连续生产的用料要求，并起到降低和稳定骨料含水量（特别是砂料脱水），降低或稳定骨料温度的作用。

砂石料总储量的多少取决于生产强度和管理水平。通常按高峰时段月平均值的 50% ~ 80% 考虑，汛期、冰冻期停采时须按停采期骨料需要量外加 20% 裕度校核。

成品料仓各级骨料的堆存，必须设置可靠的隔墙，以防止骨料混级：隔墙高度按骨料自然休止角（34° ~ 37°）确定，并超高 0.8m 以上。成品堆场容量，也应满足砂石料自然脱水的要求。

2. 骨料堆场的形式

（1）台阶式

利用地形的高差，将料仓布置在进料线路下方，由汽车或铁路矿车直接卸料。料仓底部设有出料廊道（又称地弄），砂石料通过卸料弧形阀门卸在皮带机上运出。为

了扩大堆料容积，可用推土机集料或散料。这种料仓设备简单，但须有合适的地形条件。

（2）栈桥式

在平地上架设栈桥，栈桥顶部安装有皮带机，经卸料小车向两侧卸料。料堆呈棱柱体，由廊道内的皮带机出料。这种堆料的方式，可以增大堆料高度（可达 9 ~ 15m），减少料堆占地面积。但骨料跌落高度大，易造成分离，而且料堆自卸容积（位于骨料自然休止角斜线中间的容积）小。

（3）堆料机堆料

堆料机是可以沿轨道移动，有悬臂扩大堆料范围的专用机械。动臂可以旋转和仰俯（变幅范围为 ±16°），能适应堆料位置和堆料高度的变化，避免骨料跌落过高。为了增大堆料高度，常将其轨道安装在土堤顶部，出料廊道则设于路堤两侧。

3. 骨料堆存中的质量控制

骨料堆存的主要质量要求是防止骨料发生破碎、分离，或是含水量变化，使骨料保持洁净等方面。为了保证骨料质量，应采取相应措施使其在允许范围内。

为防止粗骨料破碎和分离，应尽量减少转运次数。卸料时，粒径大于 40mm 骨料的自由落差大于 3m 时，应设置缓降设施。同时，皮带机接头处高差应控制在 5m 以内，并在用于衔接的溜槽内衬以橡皮，以减轻石料冲击造成的破碎。堆料时，要避免形成大的斜坡。取料时应在同一料堆选 2 ~ 3 个不同取料点同时取料，以使同一级骨料粒径均匀。

储料仓除有足够的容积外，还应维持不小于 6m 的堆料厚度。要重视细骨料脱水，并保持洁净。细骨料仓的数量和容积应满足细骨料脱水的要求。一般情况下，细骨料仓的数量应不少于 3 个，即 1 个仓堆料，1 ~ 2 个仓脱水，1 个仓使用，并互相轮换。细骨料仓的堆料容积应满足混凝土浇筑高峰期 10d 以上的需要，粗骨料仓的活容积应满足混凝土浇筑高峰期 3d 以上的需要，拌和系统粗细骨料的堆存活容积应满足 3d 的需要量。细骨料的含水率应保持稳定，人工砂饱和面干的含水率不宜超过 6%。自然脱水情况下，应达到其稳定含水量，一般需 5 ~ 6d。

设计料仓时，料仓的位置和高程应选择在洪水位之上，周围应有良好的排水、排污设施，地下廊道内应布置集水井、排水沟和冲洗皮带机污泥的水管。各级骨料仓之间应设置隔墙等有效措施，严禁混料，并应避免泥土和其他杂物混入骨料中。

二、混凝土生产系统

（一）混凝土生产系统的设置与布置

混凝土制备系统是为混凝土工程服务的主要生产系统。它包括混凝土拌和楼，各种原材料的储存、运输设施，混凝土拌和物运送设施，还有制冷、供热、加冰、风冷（或水冷）等许多配套设施。对它们进行合理的布置，充分发挥制备系统的效率，对于提高混凝土工程的质量和快速经济施工有着重要意义。混凝土生产系统的设置与布置中应注意以下主要问题。

1. 合理设置混凝土生产系统

根据工程规模、施工组织的不同，水利水电工程可集中设置一个混凝土生产系统，也可分散设置混凝土生产系统。分散设置的生产能力需按分区混凝土高峰浇筑强度设计，其总和大于工程总的高峰浇筑强度。根据一些工程统计，集中设置与分散设置比较，规模约小 15%，人员少 25% ~ 30%。

2. 拌和楼尽量靠近浇筑地点

拌和楼应尽可能靠近坝体。混凝土生产系统到坝址的距离一般在 500m 左右。经论证，混凝土生产系统使用时间与永久性建筑物施工、运行时间错开时，也可占用永久建筑物场地，但在使用时间重合时，应特别注意它们是否有干扰。

3. 妥善利用地形

混凝土生产系统应布置在地形比较平缓的开阔处，其位置和高程要满足混凝土运输和浇筑施工方案要求。混凝土生产系统主要建筑物地面高程应高出当地 20 年一遇的洪水位；拌和楼、水泥罐、制冷楼、堆料场地等多属于高层或重载建筑物，对于地基要求较高。新安江工程混凝土系统场地狭窄，由于充分利用从 40 ~ 110m 高程间 70m 的自然高差，所以可分成 4 个台阶进行紧凑布置，从而使工程量较类似规模的系统小得多。

4. 各个建筑物布置原则

各个建筑物布置紧凑，制冷、供热、水泥及粉煤灰等设施均宜靠近拌和楼；原材料进料方向与混凝土出料方向错开；每座拌和楼有独立出料线，使车辆进出互不干扰；出料能力应能满足多品种、多强度等级混凝土的发运，以保证拌和楼不间断地生产；铁路线优先采用循环岔道方式；尽头线布置只能适应拌和楼生产能力较低的情况。

5. 输送距离要求

骨料供应点至拌和楼的输送距离宜在 300m 以内。混凝土运输距离应按混凝土出机到入仓的运输时间不超过 60min 计算，夏季不超过 30min。

6. 混合上料、二次筛分

下列情况下，可考虑采用混合上料，拌和楼顶二次筛分：

①堆料场距拌和楼较远，骨料分级轮换供料不能满足生产需要；

②拌和楼采用连续风冷骨料，因料仓容量不足，不能维持冷却区必要的料层厚度；

③采用喷淋法冷却骨料，胶带机运行速度降低，以致轮换供料不能满足要求。

（二）混凝土生产系统的组成

通常混凝土生产系统由拌和楼（站）、骨料储运设施、胶凝材料储运设施、外加剂车间、冲洗筛分车间、预冷热车间、空气站、实验室及其他辅助车间等组成。

拌和楼是混凝土生产系统的主要部分，也是影响混凝土生产系统的关键设备。一般根据混凝土质量要求、浇筑强度、混凝土骨料最大粒径、混凝土品种和混凝土运输等要求选择拌和楼。

1. 拌和楼形式的选择

拌和楼按结构布置可分为直立式、二阶式、移动式三种形式，按搅拌机配置可分为自落式、强制式及涡流式等形式。

（1）直立式拌和楼

直立式混凝土拌和楼将骨料、胶凝材料、料仓、称量、拌和、混凝土出料等各工艺环节由上而下垂直布置在一座楼内，物料只作一次提升。其适用于混凝土工程量大，使用周期长，施工场地狭小的水利水电工程。直立式混凝土拌和楼是集中布置的混凝土工厂，常按工艺流程分层布置，分为进料层、储料层、配料层、拌和层及出料层共五层。其中，配料层是全楼的控制中心，设有主操纵台。

骨料和水泥用皮带机和提升机分别送到储料层的分格仓内，料仓有 5 ~ 6 格装骨料，有 2 ~ 3 格装水泥和掺合料。每格料仓装有配料斗和自动秤，称好的各种材料汇入骨料斗内，再用回转式给料器送入待料的拌和机内，拌和用水则由自动量水器量好后，直接注入拌和机。拌好的混凝土卸入储料层的料斗，待运输车辆就位后，开启气动弧门出料。各层设备可由电子传动系统操作。

（2）二阶式拌和楼

二阶式混凝土拌和楼将直立式拌和楼分成两大部分。一部分是骨料进料、料仓储存及称量，另一部分是胶凝材料、拌和、混凝土出料控制等。两部分中间用皮带机连接，一般布置在同一高程上，也可以利用地形高差布置在两个高程上。这种结构布置形式的拌和楼安装拆迁方便，机动灵活。

（3）移动式拌和楼

移动式拌和楼一般用于小型水利水电工程，混凝土骨料粒径是在 80mm 以下的混凝土。

2. 拌和设备容量的确定

混凝土生产系统的生产能力一般根据施工组织安排的高峰月混凝土浇筑强度，计算混凝土生产系统的小时生产能力。

计算小时生产能力，应按设计浇筑安排的最大仓面面积、混凝土初凝时间、浇筑层厚度、浇筑方法等条件，校核所选拌和楼的小时生产能力，以及与拌和楼配备的辅助设备的生产能力等是否满足相应要求。

三、混凝土运输浇筑方案

混凝土供料运输和入仓运输的组合形式，称为混凝土运输浇筑方案。它是坝体混凝土施工中的一个关键性环节，必须根据工程规模和施工条件，合理选择。

（一）常用运输浇筑方案

1. 自卸汽车—履带式起重机运输浇筑方案

混凝土由自卸汽车卸入卧罐，再由履带式起重机吊运入仓。这种方案机动灵活，适用于工地狭窄的地形。履带式起重机多由挖掘机改装而成，自卸汽车在工地使用较多，所以能及早投产使用，充分发挥机械的利用率。但履带式起重机在负荷下不能变幅，兼受工作面与供料线路的影响，常需随工作面而移动机身，控制高度不大。适用于岸边溢洪道、护坦、厂房基础、低坝等混凝土工程。

2. 起重机—栈桥运输浇筑方案

采用门机和塔机吊运混凝土浇筑方案，常在平行于坝轴线的方向架设栈桥，并在栈桥上安设门、塔机。混凝土水平运输车辆常与门、塔机共用一个栈桥桥面，以便于向门、塔机供料。

施工栈桥是临时性建筑物，一般由桥墩、梁跨结构和桥面系统三部分组成，桥上行驶起重机（门机或塔机）、运输车辆（机车或汽车）。

设置栈桥的目的有两个：一是为了扩大起重机的控制范围，增加浇筑高度；二是为起重机和混凝土运输提供开行线路，使之与浇筑工作面分开，避免相互干扰。

门、塔机的选择，应与建筑物结构尺寸、混凝土拌和及供料能力相协调。合理选择栈桥的位置和高程，尽量减少门、塔机拆迁次数，是采用门、塔机时应当重点考虑的问题。

起重机—栈桥方案的优点是布置比较灵活，控制范围大，运输强度高。而且门、塔机为定型设备，机械性能稳定，可多次拆装使用，因此它是厂房混凝土施工最常见的方案。这种方案的缺点是：修建栈桥和安装起重机需要占用一段工期，往往影响主体工程施工，而且栈桥下部形成浇筑死区（称为栈桥压仓），需用溜管、溜槽等辅助运输设备方能浇筑，或待栈桥拆除后浇筑。此外，坝内栈桥在施工初期难以形成；坝外低栈桥控制范围有限，且受导流方式的影响和汛期洪水的威胁。

3. 缆机运输浇筑方案

缆机运输浇筑方案，尤其适用于高山峡谷地区的混凝土高坝。采用缆机与选用其他起重机不同，不是先选定设备再进行施工布置，而是按工程的具体条件先进行施工布置，然后委托厂家设计制造，待设计方案确定后，再对施工布置进行适当修改完善，采用缆机浇筑混凝土控制范围大，生产效率高，不受导流、度汛和基坑过水的影响。提前安装缆机还可协助截流、基坑开挖等工作。采用缆机的主要缺点是塔架和设备的土建安装工程量大，设备的设计制造周期长，初期投资比较大。

缆机的类型很多，有辐射式、平移式、固定式、摆动式和轨索式等，最常用的是前两种。

一个工程往往需要布置多台缆机才能满足要求，在这种情况下布置时要仔细考虑，避免相互干扰。

（1）平移式缆机

几台缆机布置在同一轨道上，为了能使两台缆机同时浇筑一个仓位，可采取以下两种布置方法：

同高程塔架错开布置，错开的位置按塔架具体尺寸决定。为了安全操作，一般主索之间的距离不宜小于 7 ~ 10m。

高低平台错开布置。即在不同高程的平台上错开布置塔架。有的工程为了使高低平台的缆机能互为备用，就会布置成穿越式。这时要注意两层之间应有足够的距离，上层缆机满载时的吊罐底部与下层缆机的牵引索之间，应有安全距离。我国某工程采用穿越式布置，两层之间的距离不符合上述要求，就发生了下层缆索将上层小车拉翻、主钩掉入河中的事故。

（2）辐射式缆机

当两台缆机共用一个固定塔架时，移动塔可布置在同一高程，也可布置在不同高程。

（3）平移式和辐射式混合布置

根据工程具体情况，可采用平移式与辐射式混合布置，两者也可形成穿越式。缆机布置的一般原则为：尽量缩小缆机跨度和塔架高度；控制范围尽量覆盖所有坝块；缆机平台工程量尽量小，双层缆机布置要使低缆浇筑范围不低于初期发电水位；供料平台要平直且尽量少压或不压坝块。

采用缆机方案，应尽量全部覆盖枢纽建筑物，满足高峰期浇筑量。共 3 台 20t 辐射式缆机，跨度 420m，主塔高 40 ~ 60m，副塔高 15 ~ 20m。其中，缆机 3 布置较低，主要担任厂房运输浇筑任务。

缆机方案布置，有时由于地形地质条件限制，或者为了节约缆机平台工程量和设备投资，往往缩短缆机跨度和塔架高度，甚至将缆机平台降至坝顶高程。这时，就需要其他运输设备配合施工，还可以采用缆机和门、塔机结合施工的方案。

4. 皮带机运输混凝土

采用皮带机运输方案，常用自卸汽车运料到浇筑地点，卸入转料储料斗后，再经皮带机转运入仓，每次浇筑的高度约10m，适用于基础部位的混凝土运输浇筑，如水闸底板、护坦等。

（二）混凝土运输浇筑方案的选择

混凝土运输浇筑方案对工程进度、质量、工程造价将产生直接影响，需综合各方面的因素，经过技术经济比较后进行选定。在方案选择时，一般需考虑下列因素：枢纽布置、水工建筑物类型、结构和尺寸，特别是坝的高度；工程规模、工程量和按总进度拟定的施工阶段控制性浇筑进度、强度及温度控制要求；施工现场的地形、地质条件和水文特点；导流方式及分期和防洪度汛措施；混凝土拌和楼（站）的布置和生产能力；起重机具的性能和施工队伍的技术水平、熟练程度及设备状况。

上述各种因素互相依存、互相制约。因此，必须结合工程实际，拟订出几个可行方案进行全面的技术经济比较，最后选定技术上先进、经济上合理、设备供应现实的方案。可按下列不同情况确定：

高度较大的建筑物。其工程规模和混凝土浇筑强度较大，混凝土垂直运输占主要地位。常以门、塔机—栈桥、缆机、专用皮带机为主要方案。以履带式起重机及其他较小机械设备为辅助措施。在较宽河谷上的高坝施工，常采用缆机与门、塔机（或塔带机）相结合的混凝土运输浇筑方案。

高度较低的建筑物。如低坝、水闸、船闸、厂房、护坦及各种导墙等。可选用门机、塔机、履带式起重机、皮带机等作为主要方案。

工作面狭窄部位。如隧洞衬砌、导流底孔封堵、厂房二期混凝土部分回填等，可选择混凝土泵、溜管、溜槽、皮带机等运输浇筑方案。

混凝土运输方案选择的基本步骤如下：

①根据建筑物的类型、规模、布置和施工条件，拟订出各种可能的方案；

②初步分析后，选择几个主要方案；

③根据总进度要求，对主要方案进行各种主要机械设备选型和需要数量的计算，进行布置，并论证实现总进度的可能性；

④对主要方案进行技术经济分析，综合方案的主要优缺点；

⑤最后选定技术上先进、经济上合理及设备供应现实的方案。

混凝土运输浇筑方案的选择通常应考虑如下原则：

①运输效率高，成本低，运输次数少，不易分离，容易保证质量；

②起重设备能够控制整个建筑物的浇筑部位；

③主要设备型号单一，性能优良，配套设备能使主要设备的生产能力充分发挥；

④在保证工程质量的前提下能满足高峰浇筑强度的要求；

⑤除满足混凝土浇筑外，还能最大限度地承担模板、钢筋、金属结构及仓面的小型机具的吊运工作；

⑥在工作范围内，设备利用率高，不压浇筑块，或不因压块而延误浇筑工期。

（三）起重机数量的确定

起重机的数量，取决于混凝土最高月浇筑强度和所选起重机的浇筑能力。

起重机数量确定后，再结合工程结构的特点、外形尺寸、地形地质等条件进行布置，并从施工方法上论证实现总进度的可能性。必须指出，大中型工程各施工阶段的浇筑部位和浇筑强度差别较大，因此应分施工阶段进行设备选择和布置，并注意各阶段的衔接。

四、混凝土的温度控制和分缝分块

（一）混凝土温度控制

混凝土在凝固过程中，释放大量水化热，使混凝土内部温度逐步上升。但对大体积混凝土，最小尺寸也常在 3 ~ 5m，而混凝土导热性能随热传导距离呈非线性衰减，大部分水化热将积蓄在浇筑块内，使块内温度达 30℃ ~ 50℃，甚至更高。由于内外温差的存在，随着时间的推移，坝内温度逐渐下降而趋于稳定，与多年平均气温接近。大体积混凝土的温度变化过程，可分为三个阶段，即温升期、冷却期（或降温期）和稳定期。显然，混凝土内的最高温度 T_{max} 等于混凝土浇筑入仓温度 T_p 与水化热温升值 T_r 之和。由 T_p 到 Tmax 是温升期，由 T_{max} 到稳定温度 T_f 是降温期，之后混凝土体内温度围绕稳定温度随外界气温略有起伏。T_{max} 与 T_f 之差称混凝土体的最大温差，记为 ΔT。

1. 温度应力与温度裂缝

大体积混凝土的温度应力，是由于变形受到约束而产生的。其包括基础混凝土在降温过程中受基岩或老混凝土的约束；由非线性温度场引起各单元体之间变形不一致的内部约束；以及在气温骤降情况下，表层混凝土的急剧收缩变形，受内部热胀混凝土的约束等。由于混凝土的抗拉强度远低于抗压强度，在温度压应力作用下不致破坏的混凝土，当受到温度拉应力作用时，常因抗拉强度不足而产生裂缝。

2. 大体积混凝土温度控制的任务

大体积混凝土温度控制的首要任务是通过控制混凝土的拌和温度来控制混凝土的入仓温度；再通过一期冷却来降低混凝土内部的水化热温升，从而降低混凝土内部的最高温升，使温差降低到允许范围。

其次，大体积混凝土温控的另一任务是通过二期冷却，使坝体温度从最高温度降到接近稳定温度，以便在达到灌浆温度后及时进行纵缝灌浆。

3. 大体积混凝土温度控制标准

温度控制标准实质上就是将大体积混凝土内部和基础之间的温差控制在基础约束应力小于混凝土允许抗拉强度以内。

实践证明，控制混凝土的极限拉伸值，对于防止大体积混凝土产生裂缝具有同等重要的意义。设计部门对施工单位提出基础温差控制标准的同时，也提出了混凝土允许的极限拉伸值的限制。

此外，当下层混凝土龄期超过 28d 成为老混凝土时，其上层混凝土浇筑应控制上下层温差，要求上下层温差值不大于 15 ~ 20℃。要满足以上要求，在施工中一般通过限制上层块体覆盖下层块体的间歇时间来实现。过长的间歇时间是使上下层块体温差超标的重要原因之一。确定灌浆温度是温控的又一标准。由于坝体内部混凝土的稳定温度随具体部位而异，一般情况下、灌浆温度并不恰好等于稳定温度。通常在确定灌浆温度时，将坝体断面的稳定温度场进行分区，对灌浆温度进行分区处理，各区的灌浆温度取各区稳定温度的平均值。但对某些特殊部位，例如底孔周围、空腹坝的空腹顶部，灌浆后可能出现自然超冷，灌浆温度宜低于稳定温度。在严寒地区，经论证，灌浆温度可高于稳定温度的一定值。

4. 混凝土的温度控制措施

温度控制的具体措施常从混凝土的减热和散热两方面着手。所谓减热就是减少混凝土内部的发热量，如降低混凝土的拌和出机温度，以降低入仓浇筑温度，降低混凝土的水化热温升，以降低混凝土可能达到的最高温度。所谓散热就是采取各种散热措施，如增加混凝土的散热面，在混凝土温升期采取人工冷却降低其最高温升，当到达最高温度后，采取人工冷却措施，缩短降温冷却期，将混凝土块内的温度尽快地降到灌浆温度，以便进行接缝灌浆。

降低混凝土水化热温升，减少每立方米混凝土的水泥用量，根据坝体的应力场对坝体进行分区，对于不同分区采用不同强度等级的混凝土；采用低流态或无坍落度干硬性贫混凝土；改善骨料级配，选取最优级配，减少砂率，优化配合比设计，采取综合措施，以减少每立方米水泥用量；掺用混合材料，粉煤灰等掺合料的用量可达水泥用量的 25% ~ 40%；采用高效减水剂，高效减水剂不仅能节约水泥用量约 20%，使 28d 龄期混凝土的发热量减少 25% ~ 30%，且能提高混凝土早期强度和极限拉伸值。

5. 冷却水管分层排列

在高温季节施工时，应根据具体情况，采取下列措施，以减少混凝土的温度回升：

缩短混凝土的运输及卸料时间，入仓后及时进行平仓振捣，加快覆盖速度，缩短混凝土的暴晒时间；混凝土运输工具有隔热遮阳措施；宜采用喷雾等方法降低仓面气温；混凝土浇筑宜安排在早晚、夜间及利用阴天进行；当浇筑块尺寸较大时，可采用台阶式浇筑法，浇筑块厚度小于 1.5m；混凝土平仓振捣后，采用隔热材料及时覆盖。

6. 特殊部位的温度控制措施

①对岩基深度超过 3m 的塘、槽回填混凝土，应采用分层浇筑或通水冷却等温控措施，控制混凝土最高温度，将回填混凝土温度降低到设计要求的温度后，再继续浇筑上部混凝土。

②预留槽必须在两侧老混凝土温度达到设计规定后，才能回填混凝土。回填混凝土应在有利季节进行或采用低温混凝土施工。

③并缝块浇筑前，下部混凝土温度应达到设计要求。并缝块混凝土浇筑，除必须控制浇筑温度外，还可采用薄层、短间歇均匀上升的施工方法，并应安排在有利季节进行。必要时，采用初期通水冷却或其他措施。

④孔洞封堵的混凝土宜采用综合温控措施．以满足设计要求。

⑤基础部分混凝土，应在有利季节进行浇筑。如需在高温季节浇筑，必须经过论证，并采取有效的温度控制措施，经批准后进行。

（二）混凝土坝的分缝与分块

为控制坝体施工期混凝土坝温度应力，并适应施工机械设备的浇筑能力，需要用垂直于坝轴线的横缝和平行于现轴线的纵缝以及水平缝，将坝体划分为许多浇筑块进行浇筑。浇筑块的划分，应考虑结构受力特征、土建施工和设备埋件安装的方便。混凝土坝分块的基本形式有四种。

1. 纵缝分块

纵缝分块是用平行于坝轴线的铅直缝把坝段分为若干柱状体，所以又称为柱状分块。沿纵缝方向存在着剪应力，而灌浆形成的接缝面的抗剪强度较低，需设置键槽以增强缝面抗剪能力。键槽的两个斜面应尽可能分别与坝体的两组主应力相垂直，从而使两个斜面上的剪应力接近于零。键槽的形式有两种：不等边直角三角形和不等边梯形。为了施工方便，各条纵缝的键槽往往做成统一的形式。

为了便于键槽模板安装并使先浇块拆模后不形成易受损的突出尖角，三角形键槽模板总是安装在先浇块的铅直模板的内侧面上，直角的对边是铅直的。为了使键槽面与主应力垂直，若上游块先浇，则应使键槽直角的短边在上、长边在下。反之，下游块先浇，则应长边在上、短边在下。施工中应注意这种键槽长短边随浇筑顺序而变的关系。

在施工中由于各种原因常出现相邻块高差。混凝土浇筑后会发生冷却收缩和压缩沉降导致的变形。键槽面挤压可能引起两种恶果：一是接缝灌浆时浆路不通，影响灌浆质量；二是键槽被剪断。所以，相邻块的高差要做适当控制。高差控制多少，除与坝块温度及分缝间距等有关外，还与先浇块键槽下斜边的坡度密切相关。当长边在下，坡度较陡时，对避免挤压有利；当短边在下，坡度较缓时，容易形成挤压。所以，有些工程施工时，把相邻块高差区分为正高差和反高差两种，上游块先浇（键槽长边在下）形成的高差称为正高差，一般按 10 ~ 12m 控制。下游块先浇（键槽短边在下）形成的高差称为反高差，从严控制为 5 ~ 6m。

采用纵缝分块时，分缝间距越大，块体水平断面越大，纵缝数目和缝的总面积越小，接缝灌浆及模板作业工作量越少，但温度控制要求越严。如何处理它们之间的关系，要视具体条件而定。从混凝土坝施工发展趋势看，明显地朝着尽量减少纵缝数目，直至取消纵缝进行通仓浇筑的方向发展。

2. 斜缝分块

斜缝分块是大致沿两组主应力之一的轨迹面设置斜缝，缝是向上游或下游倾斜的。斜缝分块的主要优点是缝面上的剪应力很小，使坝体能保持较好的整体性。按理说，斜缝可以不进行接缝灌浆。

斜缝不能直通到坝的上游面，以避免库水渗入缝内。在斜缝终止处应采取并缝措施，如布置骑缝钢筋或设置并缝廊道，以免因应力集中导致斜缝沿缝端向上发展。

斜缝分块同样要注意均匀上升和控制相邻块高差。高差过大则两块温差过大，容易在后浇块上出现温度裂缝。

斜缝分块的主要缺点是坝块浇筑的先后顺序受到限制，如倾向上游的斜缝就必须是上游块先浇、下游块后浇，不如纵缝分块那样灵活。

3. 错缝分块

错缝分块，是用沿高度错开的纵缝进行分块，又叫砌砖法。浇筑块不大（通常块长 20m 左右，块高 1.5 ~ 4m），对浇筑设备及温控的要求相应较低。因纵缝不贯通，也不需接缝灌浆。然而施工时各块相互干扰，影响施工速度；浇筑块之间相互约束，容易产生温度裂缝，尤其容易使原来错开的纵缝变为相互贯通。

4. 通仓浇筑

通仓浇筑不设纵缝，一个坝段只有一个仓。由于不设纵缝，纵缝模板、纵缝灌浆系统以及为达到灌浆温度而设置的坝体冷却设施都可以取消，因而是一个先进的分缝分块方式。由于浇筑块尺寸大，对于浇筑设备的性能，尤其对于温度控制的水平提出了更高的要求。

上述四种分块方法，以纵缝法最为普遍，中低坝可采用错缝法或不灌浆的斜缝，

如采用通仓浇筑，应有专门论证和全面的温控设计。

五、碾压混凝土施工

碾压混凝土是一种用土石坝碾压机具进行压实施工的干硬性混凝土，碾压混凝土具有水泥用量少、粉煤灰掺量高、可大仓面连续浇筑上升、上升速度快、施工工序简单、造价低等特点，但对其施工工艺要求较严格。

（一）碾压混凝土原材料及配合比

1. 胶凝材料

碾压混凝土一般采用硅酸盐水泥、中热硅酸盐水泥、普通硅酸盐水泥等，胶凝材料用量一般为 120 ~ 160kg/m^3，大体积建筑物内部碾压混凝土的胶凝材料用量不宜低于 130kg/m^3。

2. 骨料

与常态混凝土一样，可采用天然骨料或人工骨料，骨料最大粒径一般为 80mm。迎水面用碾压混凝土自身作为防渗体时，一般在一定宽度范围内采用二级配碾压混凝土。碾压混凝土砂率一般比常态混凝土高，取值为 32%左右。其对砂的含水率的控制要求比常态混凝土严格，砂的含水量不稳定时，碾压混凝土施工层面易出现局部集中泌水的现象。

3. 外加剂

夏天施工一般应掺用缓凝型减水剂，以推迟凝结时间，利于层面结合；有抗冻要求时应掺用引气剂，增强碾压混凝土抗冻性，其掺量比普通混凝土高得多。

4. 掺合料

掺合料多用Ⅰ、Ⅱ级粉煤灰及其他活性掺合料。粉煤灰掺量应通过试验确定，一般为 50% ~ 70%，当掺量超过 65%时，应做专门试验论证。

5. 水胶比

水胶比应根据设计提出的混凝土强度、拉伸变形、绝热温升和抗冻性要求确定，其值一般为 0.50 ~ 0.70。

6. 对碾压混凝土的要求

①混凝土质量均匀，施工过程中粗骨料不易发生分离。

②工作度适当，拌和物较易碾压密实，混凝土密度较大。

③拌和物初凝时间较长，易于保证碾压混凝土施工层面的良好黏结，层面物理力学性能好。

④混凝土的力学强度、抗渗性能等满足设计要求，具有较高的拉伸应变能力。

⑤对于外部碾压混凝土，要求具有适应建筑物环境条件的耐久性。

⑥碾压混凝土配合比经现场试验后调整确定。

碾压混凝土一般可用强制式或自落式搅拌机拌和，也可采用连续式搅拌机拌和，其拌和时间一般比常态混凝土延长 30s 左右，故而生产碾压混凝土时拌和楼生产率比常态混凝土低 10% 左右。碾压混凝土运输一般采用自卸汽车、皮带机、真空溜槽等方式，也有采用坝头斜坡道转运混凝土的。选取运输机具时，应注意防止或减少碾压混凝土骨料分离。

（二）碾压混凝土浇筑施工工艺

1. 模板施工

规则表面采用组合钢模板，不规则表面一般采用木模板或散装钢模板。为便于碾压混凝土压实，模板一般用悬臂模板，也可用水平拉条固定。对于连续浇筑上升的坝体，应特别注意水平拉条的牢固性廊道等孔洞宜采用混凝土预制模板。碾压混凝土坝下游面为方便碾压混凝土施工，可做成台阶，并可用混凝土预制模板形成。

2. 平仓及碾压

碾压混凝土宜采用大仓面薄层连续铺筑，铺筑方法宜采用平层通仓法，碾压混凝土铺筑层应按固定方向逐条带摊铺，铺料条带宽根据施工强度确定，一般为 4 ~ 12m，铺料厚度为 35cm，压实后为 30cm，铺料后常用平仓机或平履带的大型推土机平仓。为解决一次摊铺产生骨料分离的问题，可采用二次摊铺，即先摊铺下半层，然后在其上卸料，最后摊铺成 35cm 的层厚。采用二次摊铺，料堆之间及周边集中的骨料经平仓机反复推刮后，能有效分散，再辅以人工分散处理，可改善自卸汽车铺料引起的骨料分离问题。当压实厚度较大时，也可分 2 ~ 3 次铺筑。

一条带平仓完成后立即开始碾压，振动碾一般选用自重大于 10t 的大型双滚筒自行式振动碾，作业时行走速度为 1 ~ 1.5km/h，碾压遍数通过现场试碾确定，一般为无振 2 遍加有振 6 ~ 8 遍。碾压条带间搭接宽度为 10 ~ 20cm，端头部位搭接宽度宜为 100cm 左右。条带从铺筑到碾压完成控制在 2h 左右。边角部位采用小型振动碾压实。碾压作业完成后，用核子密度仪检测其密度，达到设计要求后进行下一层碾压作业；若未达到设计要求，立即重碾，直到满足设计要求为止。模板周边无法碾压部位一般可加注与碾压混凝土相同水灰比的水泥浓浆后，用插入式振捣器振捣密实。仓面碾压混凝土的值控制在 5 ~ 10，并尽可能地加快混凝土的运输速度，缩短仓面作业时间，做到在下一层混凝土初凝前铺筑完上一层碾压混凝土。

当采用“金包银法”施工时，周边常态混凝土与内部碾压混凝土结合面尤其要注意做好接头质量。

3. 造缝

碾压混凝土一般采取几个坝段形成的大仓面通仓连续浇筑上升，坝段之间的横缝，一般可采取切缝机切缝（缝内填设金属片或其他材料）、埋设隔板或设置诱导孔等方法形成。切缝机切缝时，可采取“先切后碾”或“先碾后切”的方式，成缝面积不少于设计缝面的60%。埋设隔板造缝时，相邻隔板间隔不大于10cm，隔板高度应比压实厚度低3 ~ 5cm。设置诱导孔造缝是待碾压混凝土浇筑完一个升程后，沿分缝线用手风钻造诱导孔，成孔后孔内应填塞干燥砂子，以免上层施工时混凝土填塞诱导孔。

4. 层、缝面处理

施工过程中因故中止或其他原因造成层面间歇的，视层面间歇时间的长短采用不同的处理方法。对于层面间歇时间超过直接铺筑允许时间的，应先在层面上铺一层垫层拌和物后，然后继续进行下一层碾压混凝土摊铺、碾压作业；间隔时间超过加垫层铺筑允许时间的层面即为冷缝。

垫层拌和物可使用与碾压混凝土相适应的灰浆、砂浆或小骨料混凝土。其中，砂浆的摊铺厚度为1.0 ~ 1.5cm，碾压混凝土摊铺前，砂浆铺设随碾压混凝土铺料进行，不得超前，以保证在砂浆初凝前完成碾压混凝土的铺筑。

施工缝及冷缝必须进行缝面处理，缝面处理可用刷毛、冲毛等方法清除混凝土表面的浮浆及松动骨料。层面处理完成并清洗干净，经验收合格后，先铺垫层拌和物，然后立即铺筑下一层混凝土继续施工。

5. 常态混凝土及变态混凝土施工

坝内常态混凝土宜与主体碾压混凝土同步进行浇筑。变态混凝土是在碾压混凝土拌和物的底部和中部铺洒同水灰比的水泥粉煤灰净浆，采用插入式振捣器将其振捣密实。灰浆应按规定用量在变态范围或距岩面或模板30 ~ 50cm范围内铺洒。相邻区域混凝土碾压时与变态区域搭接宽度应大于20cm。

6. 碾压混凝土的养护

施工过程中，碾压混凝土的仓面应保持湿润。施工间歇期间，碾压混凝土终凝后即应开始洒水养护。对水平施工缝和冷缝，洒水养护应持续至下一层碾压混凝土开始铺筑为止；对永久暴露面，有温控要求的碾压混凝土，应根据温控设计采取相应的防护措施，低温季节应有专门的防护措施。

（三）碾压混凝土温度控制

1. 分缝分块

碾压混凝土施工一般采用通仓薄层连续浇筑，对于仓面很大而施工机械生产率不能满足层面间歇期要求时，对整个仓面分设几个浇筑区进行施工。为适应碾压混凝土施工的特点，碾压混凝土坝或围堰不设纵缝，横缝间距一般也比常态混凝土间距大，采用立模、切缝或在表面设置诱导孔。对于碾压混凝土围堰或小型碾压混凝土坝，也有不设横缝的通仓施工，例如隔河岩上游横向围堪及岩滩上下游横向围堰均未设横缝。对于大中型碾压混凝土坝如不设横缝，难免会出现裂缝，

2. 碾压混凝土温度控制标准

由于碾压混凝土胶凝材料用量少，极限拉伸值一般比常态混凝土小，其自身抗裂能力比常态混凝土差，因此其温差标准比常态混凝土严，当碾压混凝土 28d 极限拉伸值不低于 0.70×10.4 时，碾压混凝土基础容许温差见表 4-4。对于外部无常态混凝土或侧面施工期暴露的碾压混凝土浇筑块，其内外温差控制标准一般在常态混凝土的基础上加 2℃ ~ 3℃。

表 4-4　碾压混凝土基础容许温差（单位：P）

距基础面高度	浇筑块长边长度		
	30m 以下	30 ~ 70m	70m 以上
0 ~ 0.2L	18 ~ 15.5	14.5 ~ 12	12 ~ 10
0.2 ~ 0.4L	19 ~ 17	16.5 ~ 14.5	14.5 ~ 12

3. 碾压混凝土温度计算

由于碾压混凝土采用通仓薄层连续浇筑上升，混凝土内部最高温度一般采用差分法或有限元法进行仿真计算。计算时每一碾压层内竖直方向设置 3 层计算点，水平方向则根据计算机容量设置不同数量计算点。碾压混凝土因胶凝材料用量少，且掺加大量粉煤灰，其水化热温升一般较低，冬季及春秋季施工时期内部最高温度比常态混凝土低。

4. 冷却水管埋设

碾压混凝土一般采取通仓浇筑，且为保证层间胶结质量，一般安排在低温季节浇筑，不需要进行初、中、后期通水冷却，从而不需要埋设冷却水管。但对于设有横缝且需进行接缝灌浆，或气温较高，混凝土最高温度不能满足要求时，也可埋设水管进行初、中、后期通水冷却。

5. 温控措施

碾压混凝土主要温控措施同常态混凝土一致。但铺筑季节受较大限制，高温季节表面水分散发影响层间胶结质量，一般要求在低温季节浇筑。

第五章

水利水电工程质量与安全风险管理

第一节　水利水电工程质量管理与控制理论

一、水利水电建设项目管理概述

（一）建设项目管理

项目是在一定的条件下，具有明确目标的一次性事业或任务。每个项目必须具备一次性、目的性和整体性的特征。建设项目是指按照一个总体设计进行施工，由一个或几个相互有内在联系的单项工程所组成，经济上实行统一核算、行政上实行统一管理的建设实体。例如，修建一座工厂、一座水电站、一座港口、码头等，一般均要求在限定的投资、限定的工期和规定的质量标准的条件下，实现项目的目标。

建设项目管理是指在建设项目生命周期内所进行的有效的计划、组织、协调、控制等管理活动，其目的是在一定的约束条件下（如可动用的资源、质量要求、进度要求、合同中的其他要求等），达到建设项目的最优目标，即质量、工期和投资控制目标得以最优实现。根据建设项目管理的定义和现行建设程序，我国建设项目管理的实施应通过一定的组织形式，采取各种措施、方法，对建设项目的所有工作（包括建设项目建议书、可行性研究、项目决策、设计、施工、设备询价、完工验收等）进行计划、组织、协调、控制，从而达到保证质量，缩短工期，提高投资效益的目的。

建设项目管理包括较广泛的范围。按阶段，建设项目管理分为可行性研究阶段的项目管理、设计阶段的项目管理和施工阶段的项目管理；按管理主体，它分为建设项目业主的项目管理、设计单位的项目管理、承包商的项目管理和“第三方”的项目管理。而业主的项目管理是对整个建设项目和项目全过程的管理，其主要任务是控制建设项目的投资、质量和工期。业主经常聘请咨询工程师或监理工程师帮助他进行项目管理。

这里从业主或监理工程师的角度，结合水利水电工程的特点，研究水利水电工程施工阶段建设项目管理的质量控制及质量控制信息系统等有关问题。

（二）水利水电建设项目管理的特点

由于水利水电建设项目的规模较大、工期较长、施工条件较为复杂，从而使其项目管理具有强烈的实践性、复杂性、多样性、风险性和不连续性等特点；此外，由于我国的国情与西方国家存在一定的差异，因此，我国水利水电建设项目管理自身还具备如下一些特点：

1. 严格的计划性和有序性

我国水利水电建设项目管理是在水利部等有关政府部门的领导下有计划地进行的。

这与国外进行项目管理的自发性存在着实质性差别。水利部等有关政府部门制订的规程、规范等，使得水利水电建设项目管理做到了有章可循，大大加快了水利水电建设项目管理的推进速度。同时，由于我国水利水电建设项目管理是在政府制订的轨道上进行的，从而使得建设项目管理能够有序进行。

2. 较广的监督范围和较深的监督程度

我国是生产资料公有制为主体的国家，水利水电建设项目投资的主体是政府和公有制企事业单位，私人投资的项目数量较少且规模不大。政府有关部门既要对“公共利益”进行监督管理，还要严格控制水利水电建设项目的经济效益、建设布局和对国民经济发展计划的适应性等。而在生产资料私有制的国家里，绝大多数项目由私人投资建设，国家对建设项目的管理主要局限于对项目的“公共利益”的监督管理，而对建设项目的经济效益政府不加干预。由此可见，我国政府有关部门对项目的监督范围更广、监督程度更深。

（三）水利水电工程质量控制概述

建设项目的质量是决定工程成败的关键，也是建设项目三大控制目标的重点。下面就水利水电工程质量控制的有关术语、水利水电工程项目质量的特点、水利水电工程质量管理体制等进行分析论述。

1. 建设项目质量管理术语

基于这里的研究内容，重点介绍以下几个术语：

（1）质量

质量是指实体满足明确和隐含需要的能力的特性总和。质量主体是“实体”。“实体”不仅包括产品，而且包括活动、过程、组织体系或人，以及他们的结合。“明确需要”指在标准、规范、图纸、技术需求和其他文件中已经作出规定的需要。“隐含需要”一是指业主或社会对实体的期望，二是指那些人们公认的、不言而喻的、不必明确的“需要”。显然，在合同环境下，应规定明确需要，而在其他情况下，应对隐含需要加以分析、研究、识别，并加以确定。“特性”是指实体特有的性质，它反映了实体满足需要的能力。

（2）工程项目质量

工程项目质量是国家现行的有关法律、法规、技术标准、设计文件及工程合同中对工程的安全、使用、经济、美观等特性的综合要求。工程项目一般都是按照合同条件承包建设的，是在“合同环境”下形成的。工程项目质量的具体内涵应包括以下三方面。

①工程项目实体质量。任何工程项目都由分项工程、分部工程、单位工程所构成，工程项目的建设过程又是由一道道相互联系、相互制约的工序所构成，工序质量是创造工程项目实体质量的基础。因此，工程项目的实体质量应包括工序质量、分项工程质量、分部工程质量和单位工程质量。

②功能和使用价值。从功能和使用价值看，工程项目质量体现在性能、寿命、可靠性、安全性和经济性等方面，它们直接反映了工程的质量。

③工作质量。工作质量是指参与工程项目建设的各方，为了保证工程项目质量所从事工作的水平和完善程度。工作质量包括：社会工作质量（如社会调查、市场预测等）、生产过程工作质量（如政治工作质量、管理工作质量等）。要保证工程项目的质量，就要求有关部门和人员精心工作，对决定和影响工程质量的所有因素严加控制，通过提高工作质量来保证和提高工程项目的质量。

（3）工程项目质量控制

质量控制是指为达到质量要求所采取的作业技术和活动。工程项目质量控制是指为达到工程项目质量要求所采取的作业技术和活动。工程项目质量要求主要表现为工程合同、设计文件、技术规范规定的质量标准。因此，工程项目质量控制就是为了保证达到工程合同规定的质量标准而采取的一系列措施、方法和手段。工程项目质量控制按其实施者不同，包括三个方面：业主方面的质量控制、政府方面的质量控制、承包商方面的质量控制。工程项目业主或监理工程师的质量控制主要是指通过对施工承包商施工活动组织计划和技术措施的审核，对施工所用建筑材料、施工机具和施工过程的监督、检验和对施工承包商施工产品的检查验收来实现对施工项目质量目标的控制。

2. 水利水电工程项目质量

要对水利水电工程项目质量进行有效控制，首先要了解水利水电工程项目质量形成的过程，根据其形成过程掌握其特点。监理工程师应结合这些特点进行质量控制。

在研究水利水电工程项目质量控制的有关问题时，也必须充分考虑这些特点。

（1）水利水电工程项目质量形成的系统过程

水利水电工程项目质量是按照水利水电工程建设程序，经过工程建设系统各个阶段而逐步形成的。

（2）水利水电工程项目质量的特点

由于水利水电工程项目本身的特点，使得通过上述过程形成的水利水电工程项目质量具有以下一些特点：

①主体的复杂性。一般的工业产品通常由一个企业来完成，质量易于控制，而工程产品质量一般由咨询单位、设计承包商、施工承包商、材料供应商等多方参与来完成，质量形成较为复杂。

②影响质量的因素多。影响质量的主要因素有决策、设计、材料、方法、机械、水文、地质、气象、管理制度等。这些因素都会直接或间接地影响工程项目的质量。

③质量隐蔽性。水利水电工程项目在施工过程中，由于工序交接多，中间产品多，隐蔽工程多，若不及时检查并发现其存在的质量问题，事后看表面质量可能很好，容易产生第二类判断错误，即将不合格的产品判为合格的。

④质量波动大。工程产品的生产没有固定的流水线和自动线，没有稳定的生产环境，没有相同规格和相同功能的产品，容易产生质量波动。

⑤终检局限大。工程项目建成后，不可能像某些工业产品那样，拆卸或解体来检查内在的质量。所以终检验收时难以发现工程内在的、隐蔽的质量缺陷。

⑥质量要受质量目标、进度和投资目标的制约。质量目标、进度和投资目标三者既对立又统一。任何一个目标的变化，都将影响到其他两个目标。因此，在工程建设过程中，必须正确处理质量、投资、进度三者之间的关系，达到质量、进度、投资整体最佳组合的目标。

3. 水利水电工程质量管理体制

水利工程质量实行项目法人（建设单位）负责、监理单位控制、施工单位保证和政府监督相结合的质量管理体制。水利水电工程质量监督机构负责监督设计，监理施工单位在其资质等级允许范围内从事水利水电工程建设的质量工作；负责检查、督促建设、监理、设计、施工单位建立健全质量体系；按照国家和水利行业有关工程建设法规、技术标准和设计文件实施工程质量监督，对施工现场影响工程质量的行为进行监督检查。项目法人（建设单位）应根据工程规模和工程特点，按照水利部有关规定，通过资质审查招标选择勘测设计、施工、监理单位并实行合同管理。监理单位应根据监理合同参与招标工作，从保证工程质量全面履行工程承建合同出发，签发施工图纸；审查施工单位的施工组织设计和技术措施；指导监督合同中有关质量标准、要求的实施；参加工程质量检查、工程质量事故调查处理和工程验收工作。施工单位要推行全面质

量管理，建立健全质量保证体系，在施工过程中认真执行“三检制”，切实控制好工程质量的全过程。

（四）水利水电工程质量评定方法

1. 水利水电工程质量评定项目划分

水利水电工程的质量评定，首先应进行评定项目的划分。划分时，应从大到小的顺序进行，这样有利于从宏观上进行项目评定的规划，不至于在分期实施过程中，从低到高评定时出现层次、级别和归类上的混乱。质量评定时，应从低层到高层的顺序依次进行，这样可以从微观上按照施工工序和有关规定，在施工过程中把好施工质量关，由低层到高层逐级进行工程质量控制和质量检验评定。

（1）基本概念

水利水电工程一般可分为若干个扩大单位工程。扩大单位工程系指由几个单位工程组成，并且这几个单位工程能够联合发挥同一效益与作用或具有同一性质和用途。

单位工程系指能独立发挥作用或具有独立的施工条件的工程，通常是若干个分部工程完成后才能运行使用或发挥一种功能的工程。单位工程常常是一座独立建（构）筑物，特殊情况下也可以是独立建（构）筑物中的一部分或一个构成部分。

分部工程系指组成单位工程的各个部分。分部工程往往是建（构）筑物中的一个结构部位，或不能单独发挥一种功能的安装工程。

单元工程系指组成分部工程的、由一个或几个工种施工完成的最小综合体，是日常质量考核的基本单位。可依据设计结构、施工部署或质量考核要求把建筑物划分为层、块、区、段等来确定。

（2）单元工程与国标分项工程的区别

①分项工程一般按主要工种工程划分，可以由大工序相同的单元工程组成。如：土方工程、混凝土工程是分项工程，在国标中一般就不再向下分，而水利部颁发的标准中，考虑到水利工程的实际情况，像土坝、砌石、混凝土坝等，如作为分项工程，则工程量和投资都可能很大，也可能一个单位工程仅有这一个分项工程，按国标进行质量检验评定显然不合理。为了解决这个问题，部颁标准规定，质量评定项目划分时可以继续向下分成层、块、段、区等。为便于与国标分项工程区别，我们把质量评定项目划分时的最小层、块、段、区等叫作单元工程。

②分项工程这个名词概念，过去在水利工程验收规范、规程中也经常提到，一般是和设计规定基本一致的，而且多用于安装工程。执行单元工程质量检验评定标准以来，分项工程一般不作为水利工程日常质量考核的基本单位。在质量评定项目规划中，根据水利工程的具体情况，分项工程有时划为分部工程，有时又划为单元工程，分项工程就不作为水利工程质量评定项目划分规划中的名词出现，而出现名词单元工程。

单元工程有时由多个分项工程组成，如一个钢筋混凝土单元就包括有钢筋绑扎和焊接、混凝土拌制和浇筑等多个分项工程；有时由一个分项工程组成。即单元工程可能是一个施工工序，也可能是由若干个工序组成。

③国标中的分项工程完成后不一定形成工程实物量，或者仅形成未就位安装的零部件及结构件，如模板分项工程、钢筋绑扎分项工程、钢结构件焊接制作分项工程等。单元工程则是一个工种或几个工种施工完成的最小综合体，是形成工程实物量或安装就位的工程。

（3）项目划分原则

质量评定项目划分总的指导原则是：贯彻执行国家正式颁布的标准、规定，水利工程以水利行业标准为主，其他行业标准参考使用。如房屋建筑安装工程按分项工程、分部工程、单位工程划分；水工建筑安装工程按单元工程、分部工程、单位工程、扩大单位工程划分等。

①单位工程划分原则。

A. 枢纽工程按设计结构及施工部署划分。以每座独立的建筑工程或独立发挥作用的安装工程为单位工程。

B. 渠道工程按渠道级别或工程建设期、段划分。以一条干（支）渠或同一建设期、段的渠道工程为单位工程，投资或工程量大的建筑物以每座独立的建筑物为单位工程。

C. 堤坝工程按设计结构及施工部署划分。以堤坝身、堤坝岸防护、交叉连接建筑物等分别为单位工程。

②分部工程划分原则。

A. 枢纽工程按设计结构的主要组成部分划分。

B. 渠道工程和堤坝工程按设计及施工部署划分。

C. 同一单位工程中，同类型的各个分部工程的工程量不宜相差太大，不同类型的各个分部工程投资不宜相差太大。每个单位工程的分部工程数目不宜少于 5 个。

③单元工程划分原则。

A. 枢纽工程按设计结构、施工部署或质量考核要求划分。建筑工程以层、块、段为单元工程，安装工程以工种、工序等为单元工程。

B. 渠道工程中的明渠（暗渠）开挖、填筑按施工部署切分，衬砌防渗（冲）工程按变形缝或结构缝划分，单元工程不宜大于 100m。

2. 质量检验评定分类及等级标准

（1）单元工程质量评定分类

水利工程质量等级评定前，有必要了解单元工程质量评定是如何分类的。单元工程质量评定分类有多种，这里仅介绍最常用的两种。按工程性质可分为：

①建筑工程质量检验评定。

②机电设备安装工程质量检验评定。

③金属结构制作及安装工程质量检验评定。

④电气通信工程质量检验评定。

⑤其他工程质量检验评定。

按项目划分可分为：

①单元、分项工程质量检验评定。

②分部工程质量检验评定。

③单位工程质量检验评定。

④扩大单位或整体工程质量检验评定。

⑤单位或整体工程外观质量检验评定。

（2）评定项目及内容

中小型水利工程质量等级仍按国家规定（国标）划分为“合格”和“优良”两个等级。不合格单元工程的质量不予评定等级，所在的分部工程、单位工程或扩大单位工程也不予评定等级。

单元工程一般由保证项目、基本项目和允许偏差项目三部分组成。

①保证项目。保证项目是保证水利工程安全或使用功能的重要检验项目。无论质量等级评为合格或优良，均必须全部满足规定的质量标准。规范条文中用“必须”或“严禁”等词表达的都列入了保证项目，另外，一些有关材料的质量、性能、使用安全的项目也列入了保证项目。对于优良单元工程，保证项目应全部符合质量标准，且应有一定数量的重要子项目达到“优良”的标准。

②基本项目。基本项目是保证水利工程安全或使用性能的基本检验项目。一般在规范条文中使用“应”或“宜”等词表达，其检验子项目至少应基本符合规定的质量标准。基本项目的质量情况或等级分为“合格”及“优良”两级，在质的定性上用“基本符合”与“符合”来区别，并以此作为单元工程质量分等定级的条件之一。在量上用单位强度的保证率或离差系数的不同要求，以及用符合质量标准点数占总测点的百分率来区别。一般来说，符合质量标准的检测点（处或件）数占总检测数70%及以上的，该子项目为“合格”，在90%及以上的，该子项目为“优良”。在各个子项目质量均达到合格等级标准的基础上，若有50%及其以上的主要子项目达到优良，该单元工程的基本项目评为“优良”。

③允许偏差项目。允许偏差项目是在单元工程施工工序过程中或工序完成后，实测检验时规定允许有一定偏差范围的项目。检验时，允许有少量抽检点的测量结果略超出允许偏差范围，并以其所占比例作为区分单元工程是“合格”还是“优良”等级的条件之一。

二、现行水利水电工程质量评价方法

（一）水利水电工程质量的评价等级

现行水利水电工程按单元工程、分部工程、单位工程及工程项目的顺序依次评定，工程质量分为“合格”和“优良”两个等级。

（二）单元工程质量评定标准

单元工程质量评定的主要内容包括主要项目与一般项目。按照现行评定标准分为“合格”和“优良”两个等级。在基本要求检测项目合格的前提下，主要检测项目的全部测点全部符合上述标准每个一般检测项目的测点中，有以上符合上述标准，其他测点基本符合上述标准，且不影响安全和使用即评定为合格在合格的基础上，一般检测项目的测点总数中，有以上的测点符合上述标准，即评定为优良。

单元工程质量达不到合格标准时，必须及时处理。其质量等级按下列条款确定全部返工重做的可重新评定质量等级经加固补强并经鉴定能达到设计要求，其质量只能评定为合格经鉴定达不到设计要求，但项目法人和监理单位认为基本满足安全和使用功能要求，可以不加固补强的或经加固补强后，改变外形尺寸或造成永久性缺陷，经项目法人和监理单位认为基本满足设计要求的，其质量可按合格处理。

（三）分部工程质量评定标准

1. 合格标准

单元工程质量全部合格中间产品质量及原材料质量全部合格，启闭机制造与机电产品质量合格。

2. 优良标准

单元工程质量全部合格，有以上达到优良，主要单元工程质量优良，且未发生过质量事故中间产品质量全部合格，如以混凝土为主的分部工程混凝土拌和物质量达到优良，原材料质量合格，启闭机、闸门制造及机电产品质量合格。

（四）单位工程质量评定标准

1. 合格标准

分部工程质量全部合格，中间产品质量及原材料质量全部合格，启闭机制造与机电产品质量合格，外观质量得分率达到以上工程使用的基准点符合规范要求，工程平面位置和高程满足设计和规范要求，施工质量检验资料基本齐全。

2. 优良标准

分部工程质量全部合格，其中有以上达到优良，主要分部工程质量优良，且施工中未发生重大质量事故中间产品质量及原材料质量全部合格，其中各主要部分工程混凝土拌和物质量达到优良，原材料质量、启闭机制造与机电产品质量合格外观质量得分率达到以上工程使用基准点符合规范要求，工程平面位置和高程满足设计和规范要求施工质量检验资料基本齐全。水利水电工程、泵站工程的质量评定还需经机组启动试运行检验，达到工程设计要求。

（五）工程项目质量评定标准

①合格标准。单位工程全部合格。

②优良标准。单位工程全部合格，其中以上达到优良，且主要单位工程质量优良。

第二节　施工阶段的质量控制

一、质量控制的系统过程及程序

（一）质量控制的系统过程

施工阶段的质量控制是一个经由对投入的资源和条件的质量控制进而对生产过程及各环节质量进行控制，直到对所完成的工程产品的质量检验与控制为止的全过程的系统控制过程。根据施工阶段工程实体质量形成过程的时间阶段，质量控制划分为以下三个阶段。

1. 事前控制

事前质量控制是指在施工前的准备阶段进行的质量控制，即在各工程对象正式施工开始前，对各项准备工作及影响质量的各因素和有关方面进行的质量控制。

2. 事中控制

事中质量控制是指在施工过程中对所有与施工过程有关的各方面进行的质量控制，也包括对施工过程中的中间产品（工序产品，分部、分项工程，工程产品）的质量控制。

3. 事后控制

事后质量控制是指对通过施工过程所形成的产品的质量控制。

在这三个阶段中，工作的重点是工程质量的事前控制和事中控制。

（二）质量控制的程序

工程质量控制与单纯的质量检验存在本质上的差别，它不仅仅是对最终产品的检查和验收，而是对工程施工实施全过程、全方位的监督和控制。

二、事前质量控制

在水利水电工程施工阶段，影响工程质量的主要因素有“人、材料、机械、方法和环境”等五大方面，简记为4M1E质量因素。监理工程师事前质量控制的主要任务包括两方面：一方面，对施工承包商的准备工作质量的控制，即对施工人员、施工所用建筑材料和施工机械、施工方法和措施、施工所必备的环境条件等的审核；另一方面，监理工程师应做好的事前质量保证工作，即为了有效地进行预控，监理工程师需要根据承包商提交的各种文件，依照、工程的合同文件及相关规范、规程，建立监理工程师质量预控计划。另外，还需做好施工图纸的审查和发放。

（一）承包商准备工作的质量控制

1. 承包商人员的质量控制

按照规定，承包商在投标时应按招标文件的要求及有关条款的规定提交详细的《拟投入合同工作的主要人员表》，其目的是保证承包商的主要人员符合投标的承诺。在双方签订的合同文件中列入投标文件中的主要人员。承包商按此配备人员，未经业主同意，主要人员不能随意更换。承包商在接到开工通知84天内向监理工程师提交承包商在工地的管理机构及人员安排报告。对承包商人员的事前控制，就是核查承包商提交的人员安排（尤其主要人员）是否与合同文件所列人员一致，进场人员（尤其主要人员）是否与人员安排报告相一致。然后监理工程师对照标书和施工合同，根据工程开工的需要，审核这些已进场的关键人员在数量和素质上是否符合要求，其他关键人员进场的日期是否满足开工要求。另外，监理工程师还要检查技术岗位和特殊工种工人（如从事钢管和钢结构焊接的焊工）的上岗资格证明。

2. 材料的控制

按照规定，为完成合同内各项工作所需的材料包括原材料、半成品、成品，除合同另有规定外，原则上应由承包商负责采购。即承包商负责材料的采购、验收、运输和保管。承包商应按合同进度计划和《技术条款》的要求制订采购计划报送监理工程师审批。

（1）承包商按照审批后的采购计划进行采购并交货验收

其材料交货验收的内容包括：

查验证件。承包商应按供货合同的要求查验每批材料的发货单、计量单、装箱单、材料合格证书、化验单、图纸或其他有关证件，并应将这些证件的复印件提交监理工程师。

抽样检验。承包商应会同监理工程师根据不同材料的有关规定进行材料抽样检验，并将检验结果报送监理工程师。承包商应对每批材料是否合格作出鉴定，并将鉴定意见书提交监理工程师复查。

材料验收。经鉴定合格的材料方能验收入库，承包商应派专人负责核对材料品名、规格、数量、包装以及封记的完整性，并做好记录。

（2）监理工程师对材料的事前控制的步骤

审批承包商的采购计划：监理工程师根据掌握的材料质量、价格、供货能力等方面的信息，对承包商申报的供货厂家进行审批，尤其对于主要材料，在订货前，必须要求承包商申报，经监理工程师论证同意后，方可订货。当材料进场后，监理工程师应监督承包商对材料进行检查和验收，并对承包商报送的《进场材料质量检验报告单》进行审核。监理工程师除了核查报告单所附的查询证件复印件、鉴定意见书外，要对承包商的材料质量检验成果复核，对有些材料还要进行抽检复验。

（3）工程设备的控制

①业主负责采购的工程设备。业主提供的工程设备应由承包商与业主在合同规定的交货地点共同进行交货验收，即将业主采购的工程设备由生产厂家直接移交给承包商，交货地点可以在生产厂家、工地或其他合适的地方。工程设备的检验测试由承包商负责。监理工程师必须对承包商报送的检验结果复核签认。

②承包商负责采购并安装的工程设备。承包商负责采购和安装的工程设备，应根据施工进度的安排及合同《工程量清单》所列的项目内容和本技术条款规定的技术要求，提出工程设备的订货清单，报送监理工程师审批。承包商应按监理工程师批准的工程设备订货清单办理订货，并应将订货协议副本提交监理工程师。

无论是由业主负责采购承包商负责安装的工程设备，还是由承包商负责采购并安装的工程设备，承包商均需会同业主或监理工程师进行检验测试，检验结果必须报送监理工程师复核签认。针对工程设备的事前控制，监理工程师必须从计量，计数检查，质量保证文件审查，品种、规格、型号的检查，质量确认检验等方面对承包商的检验结果进行控制。

（4）施工机械设备的质量控制

在工程开工前，承包商应综合考虑施工现场条件、工程结构、机械设备性能、施工工艺、施工组织和管理等多种因素，制订详细的机械化施工方案，填报《进场施工设备申报表》，列明设备名称、规格型号、生产能力、数量、进场日期、完好状况，拟用工程项目等内容。监理工程师除对承包商报送的《进场施工设备申报表》进行审核外，着重从施工机械设备的选型、施工机械设备的主要性能参数和施工机械设备的使用操作等三方面予以控制。

①机械设备的选型。施工机械设备型号的选择，应本着因工程制宜，考虑到施工的适用性、技术的先进性、操作的方便性、使用的安全性，保证施工质量的可靠性和经济上的合理性。如：从适用性出发，正向铲只适用于挖掘停机面以上的土层，反向铲适用于挖掘停机面以下的土层，抓铲则适宜于水中挖土。

②主要性能参数的选择。选择施工机械设备的主要依据是其主要性能参数，要求它能满足施工需要和保证质量要求。如：起重机械的性能参数，必须满足起重量、起重高度和起重半径的要求，才能保证正常施工。

③机械设备使用操作要求。合理使用机械设备，正确地进行操作，是保证施工质量的重要环节，实行定机、定人、定岗位责任的"三定"制度。操作人员必须认真执行各项规章制度，严格遵守操作规程，防止出现安全质量事故。

监理工程师通过上述三方面的审核，在申报表上列明哪些设备准予进场，哪些设备是不符合施工要求需承包商予以更换，哪些设备数量或能力不足，需由承包商补充。监理工程师除了审核承包商报送的申报表，还应对到场的施工机械设备进行核查，在施工机械设备投入使用前，需再进行核查。如果承包商使用旧施工机械设备，在进场前，监理工程师要核查主要旧施工设备的使用和检验记录，并要求承包商配置足够的备品备件以保证旧施工设备的正常运行。

（二）监理工程师的事前质量控制

1. 监理工程师事前质量控制计划

对承包商准备工作质量的控制即对质量影响因素的控制，不仅是针对某个合同项目在施工阶段所进行的事前控制，对该合同项目的每一分项工程（水利水电工程以单元工程作为质量评定的基础，分项工程即为质量评定中的单元工程）在施工前亦应进行 4M1E 的事前控制。由上文所述内容可知，监理工程师对 4M1E 的事前控制主要从两个方面进行，一方面是对承包商报送的计划进行审批，另一方面是对承包商的进场报告进行审核。无论是审批计划，还是审核进场情况，监理工程师必须依据质量目标来进行。所以，监理工程师在施工前必须建立质量控制计划。监理工程师依据该项目的合同文件、监理规划、承包商的有关计划、事前质量控制内容等制订质量控制计划，该计划应包括下述两方面的内容。

（1）施工质量目标计划

施工质量目标尽管在初步设计和施工图设计中已做了规划，但比较分散，难以满

足施工质量控制的需要。因此，监理工程师需要根据工程具体情况使其系统化、具体化，并做详细描述。质量目标具体化，根据质量影响因素，可分为以下几项进行：

承包商人员质量目标。根据本工程的特点、承包商报送的施工组织设计等，监理工程师应分析为满足质量、进度要求，承包商应配备的主要管理人员及技术人员，做到在审批计划时，心中有数。

建筑材料质量目标。按照分项工程列出所使用的材料，并根据技术条款及其所引用的有关规范、规定等的要求，提出具体的质量要求。

工程设备质量目标。根据技术条款及其所引用的有关规范、规定等的要求，提出具体的质量要求。

土建施工质量目标。根据技术条款、施工验收规范和质量检验评定标准的规定，对每个分项（单元）工程提出施工质量要求。

设备安装质量目标。根据技术条款、施工验收规范和质量检验评定标准的规定，对每种设备的安装提出质量要求。

施工机械设备质量目标。根据本工程特点、承包商报送的施工组织设计等，监理工程师经过分析，得出对承包商施工机械的数量、型号、主要性能参数等要求，以保证施工质量。

环境因素的质量目标。根据本工程特点、承包商报送的施工组织设计，依据合同文件建立质量要求。

施工质量目标是建立质量目标数据库的基础，质量目标数据库是水利水电工程质量控制信息系统的重要组成部分。

（2）施工质量控制体系组织形式的规划

根据施工项目的构成、施工发包方式、施工项目的规模，以及工程承包合同中的有关规定，建立监理工程师质量控制体系的组织形式。监理工程师质量控制的组织形式有以下 3 种：

①纵向组织形式。一个合同项目应设置专职的质量控制工程师，大多数情况下，质量控制工程师由工程师代表兼任。然后再按分项合同或子项目设置质量控制工程师，并分别配备适当的专业工程师。根据需要，在各工作面上配有质量监理员。

②横向组织形式。一个合同项目设置专职的质量控制工程师。下面再按专业配备质量控制工程师，全面负责各子项目的质量控制工作。

③混合组织形式。这种组织形式是纵向组织形式与横向组织形式的组合体。每一子项目配置相应的质量控制工程师，整个合同项目配备各专业工程师。各专业工程师负责所有子项目相应的质量控制任务。

根据该工程的特点，选择适宜的质量控制体系的组织形式，将质量控制任务具体化，使质量控制有效地进行。

2. 施工图纸的审查和发放

施工图纸是建设项目施工的合法依据，也是监理工程师进行质量检查的依据。施工图纸的来源分两种情况：第一种情况是业主在招标时提供一套“招标设计图”，它是由设计单位在招标设计的基础上提供的。在签订施工承包合同后，再由设计单位提供一套施工详图；业主在签订施工承包合同后，由施工承包商根据招标设计图、设计说明书和合同技术条款，自行设计施工详图。第二种情况在国内较少采用，最多让施工承包商负责局部的或简单的次要建筑物的设计。不管是由设计单位设计还是由施工承包商设计，监理工程师都要对施工图进行审查和发放。

（1）施工图的审查

施工图的审查一般有两种方式，一是由负责该项目的监理工程师进行审查，这种方式适用于一般性的或者普通的图纸；二是针对工程的关键部位，隐蔽工程或者是工程的难点、重点或有争议的图纸，采用会审的方式，即由业主、监理工程师、设计单位、施工承包商会审。图纸会审由监理工程师主持，由设计单位介绍设计意图、设计特点、对施工的要求和关键技术问题，以及对质量、工艺、工序等方面的要求。设计者应对会审时其他方面的代表提出的问题用书面形式予以解释，对施工图中已发现的问题和错误，及时修改，提供施工图纸的修改图。

（2）施工图的发放

由于水利水电工程技术复杂、设计工作量大，施工图往往是由设计单位分期提供的。监理工程师在收到施工图后，经过审查，确认图纸正确无误后，由监理工程师签字，作为“工程师图纸”下达给施工承包商，施工图即正式生效，施工承包商就可按“工程师图纸”进行施工。

三、事中质量控制

工程实体质量是在施工过程中形成的，施工过程中质量的形成受各种因素的影响，因此，施工过程的质量控制是施工阶段工程质量控制的重点。而施工过程是由一系列相互关联、相互制约的施工工序所组成，它们的质量是施工项目质量的基础，因此，施工过程的质量控制必须落实到每项具体的施工工序的质量控制。

（一）工序质量控制内容

工序质量控制主要包括两个方面，对工序活动条件的控制和对工序活动效果的控制。

1. 工序活动条件的质量控制

工序活动条件的质量控制，即对投入到每道工序的4M1E进行控制。尽管在事前控制中进行了初步控制，但在工序活动中有的条件可能会发生变化，其基本性能可能

达不到检验指标，这就使生产过程的质量出现不稳定的情况。所以必须对 4M1E 在整个工序活动中加以控制。

2. 工序活动效果的质量控制

工序活动效果的质量控制主要反映在对工序产品质量性能的特征指标的控制。即对工序活动的产品采取一定的检测手段进行检验，根据检验结果分析、判断该工序活动的质量（效果）。

工序活动条件的质量控制和工序活动效果的质量控制两者是互为关联的，工序质量控制就是通过对工序活动条件和工序活动效果的控制，达到对整个施工过程的质量控制。

（二）监理工程师的工序质量控制

1. 工序质量控制计划概述

在整个项目施工前，监理工程师应对施工质量控制作出计划，但这种计划一般较粗，在每一分部分项工程施工前还应根据工序质量控制流程制订详细的施工工序质量控制计划。施工工序质量控制计划包括质量控制点的确定和工序质量控制计划。

（1）工序质量控制流程

当一个分部分项的开工申请单经监理工程师审核同意后，承包商可按图纸、合同、规范、施工方案等的要求开始施工。

（2）质量控制点的确定

质量控制点是为了保证施工质量必须控制的重点工序、关键部位或薄弱环节。设置质量控制点，是对质量进行预控的有效措施。施工承包商在施工前应根据工程的特点和施工中各环节或部位的重要性、复杂性、精确性，全面、合理地选择质量控制点。监理工程师应对承包商设置质量控制点的情况和拟采取的控制措施进行审核。审核后，承包商应进行质量控制点控制措施设计，并交监理工程师审核，批准后方可实施。监理工程师应根据批准的承包商的质量控制点控制措施，建立监理工程师质量控制点控制计划。

（3）工序质量控制计划

根据已确定的质量控制点和工序质量控制内容，监理工程师应制定工序质量控制计划。质量控制计划包括工序（特别是质量控制点）活动条件质量控制计划和工序活动效果质量控制计划。

工序活动条件质量控制计划。以工序（特别是质量控制点）为对象，对工序的质量影响因素 4M1E 所进行的控制工作进行详细计划。如，控制该工序的施工人员：根据该工序的特点，施工人员应当具备什么条件，监理工程师需要查验哪些证件等应先作出计划；控制工序的材料：在施工过程中，要投入哪些材料，应检查这些材料的哪些特性指标等作出计划；控制施工操作或工艺过程：在工序施工过程中，根据确定的质量控制点，需对哪些工序进行旁站，在旁站时监督和控制施工及检验人员按什么样的规程或工艺标准进行施工等应作出计划；控制施工机械：在工序施工过程中，施工机械怎样处于良好状态，需检测哪些参数等作出计划。总之，充分考虑各种影响因素，对控制内容作出详细的计划，做到控制工作心中有数。

工序活动效果质量控制计划。工序活动效果通过工序产品质量性能的指标来体现。针对该工序，需测定哪些质量特征值、按照什么样的方法和标准来取样等应作出计划。

2. 工序活动条件的控制

对影响工序产品质量的各因素的控制不仅在开工前的事前控制中，而且应贯穿整个施工过程。监理工程师对于工序活动条件的控制，要注意各因素或条件的变化，按照控制计划进行。

3. 工序活动效果的控制

按照工序活动效果质量控制计划，取得反映工序活动效果质量特征的质量数据，利用质量分析工具得出质量特征值数据的分布规律，根据该分布规律来判定工序活动是否处于稳定状态。当工序处于非稳定状态，就必须命令承包商停止进入下道工序，并分析引起工序异常的原因，采取措施进行纠正，从而实现对工序的控制。

四、事后质量控制

事后质量控制是指完成施工过程而形成产品的质量控制，其工作内容包括：审核竣工资料；审核承包商提供的质量检验报告及有关技术性文件；整理有关工程项目质量的技术文件，并编目、建档；评价工程项目质量状况及水平；组织联动试车等。

工程质量评定和工程验收是进行事后质量控制的主要内容。工程质量评定，即依据某一质量评定的标准和方法，对照施工质量具体情况，确定其质量等级的过程。

工程验收是在工程质量评定的基础上，依据一个既定的验收标准，采取一定的手段来检验工程产品的特性是否满足验收标准的过程。质量评定和质量验收的应用软件，国内开发已比较成熟，作为一个完整的质量控制信息系统，在系统开发时，可将质量评定和质量验收作为独立的子系统，直接借用国内已成熟的软件的内容。

第三节 施工安全评价与管理系统

一、施工安全评价与指标体系

随着社会城市化进程的加快，水利水电行业也得到了快速的发展，先进的施工工艺与科学技术不断地涌现，这也对传统性的施工安全检查和风险控制提出了新的要求，构建水利水电工程施工安全评价与指标体系以适应新的发展需要已成为当务之急。

（一）施工安全评价

1. 施工特点

水利水电工程施工与我们常见的建筑工程施工如公路建设、桥梁架设、楼体工程等有很多相似之处。例如：工程一般针对钢筋、混凝土、沙石、钢构、大型机械设备等进行施工，施工理论和方法也基本相同，一些工具器械也可以通用。同时相比于一般建筑工程施工而言，水利水电工程施工也有一些自身特点：

①水利水电工程多涉及大坝、河道、堤坝、湖泊、箱涵等建设工程，环境和季节对工程的施工影响较大，并且这些影响因素很难进行预测并精确计算，这就给施工留下很大的安全隐患。

②水利水电工程施工范围较广，尤其是线状工程施工，施工场地之间的距离一般较远，造成了各施工场地之间的沟通联系不便，使得整个施工过程的安全管理难度加大。

③水利水电工程的施工场地环境多变，且多为露天环境，很难对现场进行有效的封闭隔离，施工作业人员、交通运输工具、机械工程设备、建筑材料的安全管理难度增加。

④施工器械、施工材料质量也良莠不齐，现场的操作带来的机械危害也时有发生。

⑤由于施工现场环境恶劣，招聘的工人普遍文化教育程度不高，专业知识水平不足，也缺乏必要的安全知识和保护意识，这也为整个项目的施工增加了安全隐患。

综上所述，水利水电工程施工过程中存在着大量安全隐患，我们要增加安全意识，提高施工工艺的同时更应该采取科学的手段与方法对工程进行安全评价，发现安全隐患，及时发布安全预警信息。

2. 安全评价内容

安全评价起源于20世纪30年代，国内外诸多学者对安全评价的概念进行了概括和总结，目前普遍接受的定义：以实现安全为宗旨，应用安全系统的工程原理和方法，识别和分析工程、系统、生产和管理行为和社会活动中存在的危险和有害因素，预测判断发生事故和造成职业危害的可能性及其严重性，提出科学、合理、可行的安全风险管理对策建议。

安全评价既需要以安全评价理论为支撑，又需要理论与实际经验相结合，两者缺一不可。

对施工进行安全评价目的是判断和预测建设过程中存在的安全隐患以及可能造成的工程损失和危险程度，针对安全隐患提早做出安全防护，为施工提供安全保障。

3. 安全评价的特点和原则

（1）安全评价的特点

安全评价作为保障施工安全的重要措施，其主要特点如下：

①真实性。进行安全评价时所采用的数据和信息都是施工现场的实际数据，保障了评价数据的真实性。

②全面性。对项目的整个施工过程进行安全评价，全面分析各个施工环节的影响因素，保障了评价的信息覆盖全面性。

③预测性。传统的安全管理均是事后工程，即事故发生后再分析事故发生的原因，进行补救处理。但是有些事故发生后造成的损失巨大且大多很难弥补，因此我们必须做好全过程的安全管理工作，针对施工项目展开安全评价就是预先找出施工或管理中可能存在的安全隐患，预测该因素可能造成的影响及影响程度，针对隐患因素制订出合理的预防措施。

④反馈性。将施工安全从概念抽象成可量化的指标，并与前期预测数据进行对比，验证模型和相关理论的正确性，完善相关政策和理论。

（2）安全评价的原则

安全评价是为了预防、减少事故的发生，为了保障安全评价的有效性，对施工过程进行安全评价时应遵循以下原则：

①独立性。整个安全评价过程应公开透明，各评估专家互不干扰，保障了评价结果的独立性。

②客观性。各评价专家应是与项目无利益相关者，使其每次对项目打分评价均站在项目安全的角度，以保障评价结果的客观性。

③科学性。整个评价过程必须保障数据的真实性和评价方法的适用性，及时调整评价指标权重比例，以保障评价结果科学性。

（3）安全评价的意义

安全评价是施工建设中的重要环节，与日常安全监督检查工作不同，安全评价通过分析和建模，对施工过程进行整体评价，对造成损害的可能性、损失程度及应采取的防护措施进行科学的分析和评价，其意义体现在以下几个方面。

①有利于建立完整的工程建设信息底账，为项目决策提供理论依据。随着社会现代信息化水平的不断提高，工程需逐步完善工程建设信息管理，完善现有的评价模型和理论，为相关政策、理论的发展提供大数据支持，建立完善的信息底账意义重大，影响深远。

②对项目前期建设进行反馈，及时采取防护措施，使得项目建设更规范化、标准化。我国安全施工的基本方针是“安全第一，预防为主，综合治理”，对施工进行安全评价，弥补前期预测的不足，预防安全事故的发生，使得工程朝着安全、有序的方向发展，有助于完善工程施工的标准。

③减少工程建设浪费，避免资金损失，提高资金利用率和项目的管理水平。对施工过程进行安全评价不仅能及时发现安全隐患，更能预测隐患所能带来的经济损失，如果损失不可避免，及早发现可以合理地选择减少事故的措施，将损失降至最低，提高资金的利用率。

4. 安全评价方法

安全评价方法主要分为定性分析法和定量分析法

（1）定性分析法

①专家评议法。专家评议法是多位专家参与，根据项目的建设经验、当前项目建设情况以及项目发展趋势，对项目的发展进行分析、预测的方法。

②德尔菲法。德尔菲法也称为专家函询调查法，基于该系统的应用，采用匿名发表评论的方法，即必须不与团队成员之间相互讨论，与团队成员之间不发生横向联系，只与调查员之间联系，经过几轮磋商，使专家小组的预测意见趋于集中，最后作出符合市场未来发展趋势的预测结论。

③失效模式和后果分析法。失效模式和后果分析法是一种综合性的分析技术，主要用于识别和分析施工过程中可能出现的故障模式，以及这些故障模式发生后对工程的影响，并制订出有针对性的控制措施以有效地减少施工过程中的风险。

（2）定量分析法

①层次分析法。层次分析法（简称 AHP 法）是在进行定量分析的基础上将与决策有关的因素分解成方案、原则、目标等层次的决策方法。

②模糊综合评价法。模糊综合评价法是一种基于模糊数学的综合评价方法。该方法根据模糊数学的隶属度理论的方法把定性评价转化为定量评价，即用模糊数学对受到多种因素制约的事物或对象作出一个总体的评价。

③主成分分析法。主成分分析法（PCA）也被称为主分量分析，在研究多元问题时，变量太多会增加问题的复杂性的分析，主成分分析法（PCA）是用较少的变量去解释原来资料中最原始的数据，将许多相关性很高的变量转化成彼此相互独立或不相关的变量，是利用降维的思想，将多变量转化为少数几个综合变量。

（二）评价指标体系的建立

1. 指标体系建立原则

影响水利水电工程施工安全的因素很多，在对这些评价元素进行选取和归类时，应遵循以下建立原则：

①系统性评价指标要从不同方面体现出影响水利水电工程施工安全的主要因素，每个指标之间既要相互独立，又存在彼此之间的联系，共同构成评价指标体系的有机统一体。

②典型性评价指标的选取和归类必须具有一定的典型性，尽可能地体现出水利水电工程施工安全因素的一个典型特征。另外指标数量有限，更要合理分配指标的权重。

③科学性评价指标必须具备科学性和客观性，才能正确反映客观实际系统的本质，能反映出影响系统安全的主要因素。

④可量化指标体系的建立是为了对复杂系统进行抽象以达到对系统定量的评价，评价指标的建立也通过量化才能精确地展现系统的真实性，各指标必须具有可操作性和可比性。

⑤稳定性建立评价体系时，所选取的评价指标应具有稳定性，受偶然因素影响波动较大的指标应予以排除。

2. 评价指标的建立影响

水利水电工程施工安全的指标多种多样，经过调研，将影响安全的指标体系分为四类：人的风险、机械设备风险、环境风险、项目风险。

（1）人的风险

在对水利水电工程施工安全进行评价时，人的风险是每个评价方法都必须考虑的问题，研究表明，由于人的不安全行为而导致的事故占80%以上，水利水电工程施工大多是在一个有限的场地内集中了大量的施工人员、建筑材料和施工机械机具。施工过程人工操作较多，劳动强度较大，很容易由于人为失误酿成安全事故。

（2）机械设备风险

水利水电工程施工是将各种建筑材料进行整合的系统过程，在施工过程中需要各种机械设备的辅助，机械设备的正确使用也是保障施工安全的一个重要方面。

（3）环境风险

由水利水电工程施工的特点可知，施工环境对施工安全作业也有很大影响，施工环境又是客观存在的，不会以人的意志为转移，因此面对复杂的施工环境，只能采取相应的控制措施，尽量削弱环境因素对安全工作的不利影响。

（4）项目风险

在进行水利水电工程施工安全评价时，项目本身的风险也是不可忽略的重要因素，项目本身影响施工安全的因素也是多种多样。

二、水利水电工程施工安全管理系统

由于水利水电工程施工项目规模日趋庞大，施工工艺复杂，技术参与人员密集，每个大型的水利水电工程施工项目都被看作一个开放的复杂巨系统，因此单纯地选择一种评价方法对施工进行安全评价已经不能完整地解决系统问题，必须用开放的复杂巨系统理论研究水利水电工程施工的安全管理问题。

在水利水电工程施工中应用一个以人为主，借助网络信息化的系统，其中专家体系在系统中的作用是最重要的。例如，评价体系指标元素的确定、评价方法的选择、评价指标体系的建立、评价结果的真实性判断等，这些环节在进行安全管理中是非常普遍的，但是在大型水利水电工程施工项目中只有依靠专家群体的经验与知识才能把工作处理好。这里研究中专家体系由跨领域、跨层次的专家动态组合而成，专家体系包含五部分：政府部门、行业部门、建设单位（包括监理）、施工企业和安全专家，五种力量协同管理的五位一体模式，政府及主管部门随时检查监督，安全监理可根据日常监管如实反映整体安全施工的情况，专家可以对安全管理信息进行高层判断、评判和潜在风险识别，施工企业则可以及时得到反馈和指导，劳动者也可以及时得到安全指导信息，学习安全施工的有关知识，与现场安全监管有机结合，最终实现全方位、全过程、全时段的施工安全管理。

（一）系统分析

目前水利水电工程施工安全管理对于信息存储仍然采用纸介质方式，这就使存储介质的数据量大，资料查找不方便，给数据分析和决策带来不便。信息交流方面，由于各种工程信息主要记载在纸上，使工程项目安全管理相关资料都需要人工传递，这影响了信息传递的准确性、及时性、全面性，使各单位不能随时了解工程施工情况。因此，各级政府部门、行业部门、建设及监理单位、施工企业以及施工安全方面的专家学者应该协同工作，形成水利水电工程安全管理的五位一体的体制。利用计算机云技术管理各种施工安全信息（文本、图片、照片、视频，以及有关安全的法律法规、政策、标准、应急预案、典型案例等），通过信息共享，政府及主管部门随时检查监督，而旁站的安全监理可根据日常监理如实反映整体安全施工的情况，专家可以对安全管理信息进行高层判断、评判和潜在风险识别，施工企业则可以及时得到反馈和指导，劳动者也可以及时得到安全指导信息，学习安全施工的有关知识，与现场安全监管有机结合，最终实现全方位、全过程、全时段的施工安全管理。

（二）系统架构

软件结构的优劣从根本上决定了应用系统的优劣，良好的架构设计是项目成功的保证，能够为项目提供优越的运行性能，本系统的软件结构根据目前业界的统一标准构建，为应用实施提供了良好的平台。系统采用了B/S实施方案，既可以保证系统的灵活性和简便性，又可以保证远程客户访问系统，使用统一的界面作为客户端程序，方便远程客户访问系统。本系统服务器部分采用三层架构，由表现层、业务逻辑层、数据持久层构成，具体实现采用J2EE多个开源框架组成，即Struts2、Hibernate和Spring，业务层采用Spring，表示层采用Struts2，而持久层则采用Hibernate，模型与视图相分离，利用这3个框架各自的特点与优势，将它们无缝地整合起来应用到项目开发中，这3个框架分工明确，充分降低了开发中的耦合度。

（三）系统功能

根据水利水电、建筑施工安全管理需求进行系统分析，将水利水电工程施工安全管理系统按照模块化进行设计，将系统按功能划分为6个模块：安全资料模块、评价体系模块、工程管理模块、评分管理模块、安全预警模块、用户管理模块。

用户管理模块主要为用户提供各种施工安全方面的文件资料；法规与应急管理模块主要负责水利水电工程施工的法规与标准和应急预案资料的查询及管理；评价体系和安全信息管理模块作为水利水电工程施工安全管理系统的核心部分，充分发挥自身专业化的技能，科学管理施工的安全性，保证施工的进度、质量和安全性；评价模型库模块主要是通过打分法、定量与定性结合法、模糊评价、神经网络评价以及网络分析法等对施工项目进行评价，且相互之间可以相互验证，提高评价的公正性与准确性，施工单位必须按照水利水电工程施工行业的质量检验体系和施工标准规范，依托相关的国家施工法律和相关行业规范，科学合理地编制本工程质检体系和检验标准，确保工程的施工进度和施工验收工作的顺利开展。工程管理模块用来对在建工程进行管理，可对工程进行分段划分，对标段资料信息管理，对标段的不同施工单元进行管理，并可根据评价体系为不同施工单元制定不同评价内容；安全预警模块主要是对施工安全预警的管理及发布，贯穿项目管理的始末，可以有效地对施工过程存在的不安全因素进行预警，做到提前预防及安全防范措施。

第四节　水利水电工程项目风险管理的特征与方法

一、项目风险管理概述

项目风险管理是项目管理研究的一个重要内容，也是风险管理理论在建设项目管理领域的发展与应用。近年来，随着全球范围内工程建设的持续繁荣，工程项目建设过程的安全风险管理已成为项目管理研究领域中一个尤为突出的问题。如何做好工程项目风险管理工作、减少发生概率和降低风险损失，成为目前工程建设项目管理的重要议题。期刊上工程项目风险管理论文的不断涌现也表明了学术界和工业界对工程项目风险管理研究与实践的重视。

（一）项目风险管理的定义

项目风险管理是指对项目风险从认识、辨别、衡量项目风险，策划、编制、选择风险管理方案等一系列程序，是一个动态循环、系统完整的过程。

要认识项目风险，就必须了解风险的特征。首先，风险的潜在特征，容易使人们忽视它的存在，导致发生的概率增加和损失增大；它的客观性，也使得人们只能采取一些措施使其潜在风险最小化，并不能完全消除；它的主观特性，会使其受到特定环境的影响而变化；它的可预见性，能够让我们通过一系列的管理方法，来减少项目风险的不确定性。

（二）建设工程项目风险管理的特征

工程项目建设活动是一项错综复杂的，具备多学科知识的综合性系统工程，涉及社会、自然、经济、技术、系统管理等多门学科。项目风险管理是在项目施工建设这一特定范围内发生的，与项目建设的各项工作联系紧密，通过对项目风险系统特性的研究，能更加清楚地认识到项目风险管理的独特性。建设工程项目风险管理的风险来源、风险的发生过程、风险潜在的破坏能力、风险损失的波及范围以及风险的破坏力复杂多样，仅凭单一的管理理论或单一的工程技术、合同、组织、教育等措施来进行管理都有其一定的局限，必须采用全方位、多元化的方法、手段，才能以最小的成本得到最大的效益。

建设工程项目风险管理有其独有的特征。项目风险控制是一项具有综合性的高端管理工作，它涉及项目管理的全过程和各个方面，项目管理的各个子系统，必须与安全、质量、进度、合同管理相融合；不同的风险处理方法也不尽相同。项目风险之间对立统一、相辅相成，通过项目特殊的环境和方法进行结合，形成特定的综合风险。只有对项目管理系统以及系统的环境进行深入、细致的了解，才可能采取切实可行的应对措施，进行有效的风险管理。风险管理实质上是做好事前控制，其目的就是依据过去的经验教训，采取概率分析法对将要发生的情况进行预测，据此采用相应的应对措施。

工程项目风险管理在不同阶段随项目建设的不断进展，各种风险依次相继显现或消亡，它必须与建设项目所在行业、施工区域、施工环境、项目的复杂性等条件进行全方位的综合考虑。任何系统都有其生存的特殊环境，施工环境不同，同一类型的项目风险因素造成的影响也存在差异。风险管理应该以投资安全为核心，采取更加有效的风险控制、监控措施，降低风险的发生概率，减少事故损失，保证工程项目目标的圆满完成。

（三）项目风险的管理过程

项目风险管理过程，一般由若干个阶段组成，这些阶段不仅相互作用，而且也相互影响。

根据我国对项目管理的定义和特性的研究，将风险的过程分为风险规划、风险识别、风险分析与评估、风险处理和风险监控几个阶段：

1. 项目风险管理规划

风险管理规划是指在进行风险管理时，对项目风险管理的流程进行规划，并形成书面文件的一系列工作。风险规划采取一整套切实可行的方法和策略，对风险项目进行辨别和追踪。制订出风险因素的应对方法，对施工项目开展风险评估，以此来推断风险变化的状况。风险规划主要考虑的因素有：风险策略、预定角色、风险容忍程度、风险分解结构、风险管理指标等。

风险管理规划过程是设计和进行风险管理活动内容的依据，表达了在风险管理规划过程中内部与外部活动的相互作用。风险管理规划的方法有：风险管理图表法、项目工作分解结构（WBS）。

风险管理规划一般包括以下几项内容：

①通过调查、研究，对可能存在的潜在风险及损失，进行分析、辨识。

②对已经辨识的风险采取科学有效的方法进行定量的估计和评价。

③研究可能减少风险的措施方案，对其可操作性、经济性进行考虑，评估残留风险因素对项目造成的影响。

④初步制订风险因素的动态管理计划及监控方案。

⑤根据项目实际的变动状况，对现在执行的风险规划进行追踪并作出修改。

2. 项目风险管理识别

风险识别是项目管理者识别风险来源、确定风险发生条件、描述风险特征并评价风险影响的过程。有风险来源、风险事件和风险征兆 3 个相互关联的因素。

风险识别的目的主要是方便评估风险危害的程度以及采取有效的应对方案。风险具有隐蔽性，而人们无法观察到存在的内在危险，往往被表面现象迷惑。因此，风险识别在风险管理中显得尤为重要。管理风险的第一步是识别风险，要充分考虑到风险造成的危害程度及潜在损失，只有正确进行了识别，才能有效地采取措施来控制、转移或管理风险。进行风险识别的主体范围较广，包括工程项目责任方、风险管理组、主要持股人、主管风险处理的责任人以及风险负责人等。在对风险进行识别时，风险识别主体需要确定风险类型、影响范围、存在条件、因素、地域特点、类别等各方面内容。

风险识别具备的全员性、整体性、动态变化、综合性等特点，决定了风险管理识别的首要步骤是对各种风险因素和可能发生的风险事件进行分析，重点分析项目中有哪些潜在的风险因素？这些因素引发的危害程度多大？这些风险造成的影响范围及后果有多大？任何忽视、无限扩大和压缩项目风险的范围、种类和后果的做法都会给项目带来极大的影响。

风险识别主要采用故障树法、专家调查法、风险分析问询法、德尔菲法、头脑风暴法、情景分析法、SWOT 分析法和敏感性分析法等来进行有效辨别。其中专家调查法是邀请专家查找各种的风险因素，并对其危险后果做出定性估量。故障树法是采用图标的方式将引起风险发生的原因进行分解，或把具有较大危害的风险分解成较小的、具体的风险。

风险识别就是从项目的整体系统入手，贯穿工程项目的各个方面和整个发展过程，将导致风险事件发生的复杂因素细化为易识别的基础单位。从众多的关系中抓住关键要素，分析关键要素对项目建设的影响。通常包括资料的收集与风险形势估计两个步骤。

工程项目的全面风险管理的首要步骤是风险识别，它在风险管理控制中有着承上启下的作用。

3. 项目风险管理

风险分析是由工程项目风险管理人员，应用风险分析工具、风险分析技术，根据各种风险因素的类别，对风险存在的条件和发生的期限、地点、风险造成的危害影响和损失程度、风险发生的概率、危害程度以及风险的可控性进行分析的过程。目前风险管理分析的主要方法包括：决策树法、模糊分析法等。

所谓决策树法，就是运用图形来表示各决策阶段所能达到的预期值，通过核算，最终筛选出效益最大、成本最小的方法。决策树法是随机决策模型中最常使用的，能有效控制决策风险。

模糊集合理论是采用模糊数学对受到多种因素制约的事物或对象做出一个总体评价。它结果清晰，系统性强，能较好地解决模糊的、不易量化的问题，适合各种非确定性问题。

4. 项目风险管理评估

项目风险评价是以项目风险识别和分析为基础，运用风险评价特有的系统模型，对各种风险发生的概率及损失的大小进行估算，对项目风险因素进行排序的过程，为风险应对措施的合理性提供科学的依据。工程项目风险评价的标准有项目分类、系统风险管理计划、风险识别应有的效果、工程进展状况等。进行分析与评价的数据应准确和可靠。

风险评估又称风险测定、估算、测量。它是对已经识别、分析出来的风险因素的权重进行检测，对一定范围内某一风险的发生测算出概率。主要目的是比较、评估项目各实施方案或施工措施所造成的风险发生的概率和损失大小程度，以便从中选择最优化的方案。

风险识别之后才能实施风险评估计划，它是对已存在的工程项目风险因素进行量化的过程。人们将已分类的、经过辨别的风险，综合考虑风险事件发生的概率和引起损失的后果，按照其权重进行排序。通过风险识别能够加深风险管理人员对工程项目本身和所在环境的了解，可以使人们用多种方法来加强对施工过程中存在的风险因素进行控制。

风险评估工作一般是由经过培训的专业人员来进行的，但在施工企业内部基本上是由工程项目部的计划、财务、安全、质量、进度控制等部门人员分别实施的。他们利用所掌握的风险评估方法与工具，对承担的工程项目的目标工期、进度要求、质量要求、安全目标等方面加以评估，对安全风险因素进行定量预测。风险评估在项目风险管理研究中是一个热门话题。目前，风险评估的方法主要有综合评价法，模糊评价法、风险图法、模拟法和主观概率法等。

5. 项目风险管理处置

对项目进行风险处置就是对已辨识的风险因素，通过采取减轻、转移、回避、自留和储备等风险应对手段，来降低风险的损失程度，减少风险事件的发生。不同的风险类型有不同的应对处理方式。风险处置由专业的管理人员来处理，主要包括对风险因素的辨识、风险事件发生的原因分析、可采取的措施的成本分析、处理风险的时间以及对后续工程的影响程度等。风险管理处置的风险控制是指采取相应技术措施，降低风险事件造成的影响。工程项目管理者一般情况下采用以下一些方法来控制风险：

①风险回避：充分考虑风险因素发生及可能造成的危害程度，拒绝实施该方案，杜绝风险事件的发生。该措施属于事前控制、主动控制。

②风险转移：为降低或减轻风险损失，通过其他方式或手段将损害程度转嫁给他人，分为非保险转移及保险转移两种形式。在工程项目施工中，风险转移一般以建筑（安装）施工一切险、投标保证金、履约保函等形式出现。

③风险自留：建设投资方自己主动承担风险损失。

④风险分散：根据项目的多样性、多层次性的特点，将项目投资用于不同的项目层次和不同的项目类别。

⑤风险降低：采取必要措施，来减少事件发生概率和风险损失。

6. 项目风险管理监控

风险监控就是通过一系列行之有效的方法和手段，对项目实施进行策划、分析识别、应对处置，来保证风险管理目标的实现。其目的是检查应对措施的实际效果是否与所设想的效果相同；寻找进一步细化和完善风险处理措施的机会，从中得到信息的反馈，以便使将来的决策方法更加符合实际情况。

风险监控由风险管理人员实施，主要是利用风险监控工具和技术，对已发现或潜在的问题及时提出警告，进行反馈。风险监控实际上是一个实时的、连续的不间断的过程。它主要采取审核检查法、项目风险报告、赢得值法等方法。

二、水利水电工程项目风险管理的特征

（一）水利水电工程风险管理目的和意义

随着我国国民经济的发展，我国的工程建设项目越来越多，投资规模逐年增加，新技术、新工艺、新设备的不断研发利用，导致项目工程建设过程中面临的各种风险也日渐增多。有的风险会造成工期的拖延；有的风险会造成施工质量低劣，从而严重影响建筑物的使用功能，甚至危害到人民生命财产的健康；有的风险会使企业经营处于破产边缘。

减少风险的发生或降低风险的损失，将风险造成的不利影响降到最低程度，需要对工程项目建设进行有效的风险管理和控制，使科技发展与经济发展相适应，更有效地控制工程项目的安全、投资、进度和质量计划，更加合理地利用有限的人力、物力和财力，提高工程经济效益、降低施工成本。加强建设工程项目的风险管理与控制工作将成为有效加强项目工程管理的重要课题之一。

水利水电工程是通过对大自然加以改造并合理利用自然资源产生良好效益的工程，通常是指以防洪、发电、灌溉、供水、航运以及改善水环境质量为目标的综合性、系

统性工程，它包括高边坡开挖、坝基开挖、大坝混凝土浇筑、各种交通隧洞、导流洞和引水洞、灌浆平洞等的施工以及水力发电机组的安装等施工项目。在水电工程施工建设过程中，受到各种不确定因素的影响，只有成功地进行风险识别，才能更好地做好项目管理，要及时发现、研究项目各阶段可能出现的各种风险，并分清轻重缓急，要有侧重点。针对不同的风险因素采取不同的措施，保证工程项目以最小的风险损失得到最大的投资效益。

随着风险管理专题研究工作的不断深入进行，工程项目的安全风险意识也不断增强。在项目建设过程中，熟练运用风险识别技术，认真开展风险评估与分析，对存在的风险事件及时采取应对措施，减少或降低风险损失。科学、合理地利用现有的人力、物力和财力，确保项目投资的正确性，树立工程项目决策的全局意识和总体经营理念，对保证国民经济长期、持续、稳定协调地发展，提高我国的项目风险管理水平和企业的整体效益具有重要的实际意义。

（二）水利水电工程风险管理的特点

水利水电工程建设是按照水利水电工程设计内容和要求进行水利水电工程项目的建筑与安装工程。由于水利水电工程项目的复杂性、多样性，项目及其建设有其自身的特点及规律，风险产生的因素也是多种多样的，各种因素之间又错综复杂，水电生产行业有不同于其他行业的特殊性，从而导致水电行业风险的多样性和多层次性。因此，水利水电工程与其他工程相比，具有以下显著特征：

①多样性。水利水电建设系统工程包括水工建筑物、水轮发电机组、水轮机组辅助系统、输变电及开关站、高低压线路、计算机监控及保护系统等多个单位工程。

②固定性。水利水电工程建设场址固定，不能移动，具有明显的固定性。

③独特性。与工程建设项目相比，水利水电工程项目体型庞大、结构复杂，而且建造时间、地点、地形、工程地质、水文地质条件、材料供应、技术工艺和项目目标各不相同，每个水电工程都具有独特的唯一性。

④水利水电工程主要承担发电、蓄水和泄洪任务，施工队伍需要具备国家认定的专业资质，并且按照国家规程规范标准进行施工作业。

⑤水利水电工程的地质条件相对复杂，必须由专业的勘察设计部门进行专门的设计研究。

⑥水利水电工程建设要根据水流条件及工程建设要求进行施工作业，对当地的水环境影响较大。

⑦水利水电工程建设基本是露天作业，易受外界环境因素影响。为了保证质量，在寒冬或酷暑季节须分别采取保暖或降温措施。同时，施工流域易受地表径流变化、气候因素、电网调度、电网运行及洪水、地震、台风、海啸等其他不可抗力因素的影响。

⑧水利水电工程建设道路交通不便，施工准备任务量大，交叉作业多，施工干扰较大，防洪度汛任务繁重。

⑨对环境的巨大影响。大容量水库、高水头电站的安全生产管理工作，直接关系到施工人员和下游人民群众的生命和财产安全。

水电生产的以上特点，决定了水电安全生产风险因素具有长期性、复杂性、瞬时性、不可逆转性、对环境影响的巨大性、因素多维性等特性。

（三）水利水电工程风险因素划分

水利水电工程建设工程项目按照不同的划分原则，有不同的风险因素。这些风险因素并不是独立存在的，而是相互依赖，相辅相成的。不能简单地进行风险因素划分。

1. 水利水电工程发展阶段

①勘察设计招投标阶段风险：主要存在招标代理风险、招投标信息缺失风险、投标单位报价失误风险和其他风险等。

②施工阶段风险：主要是工程质量、施工进度、费用投资、安全管理风险等。

③运行阶段风险：主要是地质灾害、消防火灾、爆炸、水轮发电机设备故障、起重设备故障等风险。

2. 风险产生原因及性质

①自然风险：主要指由于洪水、暴雨、地震、飓风等自然因素带来的风险。

②政治风险：主要指由于政局变化、罢工、战争等引发社会动荡而造成人身伤亡和财产损失的风险。

③经济风险：主要指由于国家和社会一些大的经济因素变化的风险以及经营管理不善、市场预测错误、价格上下浮动、供求关系变化、通货膨胀、汇率变动等因素所导致经济损失的风险。

④技术风险：主要指由于科学技术的发展而来的风险，如核辐射风险。

⑤信用风险：主要指合同一方由于业务能力、管理能力、财务能力等有缺陷或没有圆满履行合同而给另一方带来的风险。

⑥社会风险：主要指由于社会治安、劳动者素质、习惯、社会风俗等带来的风险。

⑦组织风险：主要指由于项目有关各方关系不协调以及其他不确定性而引起的风险。

⑧行为风险：主要指由于个人或组织的过失、疏忽、侥幸、故意等不当行为造成的人员伤害、财产损失的风险。

3. 水利水电工程项目主体

①业主方的风险：在工程项目的实施过程中，存在很多不同的干扰因素，业主方承担了很多，如投资、经济、政治、自然和管理等方面的风险。

②承包商的风险：承包商的风险贯穿于工程项目建设投标阶段、项目实施阶段和项目竣工验收交付使用阶段。

③其他主体的风险：包括监理单位、设计单位、勘察单位等在项目实施过程中应该承担的风险。

三、水利水电工程建设项目风险管理措施

（一）水利水电工程风险识别

在水利水电工程建设中实施风险识别是水电建设项目风险控制的基本环节，通过对水电工程存在的风险因素进行调查、研究和分析辨识后，查找出水利水电工程施工过程中存在的危险源，并找出减少或降低风险因素向风险事故转化的条件。

1. 水利水电工程风险识别方法

风险识别方法大致可分为定性分析、定量分析、定性与定量相结合的综合评估方法。定性风险分析是依据研究者的学识、经验教训及政策走向等非量化材料，对系统风险做出决断。定量风险分析是在定性分析的研究基础上，对造成危害的程度进行定量的描述，可信度增加。综合分析方法是把定性和定量两种方式相结合，通过对最深层面受到的危害的评估，对总的风险程度进行量化，能对风险程度进行动态评价。

（1）定性分析方法

定性风险分析方法有头脑风暴法、德尔菲法、故障树法、风险分析问询法、情景分析法。在水利水电项目风险管理过程中，主要采用以下几种方法：

①头脑风暴法：又叫畅谈法、集思法。通常采用会议的形式，引导参加会议的人员围绕一个中心议题，畅所欲言，激发灵感。一般由班组的施工人员共同对施工工序作业中存在的危险因素进行分析，提出处理方法。主要适用于重要工序，如焊接、施工爆破、起重吊装等。

②德尔菲法：通常采用试卷问题调查的形式，对本项目施工中存在的危险源进行分析、识别，提出规避风险的方法和要求。它具有隐蔽性，不易受他人或其他因素影响。

③ LEC 法：根据 D = LEC 公式，依据 L—发生事故的概率、E—人员处于危险环境的频率、C—发生事故带来的破坏程度，赋予三个因素不同的权重，来对施工过程的风险因素进行评价的方法。其中：

L 值：事故发生的概率，按照完全能够发生、有可能发生、偶然能够发生、发生的可能性小除了意外、很不可能但可以设想、极不可能、实际不可能按这 7 种情况分类。

E 值：处于危险环境频率，按照接连不断、工作时间内暴露、每周一次或偶然、每月一次、每年几次、罕见共 6 种情况分类。

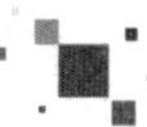

C 值：事故破坏程度，按照 10 人以上死亡、3 ~ 9 人死亡、1 ~ 2 人死亡、严重、重大伤残、引人注意共 6 种情况分类。

（2）定量分析方法

①风险分解结构法：是指风险结构树。它将引发水利水电建设项目的风险因素分解成许多“风险单元”，这使得水电工程建设风险因素更加具体化，从而更便于风险的识别。

风险分解结构分析是对风险因素按类别分解，对投资影响风险因素系统分层分析，并分解至基本风险因素，将其与工程项目分解之后的基本活动相对应，此确定风险因素对各基本活动的进度、安全、投资等方面影响。

②工作分解结构法：主要是通过对工程项目的逐层分解，将不同的项目类型分解成为适当的单元工作，形成 WBS 文档和树形图表等，明确工程项目在实施过程中每一个工作单元的任务、责任人、工程进度以及投资、质量等内容。

工作分解法的核心是合理科学地对水电工程工作进行分解，在分解过程中要贯穿施工项目全过程，同时又要适度划分，不能划分得过细或者过粗。划分原则基本上按照招投标文件规定的合同标段和水电工程施工规范要求进行。

（3）综合分析方法

①概率风险评估：是定性与定量相结合的方法，它以事件树和故障树为核心，将其运用到水电建设项目的安全风险分析中。主要是针对施工过程中的重大危险项目、重要工序等进行危险源分析，对发现的危险因素进行辨识，确定各风险源后果大小及发生风险的概率。

②模糊层次分析法：是将两种风险分析方法相互配合应用的新型综合评价方法。主要是将风险指标系统按递阶层次分解，运用层次分析法确定指标重，按各层次指标进行模糊综合评价，然后得出总的综合评价结果。

2. 水利水电工程风险识别步骤

①对可能面临的危害进行推测和预报。

②对发现的风险因素进行识别、分析，对存在的问题逐一检查、落实，直至找到风险源头，将控制措施落实到实处。

③对重要风险因素的构成和影响危害进行分析，按照主要、次要风险因素进行排序。

④对存在的风险因素分别采取不同的控制措施、方法。

（二）水利水电工程风险评估

在对水利水电建设工程的风险进行识别后，就要对水利水电工程存在的风险进行估计，要遵循风险评估理论的原则，结合工程特点，按照水电工程风险评估规定和步骤来分析。水电工程项目风险评估的步骤主要有以下 4 个方面：

①将识别出来的风险因素，转化为事件发生的概率和机会分布。

②对某一种单一的工程风险可能对水电工程造成的损失进行估计。

③从水利水电工程项目的某种风险的全局入手，预测项目各种风险因素可能造成的损失度和出现概率。

④对风险造成的损失的期望值与实际造成的损失值之间的偏差程度进行统计、汇总。

一般来说，水利水电工程项目的风险主要存在于施工过程当中。对于一个单位施工工程项目来说，主要风险是设计缺陷、工艺技术落后、原材料质量以及作业人员忽视安全造成的风险事件，而气候、恶劣天气等自然灾害造成的事故以及施工过程中对第三者造成伤害的机会都比较小，一旦发生，会对工程施工造成严重后果。因此，对水利水电工程要采取特殊的风险评价方法进行分析、评价。

目前，水利水电工程建设项目的风险评价过程采用 A1D1HALL 三维结构图来表示，通过对 A1D1HALL 三维结构的每一个小的单元进行风险评估，判断水利水电系统存在的风险。

（三）水利水电工程风险应对

水利水电工程建设项目风险管理的主要应对方案有回避、转移、自留 3 种方式。

1. 水利水电工程风险回避

主要是采取以下方式进行风险回避：

①所有的施工项目严格按照国家招投标法等有关规定，进行招投标工作；从中选择满足国家法律、法规和强制性标准要求的设计、监理和施工单位。

②严格按照国家关于建设工程等有关工程招投标规定，严禁对主体工程随意肢解分包、转包，防止将工程分包给没有资质资格的皮包公司。

③根据现场施工状况编制施工计划和方案。施工方案在符合设计要求的情况下，尽量回避地质复杂的作业区域。

2. 水利水电工程风险自留

水利水电建设方（业主）根据工程现场的实际情况，无法避开的风险因素由自身来承担。这种方式事前要进行周密的分析、规划，采取可靠的预控手段，尽可能将风险控制在可控范围内。

3. 水利水电工程风险转移

水电工程项目中的风险转移，行之有效且经常采用的方式是质保金、保险等方式。在招投标时为规避合同流标而规定的投标保证金、履约保证金制度；在施工过程中为了杜绝安全事故造成人员、设备损失而实行的建设工程施工一切险、安全工程施工一切险制度等都得到了迅速的发展。

（四）水利水电工程安全管理

在水利水电工程项目建设中推行项目风险管理，对减少工程安全事故的发生，降低危害程度具有深远的意义和重大影响。在工程建设施工过程中，如何将风险管理理论与工程建设实际相结合，使水利水电工程建设项目的风险管理措施落到实处，将工程事故的发生概率和损害程度降到最低，是当前水利水电工程项目管理的首要问题。

根据我国多年的工程建设管理经验、教训告诉我们，在水利水电工程建设项目施工过程中预防事故的发生，降低危害程度，最大限度地保障员工生命财产安全，必须建立安全生产管理的长效机制。

风险管理理论着眼于项目建设的全过程的管理，而安全生产管理工作着重于施工过程的管理，强调“人人为我，我为人人”的安全理念，在生产过程中实行安全动态管理,加强施工现场的安全隐患排查和治理。风险管理理论是安全生产管理的理论基础，安全生产管理是风险管理理论在工程建设施工过程的具体应用，因此更具有针对性和实践性。

第六章

水利水电建设进度控制与施工分包管理

第一节　水利水电工程建设进度管理和诚信建设

一、国内水利水电工程进度控制和管理

水利水电工程施工系统是一个复杂的大系统，工程项目规模大、施工线路长、自然条件和技术条件复杂、参建单位多和涉及面广等不确定性因素，使得工程施工组织与管理有很大的困难。水利水电工程能否在预定的时间内建设成并投入使用，关系到投资效益的发挥。因此，对水利水电工程施工进度进行有效的控制，使其顺利达到预定的目标，是进行水利水电工程建设项目管理的中心任务和在项目实施过程中的一项必不可少的重要环节。

（一）水利水电工程进度控制和管理的常用方法

1. 项目进度管理的概念

项目进度管理是根据工程项目的进度目标，编制经济合理的进度计划，并据此检查工程项目进度计划的执行情况，若发现实际执行情况与计划进度不一致，就要及时分析原因，并采取必要的措施对原工程进度计划进行调整或修正的过程，工程项目进度管理的目的就是实现最优工期，多快好省地完成任务。

项目进度控制的一个循环过程包括计划、实施、检查、调整四个过程。计划是指根据施工项目的具体情况，合理编制符合工期要求的最优计划；实施是指进度计划的

落实与执行；检查是指在进度计划的落实与执行过程中，跟踪检查实际进度，并与计划对比分析，确定两者之间的关系；调整是指根据检查对比的结果，分析实际进度与计划进度之间的偏差对工期的影响，采取切合实际的调整措施，使计划进度符合新的实际情况，在新的起点上进行下一轮控制循环，如此循环下去，直到完成施工任务。

2. 项目进度管理的原理

工程项目进度管理是以现代科学管理原理作为其理论基础的，主要有系统原理、动态控制原理、弹性原理和封闭循环原理、信息反馈原理等。

（1）系统控制原理

该原理认为，工程项目施工进度管理本身是一个系统工程，它包括项目施工进度计划系统和项目施工进度实施系统两部分内容。项目必须按照系统控制原理，强化其控制全过程。

（2）动态控制原理

工程项目进度管理随着施工活动向前推进，根据各方面的变化情况，应进行实时的动态控制，以保证计划符合变化的情况，同时，这种动态控制又是按照计划、实施、检查、调整这四个不断循环的过程进行控制的。在项目实施过程中，可分别以整个施工项目、单位工程、分部工程为对象，建立不同层次的循环控制系统，并使其循环下去。这样每循环一次，其项目管理水平就会提高一步。

（3）弹性原理

工程项目进度计划工期长、影响进度因素多，其中有的已被人们掌握，因此，要根据统计经验估计出影响的程度和出现的可能性，并在确定进度目标时，进行实现目标的风险分析。在计划编制者具备了这些知识和实践经验之后，编制施工项目进度计划时就会留有余地，使施工进度计划具有弹性。在进行工程项目进度管理时，便可以利用这些弹性。缩短有关工作的时间，或者改变他们之间的搭接关系。如果检查之前拖延了工期，通过缩短剩余计划工期的方法，仍能达到预期的计划目标，这就是工程项目进度管理中对弹性原理的应用。

（4）封闭循环原理

工程项目进度管理是从编制项目施工进度计划开始的，由于影响因素的复杂和不确定性，在计划实施的全过程中，需要连续跟踪检查，不断地将实际进度与计划进度进行比较，如果运行正常可继续执行原计划；如果偏差，应在分析其产生的原因后，采取相应的解决措施和办法，对原进度计划进行调整和修订，然后再进入一个新的计划执行过程。这个由计划、实施、检查、比较、分析、纠偏等环节形成的一个封闭的循环回路。工程项目进度管理的全过程就是在许多这样的封闭循环中不断地调整、修正与纠偏，最终实现总目标。

（5）信息反馈原理

反馈是控制系统把信息输送出去，又把其作用结果返送回来，并对信息的再输出施加影响，起到控制的作用。

工程项目进度管理的过程实质上就是对有关施工活动和进度的信息不断搜集、加工、汇总、反馈的过程。施工项目信息管理中心要对搜集的施工进度和相关因素的资料进行加工分析，由领导做出决策后，向下发出指令，指导施工或对原计划做出新的调整、部署；基层作业组织根据计划和指令安排施工活动，并将实际进度和遇到的问题随时上报。每天都有大量的内外部信息、纵横向信息流进流出，因而必须建立健全工程项目进度管理的信息网络，使信息准确、及时、畅通，反馈灵敏、有力，以便能正确运用信息对施工活动进行有效控制，这样才能确保施工项目的顺利实施和如期完成。

3. 项目进度管理的办法

（1）分析影响工程项目进度的因素

水利水电工程项目的施工具有项目工期长（往往跨四至五年或更长）、地理条件复杂、决定工期的因素众多的特点。编制计划和执行施工进度计划时必须充分认识和估计这些因素，才能克服其影响，使得施工进度尽可能按计划进行。一般影响进度计划的主要因素有：

①项目管理内部原因。

②相关单位的因素。

③不可预见因素。

（2）项目进度管理方法

项目进度管理方法主要是规划、控制和协调。规划是指确定施工项目总进度管理目标和分进度管理目标、年进度管理目标，并编制其进度计划。控制是指在施工项目实施的全过程中，进行施工实际进度与施工计划的比较，出现偏差时及时进行调整。协调是指协调与施工进度有关的单位、部门和工作队组之间的进度关系。

（3）施工进度管理的主要措施

项目进度管理采取的主要措施有组织措施、技术措施、合同措施、经济措施。

组织措施主要是指：①落实各层次的进度管理人员、具体任务和工作责任。②建立进度管理的组织系统。③按照施工项目的结构、进展阶段或合同结构等进行项目分解，确定其进度目标，建立控制目标体系。④确定精度管理工作制度，如检查时间、方法、协调会议时间、参加人等。⑤对应详尽的因素分析和预测。技术措施主要是采取加快施工进度的技术方法。合同措施是指签订合同时，合同条款对合同工期和与进度有关的合同约定。经济措施是指实现进度计划的资金保证措施。具体的措施种类和主要内容：①管理信息措施：建立对施工进度能有效控制的监测、分析、调整、反馈信息系统和信息管理工作制度，随时监控施工过程的信息流，实现连续、动态的全过程，紧促目

标控制。②组织措施：建立施工项目进度实施和控制的组织系统，订立进度管理工作制度、检查方法、召开协调会议时间、人员等，落实各层次进度管理人员、具体任务和工作职责，确定施工项目进度目标，建立工程项目进度管理目标体系。③技术措施：尽可能采取先进的施工技术、方法和新材料、新工艺、新技术，保证进度目标实现；落实施工方案、做好设计优化工作，出现问题时要及时地调整工作之间的逻辑关系，加快施工进度。④合同措施：以合同的形式保证工期进度的实现。即：保证总进度管理目标与合同总工期相一致；分部工程项目的工期与单位工程总工期目标相一致；供货、供电、运输、构件、材料加工等规定的提供服务时间与有关的进度管理目标相一致。⑤经济措施：落实实现进度的保证资金；签订并实施关于进度和工期的经济承包责任制、责任书、合同；建立并实施关于工期和进度的奖惩办法、制度。

（4）项目进度管理体系

①进度计划体系。进度计划体系的内容主要有：施工准备工作计划、施工总进度计划、单位工程施工进度计划、分部工程进度计划。

②项目进度管理目标体系。项目进度管理总目标是依据施工项目总进度计划确定的。对项目进度管理总目标进行层层分解，便形成实施进度管理、相互制约的目标体系。

③项目进度管理目标的确定。在确定施工进度管理目标时，必须全面细致地分析与建设工程进度有关的各种有利因素和不利因素，只有这样，才能制订出一个科学的、合理的进度管理目标。确定施工进度管理目标的主要依据有：建设工程总进度目标对施工工期的要求，工期定额、类似工程项目的实际进度，工程难易程度和工程条件的落实情况等。

④项目进度管理程序。工程项目进度管理应严格按照以下程序进行进度管理：

根据施工合同的要求确定施工进度目标，明确计划开工日期、计划总工期和计划竣工日期，确定项目分期分批的开竣工日期。

编制施工进度计划，具体安排实现计划目标的工艺关系、组织关系、搭接关系、起止时间、劳动力计划、材料计划、机械计划及其他保证性计划。分包人负责根据项目施工进度计划编制分包工程施工进度计划。

进行计划交底，落实责任，并向监理工程师提交开工申请报告，按监理工程师开工令确定的日期开工。

实施项目进度计划。项目管理者应通过施工部署、组织协调、生产调度和指挥、改善施工程序和方法的决策等，应用技术、经济和管理手段实现有效的进度管理。项目管理部门首先要建立进度实施、控制的科学组织系统和严密的工作制度，然后依据工程项目进度管理目标体系，对施工的全过程进行系统控制。全部任务完成后，进行进度管理总结并编写进度管理报告。

（二）项目进度计划的编制和实施

1. 项目进度计划的编制

项目进度计划是表示各项工作（单位工程、分部工程或分项工程、单元工程）的施工顺序、开始和结束的时间以及相互衔接关系的计划。

它既是承包单位进行现场施工管理的核心指导文件，也是监理工程师实施进度控制的依据。项目进度计划通常是按工程对象编制的。

（1）项目计划的编制要求

①组织应依据合同文件、项目管理规划文件、资源条件与内外部约束提案件编制项目进度计划。

②组织应提出项目控制性进度计划。控制性进度计划包括：整个项目的总进度计划、分阶段进度计划、子项目进度计划和单体进度计划、年（季）进度计划。

③项目经理部应编制项目作业性进度计划。作业性进度计划可包括：分部分项工程进度计划、月（旬）作业计划。

④各类进度计划应包括：编制说明、进度计划表、资源需要量及供应平衡表。

（2）项目进度计划编制的程序

项目进度计划编制的程序：确定进度计划目标—进行工作分解—收集编制依据—确定工作起止时间及里程碑—处理各工作之间的逻辑关系—编制进度表—编制进度说明书—编制资源需求量及供应平衡表—报批

（3）项目进度计划的编制方法

项目进度计划的编制可使用文字说明、里程碑表、工作量表、横道图计划、网络计划等方法。作业性进度计划必须采用网络计划方法或横道计划方法。

2. 项目进度计划的实施

项目进度计划的实施就是施工活动的进展，也就是施工进度计划指导施工活动落实和完成计划。施工项目计划逐步实施的进程就是施工项目建设逐步完成的过程。

（1）项目进度计划实施要求

①经批准的进度计划，应向执行者进行交底并落实责任。

②进度计划执行者应制订实施计划方案。

③在实施进度计划的过程中应进行的工作：跟踪检查收集实际进度数据、将收集的实际数据与进度计划数据比较、分析计划执行的情况、对产生的计划变化采取相应措施进行纠偏或调整、检查纠偏措施落实的情况、进度计划的变更必须与有关部门和单位进行沟通。

（2）项目进度计划实施步骤

为了保证施工项目进度计划的实施，并且尽量按照编制的计划时间逐步实现，工

程项目进度计划的实施应按以下步骤进行：①向计划执行者进行交底并落实责任；②制订实施计划的方案；③跟踪记录、收集实际进度数据；④做好施工中的调度和协调工作。

（三）工程项目进度计划的调整

工程项目进度计划的调整应依据进度计划检查结果，在进度计划执行发生偏离的时候，通过对工程量、起止时间、工作关系，资源提供和必要的目标进行调整，或通过局部改变施工顺序、重新确认作业过程等相互协作的方式对工作关系进行的调整，充分利用施工的时间和空间进行合理交叉衔接，并编制调整后的施工进度计划，以保证施工总目标的实现。

当工程项目施工实际进度影响到后续工作、影响总工期，需要对进度计划进行调整时，通常采取 2 种办法：①改变某些工作的逻辑关系。②缩短某些工作的持续时间。

这里以现代科学管理原理作为基础理论，采用工程进度管理的规划、控制和协调等方法对水利水电工程进度控制和管理进行了较全面的、系统的阐述，就是希望每一个项目管理者能够熟悉和加深项目进度管理基本的思路，使得项目进度管理的规划、控制和协调得到良好的运行。

二、水利水电工程建设诚信体系管理

企业诚信建设是一项长期的、复杂的社会工程。随着我国更多的企业参与国际竞争，企业诚信建设已经成为影响我国的国际形象、影响对外开放进程的重要而紧迫的课题，需要社会各方面的共同努力来解决。当务之急应从以下几个方面推进我国企业诚信建设，具体建议的对策如下：

（一）加强社会信用体系建设，完善相关立法

社会信用体系是市场经济体制中的重要制度安排。应加快建立与我国经济社会发展水平相适应的社会信用体系基本框架和运行机制。应参照其他国家有关信用立法的经验，结合我国信用立法的现实情况，一是修改或完善现行的相关法律法规：二是尽快起草企业诚信分类管理、数据征集及处理等相关法规。

（二）推动政府诚信建设，加强政府管理和引导职能

要深化经济体制和行政管理体制改革，切实转变政府职能，加强政府自身的诚信建设，使政府成为全社会诚信的表率；要建立和完善社会诚信制度，协助建立失信约束和惩罚机制并监督行业规范发展；要加强全社会的诚信教育，形成社会共识和社会内聚力，形成社会成员诚信行为的良性预期和恪守诚信的社会氛围。

（三）充分发挥商会和协会的作用，构建企业诚信建设指导和服务体系

行业信用建设是社会信用体系建设的重要组成部分，应充分发挥商会、协会的作用，促进行业信用建设和行业守信自律。目前我国企业正处于诚信建设期，诚信建设是市场经济体制下的新事物。随着我国经济体制改革的深化和政府职能的转变，商会协会作为联系政府和企业自律性服务组织，在经济和社会生活中的作用越来越重要。与此同时，开展行业信用建设也是商会协会履行自身职责的客观要求，有利于加强行业管理，提高行业自律水平，规范行业竞争秩序，维护行业利益和促进行业发展。

（四）全面推进现代企业诚信管理体系建设

作为市场经济的主体，企业是诚信经营的实践者。在市场经济中，保持企业的健康和谐发展，一方面，企业的经营要有法律和制度的约束；另一方面，企业要加强自律，建立诚信文化，企业要将诚信作为自己的价值观，指导企业的管理实践，企业要考虑追求利益的行为方式，取信自己的股东和员工，取信外部利益群体，如顾客、商业合作伙伴、相关政府部门等。

1. 树立现代市场经济体制的诚信观

①从构建社会主义和谐社会的高度认识企业诚信建设。加强诚信建设是企业实践科学发展观的出发点，是企业增强自主创新能力的增长点，是企业加快建设社会信用体系的支撑点。

②继承和发展优秀传统诚信思想。我国传统诚信思想与商业信用之间既有相似共同的特点，又有符合现代市场规律的一面。要继承和发展优秀的传统诚信思想，服务于企业诚信建设。

③不断深化对诚信理念的认识。在经济全球化背景下，新经济伦理运动、企业社会责任运动对企业诚信建设产生了积极影响，企业诚信管理理念也形成了三个递进的层面，包括生产经营、生产要素、社会和环境。因此，在推动企业诚信建设过程中，应兼顾信用管理、职业道德管理和社会责任履行。

2. 建立现代企业的诚信管理制度

紧密结合建立社会信用体系的需要，从管理入手，管理要诚信。

①按照现代企业制度要求，实施信用管理。积极推进各项信用管理制度建设。主要包括：建立客户资信管理制度；建立内部授信制度；建立债权保障制度：建立应收账款管理制度，实施有效商账追收；建立合约管理制度，提高合同履约率等。

②建设新经济伦理，推进职业道德管理。经济伦理指的是直接调节和规范人们从事经济活动的一系列伦理原则和道德规范，是和人们的经济活动紧密地结合在一起并

内在于人们经济活动中的伦理道德规范。新经济伦理就是在新的全球化市场经济条件下的行为规范、伦理原则和道德规范。倡导制订职业道德行为准则；建立有效的利益冲突处理机制和道德问题解决机制；进行持久、全面的职业道德教育。明确对企业利益相关各方的责任和职责，包括：对顾客和用户提供优质的产品和服务；对员工尽到应有的责任；对股东、投资人进行客观严谨的信息沟通；对行业及业务伙伴保持平等、正当的竞争行为；不断推进企业内部反商业贿赂制度建设。

③适应全球企业发展趋势，履行企业社会责任。倡导企业发布社会责任报告，注重履行社会责任的内容和影响，力争达到表里如一。社会责任内容应包括：改善维护职工权益、保护资源环境、促进社区发展、消除贫困以及其他公益事业等。

3. 进一步完善市场竞争机制

通过行业的市场竞争，逐渐淘汰无诚信企业。但是要形成良好的竞争氛围，就必须建立一个完善的竞争市场；国内水利水电建设基本上在大中型项目上处于垄断经营或流域垄断经营，几家大的开发公司已经把流域开发范围划定；要想在大的流域开发上再形成竞争市场已经不太可能。但小水电的开发还远远没有完成，小型水电开发的投资、设计、施工的市场前景仍然非常广阔，希望能在这一领域进一步完善投资、设计、施工的竞争机制，创造良好的竞争市场。

全面推进企业诚信建设就是要让企业做到“五信”：即想诚信、会诚信、用诚信、促共信、不失信。围绕现代市场经济体系，结合我国诚信文化传统，吸取国际先进经验，不断推进企业诚信管理实践创新，弘扬诚实守信的良好风尚，促进我国经济和社会的和谐发展。

（五）法治为基础、进一步创建诚信社会

政府是企业搞工程建设的依靠，国家和地方政府在法制和诚信建设上要下大力气，集中开展工程建设领域突出问题专项治理工作，从推进体制改革、健全法规制度、构筑公共平台、加强监督执法 4 个方面入手，构建统一开放、竞争有序的招投标市场。

（六）稳定提升国企管理水平、严格建筑市场的民营企业管理

国有企业一直是我国国民经济发展的主体，肩负着经济快速稳定发展的重任，改革开放以来的成果已经证明了国有企业的实力和作用；在国内，大中型水利水电工程建设的参建各方均是一级资质或特一级资质的国企，这些具有国际水准的国企技术力量雄厚、水利水电建设经验丰富、经济基础坚实、管理水平较高，是中国水利水电建设的中流砥柱。

但是，在市场竞争日益激烈的水利水电建设市场中，盈利早已成为企业生存和发展的头等大事，降低管理成本是盈利的最直接的办法，这些国企在考虑企业经济效益

的基础上，大大缩减了产业工人的后续培养工作，更多的一级或特级企业需要社会资源的补充，使得水利水电建设市场出现大量合作的民营企业，或工序分包、工程转包、工程分包、中介回扣等；这些民营企业鱼目混珠，管理混乱。简单地说，利益的驱动是根本原因，混乱的合作扰乱了水利水电工程建设市场，也使得工程建设中进度管理和控制更加困难。所以，在水利水电工程建设的市场管理中，稳定提升国企管理水平、严格建筑市场的民营企业管理工作已经迫在眉睫，必须进行强有力的管理和规范。

第二节　水电建设进度控制的合同管理

一、建设工程企业资信（资质和信誉）管理

资信管理问题是源头，这些问题的解决不仅限于某一部门，水利水电工程建设管理工作事关经济社会发展大局，国家高度重视，社会非常关注，群众也非常关心。坚持求真务实，坚持改革创新，坚持规范执法，坚持关注民生，加强调查研究，创新工作机制，解决突出问题，不断提高工程建设管理水平。

①规范建筑市场秩序必须注重长效机制建设，要按照工程建设的规律，严格实施法定基本建设程序，抓住关键环节，强化建筑市场和施工现场的“两场”联动管理，实现属地化、流域化、动态化和全过程监管。

②逐步形成行政决策、执行、监督相协调的机制。要将涉及建筑市场监督管理的建筑业管理、工程管理、资质和资格、招标投标、工程造价、质量和安全监督以及市场稽查等相关职能机构，进行协调，实现联动，相互配合，国家监督管理既分工管理又联动执法，既不重复执法又不留下空白，进行全过程、多环节的齐抓共管。

③将制度性巡查与日常程序性管理相结合，形成建筑市场监督管理的合力和建筑市场闭合管理体系，共同促进建筑市场的规范。

④要加快建筑市场监督管理信息系统建设，加大计算机和信息网络技术在工程招标投标、信用体系建设、施工现场监管、工程质量安全监管、施工许可、合同履约跟踪监管中的应用，并实现信息在建筑市场监管职能机构之间的互联、互通和信息共享，强化政府部门对工程项目实施和建筑市场主体行为的监管，并逐步形成全国建筑市场监督管理信息系统；要加快电子政务建设，强化公共服务职能，方便市场主体，及时全面发布政策法规、工程信息、企业资质和个人执业资格等相关信息，全面推行政务公开，不断提高行政行为的透明度和服务水平。

⑤流域开发的建设更要建立和完善信誉评测制度和评测办法，建立“黑名单”“不良记录”。这个评测要有监督机制，建设各方均要在项目建设中阶段性地接受参建各方的评测和监督。评测的结果直接影响建设企业的资信评定。

⑥除了建设企业的资信评定，还要对企业的主要管理者建立资信评测制度，建立“责任人黑名单”“责任人不良记录”。

二、关于合同的含义

①合同是指平等主体的双方或多方当事人（自然人或法人）关于建立、变更、消灭民事法律关系的协议。此类合同是产生债的一种最为普遍和重要的根据，故又称债权合同。合同有时也泛指发生一定权利、义务的协议，又称契约。

②合同是双方的法律行为。即需要两个或两个以上的当事人互为意思表示（将能够发生民事法律效果的意思表现于外部的行为）。双方当事人意思表示须达成协议，即意思表示要一致。合同是以发生、变更、终止民事法律关系为目的。合同是当事人在符合法律规范要求条件下而达成的协议，故应为合法行为。合同一经成立即具有法律效力，在双方当事人之间就发生了权利、义务关系；或者使原有的民事法律关系发生变更或消灭。当事人一方或双方未按合同履行义务，就要依照合同或法律承担违约责任。

三、监理人在施工合同中的条款

（一）监理人和监理工程师

工程项目建设监理是监理单位受项目法人委托，依据国家批准的工程项目建设文件、有关工程建设法律、法规和工程建设监理合同及其他工程建设合同，对工程建设实施及监督管理；总监理工程师受监理单位委托，代表监理单位对工程项目监理的实施和管理全面负责，行使合同赋予监理单位的权限，对工程项目监理的综合质量全面负责的项目负责人；并授权监理工程师负责某子项目监理工作。

（二）国内工程建设项目施工合同中对监理人责任和权限的专用条款

在这些权限中我们把众多的权限名称（审核权、评审权、核查权、审查权）共同用“评审权”予以替代，共同的表述为：调查核实并评定正确与否。以便于合同各方更加完整地理解和解释监理人的权限定义。

1. 在施工合同实施中，业主赋予监理人以下权限

①对业主选择施工单位、供货单位、项目经理、总工程师的建议权。

②工程实施的设计文件（包括由设计单位和承包人提供的设计）的评审权，只有经过监理人加盖公章的图纸及设计文件才成为承包商有效的施工依据。

③对施工分包人资质和能力的评审权。

④就施工中有关事宜向业主提出优化的建议权。

⑤对承包人递交的施工组织设计、施工措施、计划和技术方案的评审权。

⑥对施工承包人的现场协调权。

⑦按合同规定发布开工令、停工令、返工令和复工令。

⑧工程中使用的主要工艺、材料、设备和施工质量的检验权和确认权、质量否决权。

⑨对承包人安全生产与施工环境保护的检查、监督权。

⑩对承包人施工进度的检查、监督权。

⑪ 根据施工合同的约定，行使工程量计量和工程价款支付凭证的评审和签证权。

⑫ 根据合同约定，对承包人实际投入的施工设备有审核和监督权。

⑬ 根据施工合同约定，对承包人实际投入的各类人员（项目经理、项目总工、主要技术和管理人员、检测、监测、施工安全监督及质检人员等）的执业能力有评审权。

⑭ 危及安全的紧急处置权。

⑮ 对竣工文件、资料、图纸的评审权。

⑯ 对影响到设计及工程质量、进度中的技术问题，有权向设计单位提出建议，并向业主作出书面报告。

⑰ 监理人收到业主或承包人的任何意见和要求（包括索赔），应及时核实并评价，再与双方协商。当业主和承包人发生争议时，监理人应根据自己的职能，以独立的身份判断，公正地进行调解，并在规定的期限内提出书面评审建议。当双方的争议由合同规定的调解或仲裁机关仲裁时，应当提供所需的事实材料。

2. 监理人在行使下列权利时，必须得到业主的书面批准或认可

①未经业主同意，承包人不得将其承包的工程以任何形式分包出去。对于合同工程中专业性强的工作，承包人可以选择有相应资质的专业承包人承担。无论在投标时或在合同实施过程中，承包人确定要进行专业分包的，必须经监理人和业主同意，并应将承担分包工作分包人的资质、将完成的类似工程业绩等资料（投标时应随同资格审核资料一起）提交监理人和业主评审。经监理人和业主同意的分包，承包人应对其分包出去的工程以及分包人的任何工作和行为负全部责任。分包人应就其完成的工作成果向业主承担连带责任。承包人应向监理人和业主提交副本合同副本。

承担合同压力钢管制造的分包人应具有政府主管部门核发的大型压力钢管生产许可证。除合同另有规定外，承包人采购符合合同规定标准的材料不要求承包人征得监理和业主同意。承包人应将所有劳务分包合同的副本提交监理人和业主备案。对于专业性很强的工作，必要时业主有权要求承包人选择专业分包人。因实施该专业分包工

作引起的费用变化和风险由承包人承担。

②发生“工期延误”条款规定的情况，需要确定延长完工期限。

③发生“工程变更”条款规定的情况，需要做出工程变更决定。

④发生“备用金”条款规定的情况，需要办理备用金支付签证。

⑤作出影响工期、质量、合同价格等其他重大决定。

在现场监理过程中，如果监理人发现危及生命、工程或毗邻的财产等安全的紧急事件时，在不免除合同规定的承包人责任的情况下，监理人应立即指示承包人实施消除或减少这种危险所必须进行的工作，即使没有业主的事先批准，承包人也应立即遵照执行。实施上述工作涉及工程变更的应按合同有关“变更”的规定办理。监理人无权免除或变更合同中规定的业主或承包人的义务、责任和权利。

四、及时处理工程变更、正确面对合同变更

变更分为工程变更和合同变更，工程变更主要是指在合同履约过程中，原合同清单工程量的增减、多少的变化，由于“设计文件”引起的不改变合同计价原则的新增项目价格（合同清单中没有）的变化；合同变更是由于合同边界条件发生重大变化，变化引起的费用已经是合同约定不能解决，需要合同双方协商，共同约定的变化。

（一）及时处理工程变更

1. 工程变更

在工程项目实施过程中，按照合同约定的程序对部分或全部工程在材料、工艺、功能、构造、尺寸、技术指标、工程数量及施工方法等方面做出的改变。工程变更的表现形式：更改工程有关部分的标高、基线、位置和尺寸；增减合同中约定的工程量；增减合同中约定的工程内容；改变工程质量、性质或工程类型；改变有关工程的施工顺序和时间安排；为使工程竣工而必须实施的任何种类的附加工作。

工程变更在各种合同中均有相应的约定，通用条款、专用条款的约定均是合同双方容易理解和执行的，其处理程序易于操作；但是往往变更处理的时效得不到很好的落实和执行，直接的结果就是承包人的变更费用无法支付，积少成多，易造成承包人资金垫付，资金运转困难，还可能出现业主资金计划滞后，给工程进度带来不必要的掣肘。能否及时地处理和支付工程变更费用，是工程建设中要引起重视的一个问题。在众多合同变更的条款中，为保证工程变更处理得更加及时，在专用条款约定中应增加如下内容：

①承包人向监理人提出书面变更请求报告 14 天内，监理人必须对承包人的变更申请予以确认：若同意作为变更，应按合同规定下发变更指令；若不同意作为变更，亦

应在上述期限内答复承包人。若监理人未在 14 天内答复承包人，则视为监理人已经同意承包人提出的作为变更的要求。承包人应向监理人提交一份变更报价书，监理人应在变更已经成立的基础上 28 天内对变更报价进行审核后做出变更决定，并通知承包人。

②承包人在收到监理人下发的变更指令或监理人发出的图纸和文件后，28 天内不向监理人提交变更报价书，则认为承包人主动放弃变更权利。同时承包人必须按监理人的指令内容或已发出的图纸和文件完成施工任务。

③发包人和承包人未对监理人的决定取得一致意见，则监理人可暂定他认为合适的价格和需要调整的工期，并将其暂定的变更处理意见通知发包人和承包人，此时承包人应遵照执行。对已实施的变更，监理人可将暂定的变更费用列入合同在规定的月进度付款中。若双方未执行，也未提请争议协调组评审，则监理人的暂定变更决定即为最终决定。

2. 正确面对合同变更

合同变更是合同关系的局部变化(如标的数量的增减、价款的变化、履行时间、地点、方式的变化)，而不是合同性质的变化（如买卖变为赠与，合同关系失去了同一性，此为合同的更新或更改）。《合同法》第 77 条第 1 款规定：当事人协商一致，可以变更合同。合同变更通常是当事人合意的结果。此外，合同也可能基于法律规定或法院裁决而变更，一方当事人可以请求人民法院或者仲裁机关对重大误解或显失公平的合同予以变更。

第三节　水利水电工程施工分包管理

一、工程分包概述

（一）工程分包的概念

工程分包是指承包人经发包人同意，将自己承包的部分或全部施工内容发包给其他承包人施工，并与分包人之间签订工程分包合同。但承包人应对分包人的工程继续承担与业主签订的一切责任及义务。

所谓中标项目的分包是指对中标项目实行总承包的单位，将其总承包的中标项目的某一部分或某几部分，再发包给其他的承包单位与其签订总承包合同下的分包合同，此时中标人就成为分包合同的发包人。中标人只能将中标项目的非主体、非关键性工

作分包给具有相应资质条件的单位；为防止中标人擅自将应当由自己完成的工程分包出去或者将工程分包给中标人所不信任的承包单位，分包的工程必须是招标采购合同约定可以分包的工程，合同中没有约定的必须经招标人认可；为了防止某些中标人在拿到工程项目后以分包的名义倒手转让，损害招标人的利益，破坏市场秩序，强调中标项目的主体性及关键性工作必须由中标人自行完成，不得分包；分包只能进行一次，接受分包的人不得再次分包。

（二）工程分包的原因

工程分包主要有社会必然性和具体工程两大原因。

1. 社会必然性

（1）社会专业化分工

社会总是向更高效的生产方式不断发展，随着建筑行业新技术、新材料、新工艺及新设备的发展和应用，以及项目管理体制和经营方式的不断创新，施工中的科技含量和项目管理水平也越来越高，客观上要求承包人之间进行专业化分工；而每一承包人都有自身的强项和弱势，承包人要想生存和发展，就必须发挥自身的优势并善于借用他人的优势，这就决定承包人主观上需要进行专业化协作；同时，从全社会效益层面讲，也需要不断提高资源的使用效率，以此促进整个社会的集约型增长，所以，社会发展从客观上讲要求提高专业化分工水平。

（2）市场竞争发展

产品的价值可分为基本值和附加值两部分。在当前竞争激烈的建筑市场上，对于技术含量低和劳务密集型项目，参与竞争的市场准入门槛较低，竞争自然比较激烈，从而造成项目的基本值空间被不断挤压，且处在该分工范围内承包人的利润水平必然有限；而技术含量高、管理密集的总承包项目的产品价值更多的是体现在附加值上，必然导致有能力的承包人将部分专业工程和劳务作业分包出去而专注总承包，以期提高生产率和利润率。这样，从客观上就形成了专业工程和劳务作业分包市场，部分为追求产品基本值和专业化附加值的承包人必然就应运而生，并随着总承包市场的发展而壮大。

2. 具体的工程原因

有人认为有关法律出台后，企业不能再对外分包工程，其实这是一个错误的认识。有关法律对分包的有关规定是为确保工程质量而禁止滥包、乱包、以包代管等违法分包行为。对合法的分包，法律还是支持的，而且以下原因的存在也使分包变得必要。

（1）施工企业资源不足

在市场竞争日益加剧的情况下，企业为了保证工程任务的连续性而大量投标，有时可能会发生中标工程过多，企业自有资源（人员、设备等）不能满足工程施工需要。在工人不足时，虽然企业可以采取向社会招聘民工的方式来弥补人力不足，但需按要求对新招聘人员进行岗前技能培训，这会增大企业在培训方面的投入，而且新招聘人员即使经过培训，其施工经验、业务技能等仍无法与具有长期类似施工经历分包队伍的工人相比。若机械设备不足，企业也可以采取自己购买或从社会上租赁机械设备。但购买机械，一方面会加大企业的资金投入，使企业面临资金运作的困难；另一方面若购买一些不常用的专用机械设备，在完工后可能会形成机械设备的长期闲置，使企业的资产利用率降低，会在一定程度上影响到企业的经营管理工作。若向社会租赁机械，一是在短时间内不容易租到所需机械，将会影响到工程施工的顺利进行。二是仅仅租赁机械，出租方所要的租金一般都较高，结果会加大企业的投入，使利润降低。综上所述，在企业自有资源的施工能力不能满足施工需要时，选择具有相应资质和类似施工经验的分包队伍协助完成施工任务将是一种较好的选择。

（2）中标工程中存在部分专业性较强的工程

在新技术日益发展的今天，高新技术在工程建筑中广泛采用，当中标工程中存在部分专业性较强或需某些特殊技术时，选择合适的专业队伍分包，不仅可以解决技术缺乏问题，而且更能保证工程质量和合同的各项指标符合合同要求。如隧道瓦斯处理、涌水、大跨度的轻钢结构等工程项目施工均有特殊技术要求，若将这些工程分包给专业队伍施工，在施工安全、工程质量等方面将会做得更好。

（3）业主指定

当业主指定工程的分包时，施工企业如无正当理由反对时，要按业主的要求将工程分包给指定的分包队伍。企业承包这些工程项目，业主可能指定分包方，在企业无正当理由时，应将工程分包给业主指定的队伍。

（三）分包、转包、转让的区别

承包人即使将部分工程进行分包，但不能解除合同规定的承包人的任何责任和义务，即承包人对分包人的行为负完全责任。工程转让是指经业主同意，承包人将合同或合同的一部分的权益转让给第三方，并免除了其对转让部分的合同责任和义务。若承包人将整个工程全部分包，则发生了质变，分包变成了转包。分包是量的变化，转包是质的变化。

我国禁止工程转包，且禁止将工程再分包。

国家西部大开发战略的实施，使水利水电工程市场进一步扩大，为水电施工企业带来了广阔的发展空间，为分包施工队伍提供了广阔的市场和良好的机遇，同时也给水电施工企业带来了更为激烈的竞争，给企业提出更高要求的管理水平。企业如果没有管理、资本、机制、体制、技术等方面的优势，其市场份额将减小并逐步被市场淘汰。

施工单位为了能够获得建筑项目，不得不放弃应得的利益，以低价中标，使施工单位的经营风险提高，利润能力和发展空间进一步缩小。

因此，为了寻求生存的方式和机会，要尽最大可能地降低施工成本，各水电施工单位都顺应国际潮流，加强分包施工力度，同时采取各种措施，避免分包施工中可能会出现的各种问题。

同时，水电施工企业原本有的弊病在这种竞争中暴露无遗，给企业生存带来很大威胁。因此，为提高企业生存力，提高企业利润，各水电施工企业都在进行以下工作：优化分包施工，加强对施工企业分包管理和监控，发挥分包施工优势，使施工成本可视化，规避分包风险，进而加强分包施工的管理水平。

二、水电工程项目分包管理对策

（一）建立健全“三大分包监控”制度

分包施工的过程管理，其实就是采取一系列措施，建立健全对分包施工的成本监控制度，质量监控制度以及进度监控制度，从而达到降低成本、保证质量及安全要求，达到预期的生产形象计划。

1. 细化分包过程中的成本监控制度

成本监控是项目管理的核心。水利水电工程施工承包合同中，施工成本一般占合同总价的70%以上，所以，施工成本是成本监控的主要内容。由于实际的水利水电工程项目，周期长，投资规模大，技术条件复杂，产品单件性鲜明，不可能建立和其他制造业一样的标准成本监控系统；而且水利水电工程项目管理机构是临时组成的，施工人员中民工较多，施工区域地理和气候条件一般又不利，使有效地对施工成本监控变得相当复杂的。但水利水电工程施工毕竟有其内在的规律，只要我们科学地组织和规划，采取适当的控制标准，严格地按规章实施，施工成本监控就会取得良好的效果。然而，特别说明的是，施工成本的控制必须以不影响工程质量和安全为前提。对分包商的成本监控方法有：

（1）建立完善的成本监控体系

制订一套符合市场实际的内部施工定额，用来管理签订的合同、施工组织设计或施工方案、材料市场价格等相关资料；编制成本计划和下达成本监控指标给分包商，同时用来作为分包商业绩考核的重要依据之一。在组织上，首先要确定项目部层面成本管理的牵头部门和责任人，代表项目部行使分包成本监控职权；其次要分别明确项目部、各专业成本管理的责任人，下达成本监控责任指标，要把成本指标分解到所有相关部门、个人及所有分包商，实行全项目部控制。在政策上，要实行责、权、利相结合，这是成本监控目标得以实现的重要保证。在成本监控过程中，项目经理及各专业管理人员都负有成本责任，相应地应享有一定的权限，包括用人权、财权等。如物资采购人员在采购材料时，在保证功能和质量的前提下，应享有选择供应商的权利，以确保材料成本相对最低。只有责、权、利相结合，才能使成本监控落到实处。

（2）实行全过程控制

施工项目成本的发生涉及项目的整个周期。因此，要从投标开始至中标后的实施及竣工验收实行全过程成本监控。在投标阶段，做好成本预测，签好合同；在中标后的施工过程中，优化施工组织设计和施工方案及分包方案，提高劳动生产效率，制订好成本计划和成本目标，采取技术和经济相结合的手段，控制好事中成本；在竣工验收阶段，要及时办理工程结算及追加的合同价款，做好成本的核算和分析。此外，还应加强合同管理，搞好工程索赔，提高项目成本的管理水平。

（3）控制直接成本，降低分包单价

工程直接成本主要是指在施工项目中发生的人工费、材料费、机械使用费、措施费以及其他直接费。对于分包而言主要是控制分包单价，在保证分包商的最低利润的基础上，尽量降低分包单价。

监控材料成本。包括材料用量控制和材料价格控制两方面。材料用量的控制包括：坚持按定额确定的材料消耗量，实行限额领料制度，各施工队只能在规定限额内分期分批领用，如超出限额领料，要分析原因，及时采取纠正措施；改进施工技术，推广使用降低材料耗费的各种新技术、新工艺、新材料；在对工程进行功能分析和对材料进行性能分析的基础上，力求用价格低的材料代替价格高的材料；认真计量验收，坚持余料回收，降低料耗水平；加强现场管理，合理堆放，减少搬运，降低堆放、仓储损耗。选用最经济的运输方式，以降低运输成本，控制运输费用。

控制人工费。从用工数量和用工来源两方面进行控制。第一，根据劳动定额计算出定额用工量，并将安全生产、文明施工及零星用工下达指标到班组进行控制；第二，要提高生产工人的技术水平和班组的组织管理水平，合理进行劳动组织，减少和避免无效劳动，提高劳动效率，精减人员；第三，根据工程项目属地的人力资源及其价格情况充分利用当地资源。

控制机械费。充分利用现有机械设备，内部合理调度，力求提高主要机械的利用率。在设备选型配套中，要注意一机多用，减少设备维修养护人员的数量和设备零星配件的费用

（4）大力推广新产品、新工艺、新技术的应用，减少投入，降低成本

在水利水电工程施工中，新产品、新工艺、新技术的应用是减少施工投入、降低生产成本的有效途径之一。因此，要加强项目施工技术、试验、质检、机械制配等方面专业技术人员的力量，实施技术攻关，大胆尝试，积极推进技术创新，鼓励技术改

造和新工艺、新产品的应用。同时，要学习同行业施工新技术、新产品、新工艺的实践应用经验，通过技术创新和新工艺、新产品的应用，降低成本，提高效益。如在土方填筑施工作业中，采取微波炉烘烤快速测定含水量法，使质检取样速度加快，为土方填筑作业抢得宝贵时间，既缩短了工期，又提高了工效，对生产成本起到了较好的控制作用。

（5）加强质量管理，控制质量成本

质量成本是指项目为保证和提高产品质量而支出的一切费用，以及未达到质量标准而产生的一切损失费用之和。

保证工程质量，为业主提供满意的工程产品，是施工单位的基本责任和义务，而且优良的质量能够树立良好的企业形象，为企业的长远发展奠定基础。因此，应十分重视提高工程质量水平，制订合理的质量目标，理顺质量目标与施工成本目标的关系，最大限度地降低质量成本。

⑥强化索赔观念，加强索赔管理。对于分包管理，主要是指规避分包商的不正当索赔，避免成本风险。

2. 拟定切实可行的分包成本标准

（1）合同施工成本监控标准

合同施工成本监控标准是以施工承包合同中的施工成本作为项目实际施工成本的控制标准。由于这套标准以合同为基础，适用性较强，在很多项目管理中被使用。合同价作为限制成本价，经常被切块或按工序进行分解，以切块价和工序单价为各施工队和部门的承包指标。这种倒逼的方法将施工成本监控在一个“封闭”的范围内，迫使各核算主体都自觉地采取适当的手段降低单位施工成本。

（2）制订分包实物消耗控制标准

企业实物消耗控制标准是以施工企业自身的施工技术和管理水平编制出的实物量消耗定额作为项目实际施工成本的控制标准。企业中标后，根据工程的实际情况和企业实物量定额对合同价进行调整，并以此标准对项目总的盈亏情况和单价盈亏情况予以评价，并作为各分包商盈利或减亏的承包依据。企业实物量消耗定额在项目管理和投标中的应用，一定程度上反映水利水电建筑承包市场由自由竞争向垄断竞争的迈进，也说明项目管理和企业决策由经验型向科学型过渡。

3. 做好施工成本监控的具体措施

（1）编制适用的企业定额，为分包单价提供依据

以企业定额来进行成本监控，是水利水电工程造价管理体制和投标市场竞争对施工企业的客观要求。企业实物量消耗定额是企业定额的最重要组成部分，它是企业在自身的水平上充分考虑了人的积极因素，在施工强度、质量以及人工、材料、施工机

械等方面规定所能达到的标准。编制先进而又可行的工时（工日）、材料单位耗量、台时（台班）等项消耗定额，是成本计划，考核、分析施工消耗水平的重要依据。因此，规模企业必须建立、健全定额管理制度，为了准确掌握企业的竞争实力，施工企业必须及时地对内部定额进行修订，使其在日益激烈的市场竞争中处于有利的位置。这一定额，实际上就是制订分包单价的最有力基础。

（2）加强材料管理

材料费（含配件）是施工成本最主要的组成部分，对材料费的控制是施工成本监控的重要内容。凡材料物资的收发、领退以及不同核算主体间的内部转移，都要经过清点和填制必要的凭证，并经一定的审批手续，以防止乱领、乱用。施工现场的材料物资要按规定及时地盘点、清查，防止积压浪费、变质和贪污盗窃；严格按施工工艺流程的要求进行施工，尽量避免由于施工不当造成工程质量缺陷，从而减少返工的材料费损失；另外，材料的质量管理也直接决定施工成本。材料在使用前必须严格按施工承包合同的要求进行检查，合格的才能进入工地，坚决杜绝因使用不合格材料而造成返工和增加补救措施费用。同时避免分包商的偷工减料和材料浪费。

（3）制订健全可行的原始记录制度

原始记录是反映施工和管理活动的原始资料，是进行成本预测、成本监控、消耗分析和施工索赔的重要依据，是施工成本监控最基础的工作。所以必须为原始记录提供健全可行的技术保障制度和管理制度。记录人员要与合同、技术、施工、劳资和设备等部门充分协调，认真制订科学易行、讲究实效的原始记录技术保障制度，使原始资料既能达到施工成本监控的要求，又能满足其他各方的管理需要，同时对各原始记录的登记、传递、审核和保管工作也要组织好，并形成规范的管理制度，以确保及时完整地为施工成本监控和其他有关方面提供资料。

（4）加强成本监控，确保企业利益不受损害

分包合同作为建设工程合同的一个特例，其履约期限较短，而且经济关系也错综复杂：除了分包方按合同要求完成一定的工程项目，收取相应的工程款外，为了整个工程考虑，发包方可能还会在主材、风、水、电、油料等辅材及动力、机械的零时租用等方面为分包方提供有偿的协助。在分包合同的履约过程中，要注意随时计量，确保这些主材和辅材等费用的扣回。每次在为分包方付款以前，由技术部门对分包方已完合格工程进行计量，材料机械等部门提供领（租）用项目部材料、风、水、电和机械等费用资料后，才能对分包方拨付工程款。在拨付工程款时要注意代扣营业税金、预留工程质量保证金。

（5）按合同办理结算和支付

各分包工程项目结算支付是总包单位与分包单位建立良好信任合作关系的重要环节，总包单位既要做到严格管理，又要做到诚信守约。这里的严格管理就是项目部要

建立完善的制度，明确结算工作职责和结算程序，确保对分包单位工程款结算的公开透明，严禁对分包单位进行超量、超价、超前结算；诚信守约就是严格按合同办事，实事求是地给分包单位办理工程款结算。在结算后，按分包合同规定及时、足额地将工程款支付给分包单位，不以任何理由和借口拖欠分包单位工程款。

（6）加强对工程分包项目的资金管理

项目部财务必须同时设立总账和明细账，建立一套完整的可操作性强的资金支付程序，使工程分包项目的资金支付得以规范。既保证正常施工所需的资金不因支付不到位而影响工程进展，也不因超期支付而引起分包方消极施工及结算时质保金不够扣留等被动局面。确保工程分包项目资金支付的有效性、安全性和合法合规性。

（二）严格分包过程中的质量监控制度

“百年大计，质量第一”。施工质量，永远是工程施工的生命要素。因此，做好对分包施工的质量监控，其实就是保证施工单位的生存空间。

1. 细化质量监控环节

施工是形成工程项目实体的过程，也是决定最终产品质量的关键阶段，要提高工程项目的质量，就必须从以下几点狠抓施工阶段的质量监控：

①严格履行施工合同，建立完善的质量监控体系及机构。

②严把原材料质量关。

③严把工序质量关及中期计量支付关。

④正确处理好质量、进度和投资三者之间的辩证关系。

⑤把好工程验收关。

总之，工程施工质量牵涉各方面各环节工作，只有加强了对决定和影响工程质量的所有因素控制，认真把握每个环节，才能创造出优质工程。

2. 严格执行分包工程的质量监控

因为分包工程是总包工程的一个重要组成部分，一旦质量、进度得不到有效控制，就会对总承包单位的总体质量、进度和信誉带来很大的影响。因此，应对分包工程的各个环节实施有效管理，以确保分包工程质量和进度符合要求如何有效地控制分包工程的质量，从分包商报角度上，应从以下几方面着手：

（1）选择有资质、信誉好的分包队伍

对分包队伍的选择应从以下几方面考虑：施工资质应满足分包工程的要求；主要技术、管理人员应有相关的工作经历或经验；分包队伍的以往业绩和社会信誉较好；与本单位以往合作的情况良好。

根据以上要求选择 2 ~ 3 家单位进行比较后确定分包单位；然后，总包单位应与分包单位签订一份明确的分包合同或协议书。不管分包队伍与总承包单位的关系怎样，都不能以口头协议代替书面分包合同或协议书。而且作为总承包单位，还应在分包合同或协议书中明确分包工程的范围、质量技术要求、工期、双方的责任和义务以及最终验收的标准。另外，总承包单位的现场项目部还需对分包工程的施工过程进行现场管理，对现场管理的方式如质量监督、安全检查、施工配合、分项评定等，均应在分包合同或协议书中得到确认。

（2）组织分包单位参加图纸会审

分包合同或协议书签订后，总包单位应及时将分包工程的施工图纸发放给分包单位，并组织分包单位参加建设单位或监理公司召开的施工图会审会议。分包单位若因故不能参加建设单位或监理公司召开的施工图会审会议，则作为总包单位，应要求分包工程项目的项目经理、技术负责人对分包工程的设计图纸进行详细审查，对分包工程的设计图纸中存在的不清楚的或相互矛盾的地方，列出问题清单，并与总包单位达成共识，由总包单位在参加由监理公司或建设单位组织的图纸会审时，将本单位审查图纸发现的问题和分包单位审查图纸提出的问题一同在会审会议上提出，请设计人员、监理人员或建设单位（甲方人员）给予明确答复或落实。

（3）对分包工程的施工组织设计或施工方案进行审批

图纸会审后，总包单位的技术负责人应对分包单位编制的分包工程施工组织设计或施工方案进行审批。审批时应考虑分包工程的施工组织设计或施工方案是否能满足设计图纸及图纸会审要求和分包合同要求，是否能满足总承包单位的施工组织设计要求（特别是工期紧张需要交叉作业的情况下，施工进度安排是否合理并便于实施），是否能满足法律法规和技术标准要求；若不能满足，应向分包单位提出，要求给予完善。待补充完善后的施工组织设计或施工方案重新审查认可后，才能同意分包工程正式开工。

（4）核查分包队伍的实际进场人员和施工设备

分包工程开工前，总包单位的现场项目部应核查分包队伍的主要进场人员、设备。针对现阶段建筑市场仍有一些不规范的地方，为防止分包工程转包出去，总包单位核查分包队伍的实际进场人员和进场施工设备显得尤其重要。核查时主要以分包工程的施工组织设计或施工方案作为依据，核对现场实际进场的人员与分包单位在施工组织设计或施工方案中确定的项目部人员是否一致、实际进场的设备与施工组织设计或施工方案中配置的施工设备是否一致；若发现有不一致的地方，总包单位现场管理人员应及时向分包单位提出，要求其进行整改或做出必要的说明，直到符合规定的要求。

（5）分包工程施工现场管理

分包工程开工后，总包单位的现场管理人员应督促其进行技术交底，并通过质量安全检查对分包工程的施工情况进行监督检查：对材料、半成品、设备的监督检查；对工序质量的监督检查；对施工进度管理；现场施工人员的监督检查；施工机械设备

使用的监督检查；安全文明施工的检查。

（6）分包工程竣工验收

分包工程完工后，总包商对分包工程实物质量和技术资料进行检查验收。

①实物质量验收。当分包单位完成分包合同规定的全部内容后，总包单位应要求其进行自检，自检合格后，填写工程竣工报告，上报总包单位。由他们组织对分包工程实物质量检查验收，同时应检查是否按图施工、是否满足经审批的分包工程施工组织设计或施工方案要求等。对验收中发现的问题，及时整改，直到复检合格。

②竣工资料检查验收。分包单位应按有关规范要求和分包工程所在地档案馆要求的内容整理分包工程技术资料、竣工资料和档案，并移交给总包单位。总包单位技术人员应对其进行审查、核对，若发现技术资料不全或不真实的，应要求分包单位补充齐全或按真实情况填写。

③工程保修书。分包单位向总包单位交付工程产品时，应附工程保修书。并明确期限和分包单位的保修承诺。只有分包工程的实物质量和工程技术资料均通过了验收、工程保修书内容符合要求，总包单位才能接收分包工程的移交，与分包单位办理移交手续，并进行工程结算。

3. 严格分包过程中的进度监控制度

进度监控一般由计划来体现，包括进度计划（天计划、周计划及季度计划等）、单项工程进度以及工程项目总进度计划。

水电工程建设项目能否在预定的时间内建设成并投入使用，关系到投资效益的发挥。因此，对水电工程项目进度进行有效的控制，使其顺利达到预定的目标，是进行水电工程建设项目管理的中心任务和在项目实施过程中一项的重要环节。

然而，水利工程建设项目技术复杂、投资大、工期长、移民难，影响工期因素多，进度监控风险大，以至于一些工程工期一拖再拖，建设工期成为工程建设整体效益中最敏感的因素。在确保工程质量的前提下，工程建设各方都是千方百计促使工程按期建成。因此，如何有效地进行进度监控是摆在工程师面前的重要任务。

4. 严格分包施工的进度监控

（1）进度监控原则

根据水电工程项目建设进度监控的特点，对水电工程项目建设进度监控应遵循下列三项基本原则：

①水电工程项目建设进度目标的分解原则。由于水电工程项目组成复杂，参与建设的各方主体及分包商较多，为了有利于各方建设主体制订不同类型的工程项目建设进度计划和对建设进度目标控制，必须将建立项目总进度目标进行分解，建立水电工程项目建设进度目标体系。

②水电工程项目建设进度目标分级控制原则。水电工程项目建设进度目标分级控制就是按不同建设活动所需要的活动时间对建设总工期（或施工工期）的不同影响进行分级控制。通常可以采用 ABC 分类法或其他的分类方法进行分级控制。

③建设进度与投资和质量的协调控制原则。工程项目建设进度与投资和质量有着密切的相互关系。对工程项目建设进度实施控制时，必须兼顾建设成本目标和质量目标。只有当对建设进度目标、建设投资目标和建设质量目标进行统筹协调时，才有可能实现以最少的资源投入（投资）、最快的建设速度（进度）和最佳的产出效果（质量），多快好省地完成工程项目建设任务。

（2）对分包施工的进度监控内容

由于水电工程建设工期和成本控制相互影响，相互制约，因而不能进行单一控制。如果控制管理得当，即可缩短工期，又可降低工程成本，使承包商和分包商均可获益。因此，双方都应重视监控施工计划及工程控制预算的编制和执行，以求优质、按期、高效地完成工程建设任务。

5. 细化工程进度的管理措施

（1）项目部在工程进度管理需要做好的工作

①项目开工前各项手续的办理，与业主、监理等相关部门的充分沟通与良好关系，是项目顺利开工建设的保证。

②编制项目管理规划，研究项目的总进度、施工布置、重大施工技术和施工难题，对项目实施过程中可能出现的问题做好预案，制订一整套制度来规范管理以提高工作效率。

③认真编写详细的施工组织设计及实施细则，并报监理、业主审批。在监理工程师的监督下在工程实施过程中努力落实。

④协调和解决与项目实施有关的问题，参加监理工程师主持的有关协调研究会议，对涉及工程进度的有关问题及时提出解决办法并报监理工程师实施，必要时对施工手段、施工资源、施工组织直至合同工期进行调整。

⑤及时审签工程进度款支付凭证，依据合同对分包商的工程进度完成情况进行奖励和处罚，必要时给予额外的奖励。尽量帮助分包商解决施工中存在的设备、资金等方面的实际困难，以加快工程进展。

（2）落实进度管理体系的措施

①建立进度管理体系及机构。项目部必须设立明确的进度管理架构，设置专职计划员，计划员需具备一定生产安排经验，了解图纸、施工组织设计、方案等技术文件，能对施工进度动向提前做出预测。

②进度管理体系的贯彻途径。每周召开至少一次均有各分包单位负责人参加的例会，及时解决施工中存在的问题，有话必说，有事必谈；必要时召开有关进度问题的

专题会议。项目部则必须及时落实解决到位。

③进度计划的检查与评价。在项目实施中，由于受到各种干扰，经常出现实际进度与计划进度不一致的现象。通常采用对进度计划的执行情况进行跟踪检查，发现问题后及时采取措施加以解决，对工程的施工进度及存在的问题进行了解。去现场检查进度计划的实际执行情况，并定期与不定期地参加现场会议，了解工程实际进展情况，同时协调有关方面的进度关系。

④设置相应的进度奖励。为达到要求的进度目标，项目部应设置相应的进度奖励，甚至可以奖励落实到天。特殊时期，每天下午确定第二天的进度安排，第二天下午进度检查和评估，按计划完成的给予奖励，没有完成的则给予处罚。这一措施有效的前提是：当时兑现，不得拖欠；奖罚分明，不能含糊；奖金可观，具有诱惑力。

工期在项目实施过程中，影响工程建设的内、外部因素，相互联系、相互影响、不断变化，形成一个多变量的复杂风险因素系统，共同作用于工程项目，影响工程建设目标的实现。为确保工程进度风险处于可控范围内，工程根据客观实际情况制订包括组织、技术、经济和管理等措施在内的进度监控及优化方案。进度奖励往往是最重要的一个举措。

第七章

水利水电工程招投标管理

第一节 水利水电工程招标与投标

一、水利水电工程招标

招投标是一种国际上普遍应用的、有组织的市场行为，是建筑工程项目、设备采购及服务中广泛使用的买卖交易方式。随着经济体制改革的不断深入，为适应市场经济的需要，我国从 20 世纪 80 年代初期，便率先在建筑工程领域开始引进竞争机制，目前招标与投标已经成为我国建筑工程项目、服务和设备采购中采用的最普遍、最重要的方式。

（一）招标的概念

招标是指在一定范围内公开货物、工程或服务采购的条件和要求，邀请众多投标人参加投标，并按照规定程序从中选择交易对象的一种市场交易行为。

招标项目按照国家有关规定需要履行项目审批手续的，应当先履行审批手续，取得批准。

招标人应当有进行招标项目的相应资金或者资金来源已经落实，并应当在招标文件中如实载明。

招标分为公开招标和邀请招标。公开招标是指招标人以招标公告的方式邀请不特定的法人或者其他组织投标；邀请招标是指招标人以投标邀请书的方式邀请特定的法人或者其他组织投标。

招标代理是指招标人有权自行选择招标代理机构，委托其办理招标事宜。

招标代理机构是依法设立从事招标代理业务并提供服务的社会中介。

（二）招标人的概念

我国《中华人民共和国招标投标法》明确规定，招标人就是指依照本法规定提出招标项目、进行招标的法人或者其他组织。

第一，招标人必须是法人或者其他组织。

法人是指具有民事权利能力和民事行为能力，并依法享有民事权利和承担民事义务的组织，包括企业法人、机关法人和社会团体法人。法人必须具备以下条件：

1. 必须依法成立

这一条件有两重含义。一是其设立必须合法，设立目的和宗旨要符合国家和社会公共利益的要求，组织机构、设立方式、经营范围、经营方式等要符合法律的要求。二是法人成立的审核和登记程序必须合乎法律的要求，即法人的设立程序必须合法。根据现行规定，企业经主管部门批准，工商行政管理部门核准登记，方可取得法人资格。有独立经费的机关从成立之日起，具有法人资格。事业单位、社会团体依法不需要办理法人登记的，从成立之日起具有法人资格；依法需要办理法人登记的，经核准登记后取得法人资格。

2. 必须具有必要的财产（企业法人）或经费（机关、社会团体、事业单位法人）

这是作为法人的社会组织能够独立参加经济活动，享有民事权利和承担民事义务的物质基础，也是其承担民事责任的物质保障。除法律另有规定外，全民所有制企业法人以国家授予其经营管理的财产承担民事责任，集体所有制企业法人、中外合资（合作）经营企业法人和外资企业法人以企业所有的财产承担民事责任。有限责任公司、股份有限公司均以其全部资产对公司的债务承担责任。

3. 有自己的名称、组织机构和场所

法人的名称是其拥有独立法人资格的标志，也是其商誉的载体，应包括权力机关、执行机关等，互相配合，使法人的意思能够产生并得到正确执行。为确立一个活动中心有自己的场所，包括住所（主要为其机构所在地）。

4. 能够独立承担民事责任

在经济活动中发生纠纷或争议时，法人能以自己的名义起诉或应诉，并以自己的财产作为自己债务的担保手段。

其他组织，指不具备法人条件的组织。主要包括：法人的分支机构；企业之间或企业、事业单位之间联营，不具备法人条件的组织；合伙组织；个体工商户等。

第二，招标人必须提出招标项目、进行招标。所谓“提出招标项目”，即根据实

际情况和《中华人民共和国招标投标法》的有关规定，提出和确定拟招标的项目，办理有关审批手续，落实项目的资金来源等。“进行招标”，指提出招标方案，撰写或决定招标方式，编制招标文件，发布招标公告，审查潜在投标人资格，主持开标，组建评标委员会，确定中标人，订立施工合同等。这些工作既可由招标人自行办理，也可委托招标代理机构代而行之。即使由招标机构办理，也是代表了招标人的意志，并在其授权范围内行事，仍被视为是招标人“进行招标。”

（三）实行招投标的目的

实行招标投标的目的，对于招标方（发包方）是为计划兴建的工程项目选择适当的承包商，将全部工程或其中的某一部分委托给该承包商负责完成，并且取得工程质量、工期、造价、安全文明以及环境保护都令人满意的效果；对于投标方（承包方）则是通过投标报价，确定自己的生产任务和施工对象，使其本身的生产活动满足发包方及政府部门的要求，并从中获得利益的一系列活动。

（四）公开招标程序

1. 招标

招标是指发包方根据已经确定的需求，提出招标项目的条件，向潜在的承包商发出投标邀请的行为。招标是招标方单独所作为的行为。步骤主要有：确定招标代理机构和招标需求，编制招标文件，确定标底，发布招标公告或发出投标邀请，进行投标资格预审，通知投标方参加投标并向其出售标书，组织召开标前会议等。

2. 投标

投标是指投标人接到招标通知后，根据招标通知的要求填写招标文件，并将其送交招标方（或招标代理机构）的行为。此阶段，投标方所进行的工作主要有：申请投标资格，购买标书，考察现场，办理投标保函，编制和投送标书等。

3. 开标

开标是招标方在预先规定的时间和地点将投标人的投标文件正式启封揭晓的行为。开标由招标方（或招标代理机构）组织进行，但需邀请投标方代表参加。招标方（或招标代理机构）要按照有关要求，逐一揭开每份标书的封套，开标结束后，还应由开标组织者编写一份开标会纪要。

4. 评标

评标是招标方（或招标代理机构）根据招标文件的要求，对所有的标书进行审查和评比的行为。评标是招标方的单独行为，由招标方或其代理机构组织进行。招标方要进行的工作主要有：审查标书是否符合招标文件的要求和有关规定，组织人员对所

有的标书按照一定方法进行比较和评审，就初评阶段被选出的几份标书中存在的某些问题要求投标人加以澄清，最终评定并写出评标报告等。

5. 决标

决标也即授予合同，是招标方（或招标代理机构）决定中标人的行为。决标是招标方（或招标代理机构）的单独行为。招标方所要进行的工作有：决定中标人，通知中标人其投标已经被接受，向中标人发出中标意向书，通知所有未中标的投标方，并向未中标单位退还投标保函等。

6. 授予合同

授予合同习惯上也称签订合同，因为实际上它是由招标人将合同授予中标人并由双方签署的行为。在这一阶段，通常双方对标书中的内容进行确认，并依据标书签订正式合同。为保证合同履行，签订合同后，中标的承包商还应向招标人或业主提交一定形式的担保书或担保金。

（五）招标文件的概念

招标文件是招标人向投标人提供的，为进行投标工作所必需的文件。招标文件的作用在于：阐明需要拟建工程的性质，通报招标程序将依据的规则和程序，告知订立合同的条件。招标文件既是投标人编制投标文件的依据，又是招标人与中标承包商签订合同的基础。因此，招标文件在整个招投标过程中起着至关重要的作用。招标人应十分重视编制招标文件的工作，并本着公平互利的原则，务必使招标文件严密、周到、细致、内容正确。编制招标文件是一项十分重要而又非常烦琐的工作，应有有关专家参加，必要时还要聘请咨询专家参加。招标文件的编制要特别注意以下几个方面：①所有拟建工程的内容，必须详细地一一说明，以构成竞争性招标的基础；②制定技术规格和合同条款不应造成对有资格投标的任何供应商或承包商的歧视；③评标的标准应公开和合理，对偏离招标文件另行提出新的技术规格的标书的评审标准，更应切合实际，力求公平；④符合我国政府的有关规定，如有不一致之处要妥善处理。

（六）招标文件的构成

除了招标邀请书以外，招标文件还包括：①投标人须知；②投标资料表，③通用合同条款；④专用合同条款及资料表；⑤产品需求一览表；⑥技术规格；⑦投标函格式和投标报价表；⑧投标保证金格式；⑨合同格式；⑩履约保证金格式；　预付款银行保函格式；⑫ 制造厂家授权格式；⑬ 资格文件；⑭ 投标人开具的信用证样本。

招标文件作为招投标工作的纲领性文件，其详细程度和复杂程度随着招标项目和合同的大小、性质的不同而有所变化。一般来讲，招标文件必须包含充分的资料，使投标人能够提交符合采购实体需求并使采购实体能够以客观和公平方式进行比较的投标。大体上招标文件应包含的内容通常有三类：一类是关于编写和提交投标书的规定，包括招标通告、投标须知、投标书的形式和签字方法等；另一类是合同条款和条件，包括一般条款和特殊条款、技术规格和图纸、工程量的清单、开工时间和竣工时间表以及必要的附件，比如各种保证金的格式等；第三类是评标和选择最优投标的依据，通常在投标须知中和技术规格中明确规定下来。

（七）招标公告

我国《中华人民共和国招标投标法》规定，招标公告应当载明招标人的名称和地址、招标项目的性质、数量、实施地点和时间以及获取招标文件的办法等事项。

招标公告的主要目的是发布招标信息，使有兴趣的供应商或承包商知悉，前来购买招标文件、编制投标文件并参加投标。因此，招标公告包括哪些内容，或者至少应包括哪些内容，对潜在的投标企业来说是至关重要的。一般而言，在招标公告中，主要内容应为对招标人和招标项目的描述，使潜在的投标企业在掌握这些信息的基础上，根据自身情况，作出是否购买招标文件及参与投标的决定。

规定招标公告应具备以下内容：

①招标人的名称和地址。

②招标项目的性质数量、实施地点和时间。

A. 招标项目的性质，指项目属于基础设施、公用事业的项目，或使用国有资金投资的项目，或利用国际组织或外国政府贷款、援助资金的项目；是土建工程招标，或是设备采购招标，或是勘察设计、科研课题等服务性质的招标。

B. 招标项目的数量，指把招标项目具体地加以量化，如设备供应量、土建工程量等。

C. 招标项目的实施地点，指材料设备的供应地点，土建工程的建设地点，服务项目的提供地点等。

D. 招标项目的实施时间，指设备、材料等货物的交货期，工程施工期，服务项目的提供时间等。

③获取招标文件的办法。指发售招标文件的地点、负责人、标准，招标文件的邮购地址及费用，招标人或招标代理机构的开户银行及账号等。

二、水利水电工程投标

（一）投标人的概念

《中华人民共和国招标投标法》规定，投标人是响应招标、参加投标竞争的法人或者其他组织。依法招标的科研项目允许个人参加投标的，投标的个人适用本法有关

投标人的规定。

招标公告或者投标邀请书发出后，所有对招标公告或投标邀请书感兴趣的并有可能参加投标的人，称为潜在投标人。那些响应招标并购买招标文件，参加投标的潜在投标人称为投标人。这些投标人必须是法人或者其他组织。

所谓响应招标，是指潜在投标人获得了招标信息或者投标邀请书以后，购买招标文件，接受资格审查，并编制投标文件，按照投标人的要求参加投标的活动。

参加投标竞争，是指按照招标文件的要求并在规定的时间内提交投标文件的活动。投标人可以是法人也可以是其他非法人组织。

按照《中华人民共和国招标投标法》规定，投标人必须是法人或者其他组织，不包括自然人。但是，考虑到科研项目的特殊性，本条增加了个人对科研项目投标的规定，个人可以作为投标主体参加科研项目投标活动。这是对科研项目投标的特殊规定。

招标投标制作为市场经济条件下一种重要的采购及竞争手段，在科学技术的研究开发及成果推广中也越来越多地为人们所采用。长期以来，我国的科技工作主要是依靠计划和行政的手段来进行管理的，从科研课题的确定，到研究开发、试验生产直至推广应用，都是由国家指令性计划安排。国家用于发展科学技术事业特别是科研项目的经费，主要来自于财政拨款，并且通过指令性计划的方式来确定经费的投向和分配。科研项目及其经费的确定，往往是采用自上而下或自下而上的封闭方式，这一做法在计划经济体制下曾经发挥了重大的作用，但已不再适应当前市场经济体制的要求，科研单位缺乏竞争意识和风险意识，因此不仅在决策上具有一定的盲目性，而且在具体实施过程中，还存在着项目重复、部门分割、投入分散、信息闭塞等弊端，使有限的科技资源难以发挥最优的功效。

（二）投标人应注意的事项

投标人购买标书后，应仔细阅读标书的投标项目要求及投标须知。在获得招标信息，同意并遵循招标文件的各项规定和要求的前提下，提出自己的投标文件。

投标文件应对招标文件的要求作出实质响应，符合招标文件的所有条款、条件和规定且无重大偏离与保留。

投标人应对招标项目提出合理的价格。高于市场的价格难以被接受，低于成本报价将被作为废标。因唱标一般只唱正本投标文件中的“开标一览表”，所以投标人应严格按照招标文件的要求填写“开标一览表”“投标价格表”等。

投标人的各种商务文件、技术文件等应依据招标文件要求备全，缺少任何必需文件的投标将被排除在中标人之外。一般的商务文件包括：资格证明文件（营业执照、税务登记证、企业代码以及行业主管部门颁发的等级资格证书、授权书、代理协议书等）、资信证明文件（包括保函、已履行的合同及商户意见书、中介机构出具的财务状况书等）。

技术文件一般包括投标项目施工组织设计及企业相关资料等。

除此之外，投标人还应有整套的售后服务体系，其他优惠措施等。

上述是投标人投标时制作投标文件应注意的基本问题。投标人另外还须按招标人的要求进行密封、装订，按指定的时间、地点、方式递交标书，迟交的投标文件将不被接受。

投标人应以合理的报价、优质的产品或服务、先进的技术、良好的售后服务为成功中标打好基础。而且投标人还应学会包装自己的投标文件。如标书的印刷、装订、密封等均应给评委以良好的印象。

（三）投标人应当如何编制投标文件

1. 投标人应当按照招标文件的要求编制投标文件

投标文件应当对招标文件提出的实质性要求和条件作出响应。招标项目属于建设施工的，投标文件的内容应当包括拟派出的项目负责人与主要技术人员的简历、业绩和拟用于完成招标项目的机械设备等。

2. 投标人要到指定的地点购买招标文件，并准备投标文件

在招标文件中，通常包括招标须知，合同的一般条款、特殊条款，价格条款、技术规范以及附件等。投标人在编制投标文件时必须按照招标文件的这些要求编写投标文件。

3. 投标人应认真研究、正确理解招标文件的全部内容，并认真编制投标文件

投标文件应当对招标文件提出的实质性要求和条件作出响应。“实质性要求和条件”是指招标文件中有关招标项目的价格、项目的计划、技术规范、合同的主要条款等，投标文件必须对这些条款作出响应。这就要求投标人必须严格按照招标文件填报，不得对招标文件进行修改，不得遗漏或者回避招标文件中的问题，更不能提出任何附带条件。投标文件通常可分为：

（1）商务文件

这类文件是用以证明投标人履行了合法手续及使招标人了解投标人商业资信、合法性的文件。一般包括投标保函、投标人的授权书及证明文件、联合体投标人提供的联合协议、投标人所代表的公司的资信证明等，如有分包商，还应出具资信文件供招标人审查。

（2）技术文件

如果是建设项目，则包括全部施工组织设计内容，用以评价投标人的技术实力和经验。技术复杂的项目对技术文件的编写内容及格式均有详细要求，投标人应当认真按照规定填写。

（3）价格文件

这是投标文件的核心，全部价格文件必须完全按照招标文件的规定格式编制，不允许有任何改动，如有漏填，则视为其已经包含在其他价格报价中。

为了保证投标方能够在中标以后完成所承担的项目，《中华人民共和国招标投标法》规定：招标项目属于建设施工的，投标文件的内容应当包括拟派出的项目负责人与主要技术人员的简历、业绩和拟用于完成招标项目的机械设备等。这样的规定有利于招标人控制工程发包以后所产生的风险，保证工程质量，因为项目负责人和主要技术人员在项目施工中起到关键的作用，而机械设备是完成任务的重要工具，这一工具的技术装备直接影响了工程的施工工期和质量。所以，在本条中要求投标人在投标文件中要写明计划用于完成招标项目的机械设备。

（四）投标书的编制

1. 投标的语言

投标人提交的投标书以及投标人与买方就有关投标的所有来往函电均应使用“投标资料表”中规定的语言书写。投标人提交的支持文件的另制文献可以用另一种语言，但相应内容应附有“投标资料表”中规定语言的翻译本，在解释投标书时以翻译本为准。

2. 投标书的构成

投标人编写的投标书应包括以下几部分：①按照投标人须知的要求填写的投标函格式、投标报价表；②按照投标人须知要求出具的资格证明文件，证明投标人是合格的，而且中标后有能力履行合同；③按照要求出具的证明文件，证明投标人提供的货物及其辅助服务是合格的货物和服务，且符合招标文件规定；④按照规定提交的投标保证金。

3. 投标函格式

①投标人应完整地填写招标文件中提供的投标函格式和投标报价表，说明所提供的货物、货物简介、来源、数量及价格。

②为便于给予国内优惠，投标书将分为以下三类：

A组：投标书提供的货物在买方本国制造，其中要求：来自于买方本国劳务、原材料、部件的费用占出厂价的30%以上；制造和组装该货物的生产设施至少从递交投标书之日起已开始制造或组装该类货物。

B组：所有其他的从买方本国供货的投标。

C组：提供要由买方从国外直接进口或通过卖方的当地代理进口的外国货物。

④为了便于买方进行以上分类，投标人应填写招标文件中提供的相应组别的投标报价表，如果投标人填写的投标报价表不是相应组别的投标报价表，其投标书不会被拒绝，但是买方将把其投标书归入相应类别的投标组别中。

第二节　投标人资格预审

投标人的资格审查有预审和后审两种方式。

一、投标人资格预审概述

投标人资格预审是在投标前对有兴趣投标的单位进行资格审查，审查合格方允许其参加投标。我国的预审程序与国际通行的基本相同，即先由招标单位或其委托代理机构发布投标人资格预审公告，有兴趣投标的单位提出资格预审申请，按招标单位要求填写资格预审文件，经审查合格者即可获取招标文件，参加投标。

投标申请人的资格预审文件包括“投标申请人资格预审须知”、“投标申请人资格预审申请书”和“投标申请人资格预审合格通知书”三部分。

（一）总则

①鉴于（招标人名称）作为拟建（工程项目名称）的招标人，已按照有关法律、法规、规章等规定完成了工程施工招标前的所有批准、登记、备案等手续，已具备工程施工招标的条件，且已有用于该招标项目的相应资金或资金已经落实。

②招标人将对本工程的投标申请人进行资格预审。投标申请人可对本次招标的工程项目中的一个或多个标段提出资格预审申请。

③关于本工程项目的基本情况以及招标人提供的设施和服务等将在附件中说明。

④投标申请人如需分包，应详细提供分包理由和分包内容以及分包商的相关资料，如分包理由不充分或分包内容不当，将可能导致其不能通过资格预审。

（二）资格预审申请

①资格预审将面向具备建设行政主管部门核发的［建筑业企业资质类别（资质等级）］及以上资质和具备承担招标工程项目能力的施工企业或联合体。

②投标申请人应向招标人提供充分和有效的证明资料，证明其具备规定的资质条件。所有证明材料须如实填写、提供。

③投标申请人须回答资格预审申请书及附表中提出的全部问题，任何缺项将可能导致其申请被拒绝。

④投标申请人须提交与资格预审有关的资料，并及时提供对所提交资料的澄清或补充材料，否则将可能导致其不能通过资格预审。

⑤按资格预审要求所提供的所有资料均应使用（语言文字）。

⑥如果投标申请人申请一个以上的标段，投标申请人应在资格预审申请书中指明申请的标段，并单独为申请的每个标段分别提供关键人员和主要设备的相关资料（按附表要求进行填写）。

⑦申请书应由投标申请人的法定代表人或其授权委托代理人签字。没有签字的申请书将可能被拒绝。由委托代理人签字的，资格预审申请书中应附有法定代表人的授权书。

（三）资格预审评审标准

①对投标申请人资格的预审，将依据投标申请人提交的资格预审申请书和附表，以及所约定的必要合格条件标准和所约定的附加合格条件标准。

②招标人将依据投标申请人的合同工程营业额（收入、净资产）和在建工程的未完部分合同金额，对投标申请人作出财务能力评价，以保证投标申请人有足够的财务能力完成该投标项目的施工任务。

③招标人将确定每个投标申请人参与本招标工程项目投标的合格性，只有在各方面均达到本须知中要求申请人须满足的全部必要合格条件标准时，才能通过资格预审。

（四）联合体

由两个或两个以上的施工企业组成的联合体，按下列要求提交投标申请人资格预审申请书：

①联合体的每一成员均须提交符合要求的全套资格预审文件。

②资格预审申请书中应保证在资格预审合格后，投标申请人将按招标文件的要求提交投标文件，投标文件和中标后与招标人签订的合同，须有联合体各方的法定代表人或其授权委托人签字和加盖法人印章；除非在资格预审申请书中已附有相应的文件，在提交投标文件时应附联合体共同投标协议，该协议应约定联合体的共同责任和联合体各方各自的责任。

③资格预审申请书中均须包括联合体各方计划承担的份额和责任的说明。联合体各方须具备足够的经验和能力来承担各自的工程。

④资格预审申请书中应约定一方作为联合体的主办人，投标申请人与招标人之间的来往信函将通过主办人传递。

⑤联合体各方均应具备承担本招标工程项目的相应资质条件。相同专业的施工企业组成的联合体，按照资质等级低的施工企业的业务许可范围承揽工程。

⑥如果达不到对联合体的要求，其提交的资格预审申请书将被拒绝。

⑦联合体各方可以单独参加资格预审，也可以以联合体的名义统一参加资格预审，但不允许任何一个联合体成员就本工程单独投标，任何违反这一规定的投标文件将被拒绝。

⑧如果施工企业能够独立通过资格预审，鼓励施工企业独立参加资格预审；由两个或两个以上的资格预审合格的企业组成的联合体，将被视为资格预审当然合格的投标申请人。

⑨资格预审合格后，联合体在组成等方面的任何变化，须在投标截止时间前征得招标人的书面同意。如果招标人认为联合体的任何变化将出现下列情况之一的，其变化将不被允许：

A. 严重影响联合体的整体竞争实力的；

B. 有未通过或未参加资格预审的新成员的；

C. 联合体的资格条件已达不到资格预审的合格标准的；

D. 招标人认为将影响招标工程项目利益的其他情况。

⑩以联合体名义通过资格预审的成员，不得另行加入其他联合体就本工程进行投标。在资格预审申请书提交截止时间前重新组成的联合体，如提出资格预审申请，招标人应视具体情况决定其是否被接受。

⑪ 以合格的分包人身份分包本工程某一具体项目为基础参加资格预审并获通过的施工企业，在改变其所列明的分包人身份或分包工程范围前，须获得招标人的书面批准，否则，其资格预审结果将自动失效。

⑫ 投标申请人须以书面形式对上述招标人的要求作出相应的保证和理解。

（五）利益冲突

近三年内直至目前，投标申请人应：

①未曾与本项目的招标代理机构有任何的隶属关系；

②未曾参与过本项目的技术规范、资格预审或招标文件的编制工作；

③与将承担本招标工程项目监理业务的单位没有任何隶属关系。

（六）申请书的递交

投标人在递交标书应注意的问题：

投标人应当在招标文件要求提交投标文件的截止时间前，将投标文件送达投标地点。招标人收到投标文件后，应当签收保存，不得开启。投标人少于三个的，招标人应当依照本法重新招标。在招标文件要求提交投标文件的截止时间后送达的投标文件，招标人应当拒收。

投标文件的送达。投标人必须按照招标文件规定的地点，在规定的时间内送达投标文件。投递投标书的方式最好是直接送达或委托代理人送达，以便获得招标机构已收到投标书的回执。

在招标文件中通常就包含有递交投标书的时间和地点，投标人不能将投标文件送交招标文件规定地点以外地方，如果投标人因为递交投标书的地点发生错误，而延误投标时间的，将被视为无效标而被拒收。

如果以邮寄方式送达的，投标人必须留出邮寄时间，保证投标文件能够在截止日期之前送达招标人指定的地点。而不是以“邮戳为准”。在截止时间后送达的投标文件，即已经过了招标有效期的，招标人应当原封退回，不得进入开标阶段。

（七）资格预审申请书资料的更新

在提交投标文件时，如资格预审申请书中的内容发生更大变化，投标申请人须对资格预审申请书中的主要内容进行更新，以证明其仍满足资格预审评审标准，如果已经不能达到资格标准，其投标条件将被拒绝。

（八）通知与确认

只有资格预审合格的投标申请人才能参加本招标工程项目的投标。每个合格的投标申请人只能参与一个或多个标段的一次性投标。如果投标申请人同时以独立投标申请人身份和联合体成员的身份参与同一项目的投标，则包括该投标申请人的所有投标将均被拒绝，本规定不适用于多个投标申请人共同选定同一专业分包人的情况。

招标人可以保留下列权利：

①修改招标工程项目的规模及总金额。这种情况发生时，投标申请人只有达到修改后的资格预审条件要求且资格预审合格，才能参与该工程的投标；

②接受符合资格预审合格条件的申请；

③拒绝不符合资格预审合格条件的申请。

在资格预审文件提交截止时间后 3 天内，招标人将以书面的形式通知投标申请人其资格预审结果，并向资格预审合格的投标申请人发出资格预审合格通知书。

投标申请人接到资格预审合格通知书后即获得参加本招标工程项目投标的资格。如果资格预审合格的投标申请人数量过多时，招标人将按有关规定从中选出不少于 5 个投标申请人参与投标。

投标申请人应在收到资格预审合格通知书后以书面形式予以确认。

（九）附件

由招标人确定具体的标准，随投标申请人资格预审须知同时发布，以便每个投标申请人都能了解资格预审的必要合格条件标准。

由招标人根据工程的实际情况确定具体附加合格条件的项目和合格条件的内容，随投标申请人资格预审须知同时发布，以便每个投标申请人都能了解资格预审的附加合格条件标准。招标人可就下列方面设立附加合格条件：

①对本招标工程项目所需的特别措施或工艺的专长；

②专业工程施工资质；

③环境保护要求；

④同类工程施工经历；

⑤项目经理资格；

⑥安全文明施工要求等。

招标工程的项目概况由招标人进行逐项详细描述，随投标申请人资格预审须知同时发布。

二、投标人资格后审

资格后审是投标人不需经过预审即可参加投标，待开标后再对其进行资格审查，审查合格者方可参加评标。资格后审的内容与资格预审基本相同。这种资格审查方式通常在工程规模不大、预计投标人不会很多或者实行邀请招标的情况下采用，可以节省资格审查的时间和人力，有助于提高效率和降低招标费用。

第三节　投标文件的编制

一、施工招标标底的编制

（一）标底的概念

标底是招标人对招标工程的预期价格，是由招标人自行或委托经有关部门批准的，具有编制标底资格和能力的中介机构代理编制，并按规定报经审定的招标工程的发包价格。

（二）标底的主要作用

招标人可根据实际工程的情况决定是否编制标底。如设标底，则标底的编制是招

标过程中必不可少的组成部分，在确定承包商的过程中起着一种“商务标准”的作用，合理的标底是业主以合理的价格获得满意的承包商，中标人获取合法利润的基础。充分认识标底的作用，了解编制应遵循的原则和科学的方法，才能编制出与工程实际相吻合的标底，使其起到应有的作用。

①能够使招标人预先明确其在拟建工程上应承担的财务义务。标底的编制过程是对项目所需费用的预先自我测算过程，通过标底的编制可以促使招标人事先加强工程项目的成本调查和预测，做到对价格和有关费用心中有数。

②控制投资、核实建设规模的依据。标底必须控制在批准的概算或投资包干的限额之内（指扣除该项工程的建设单位管理费、征地拆迁费等所有不属于招标范围内各项费用的余额）。在实际工作中，如果按规定的程序和方法编制的标底超过批准的概算或投资包干的限额，应进行复核和分析，对其中不合理部分应剔除或调整；如仍超限额，应会同设计单位一起寻找原因，必要时由设计单位调整原来的概算或修正概算，并报原批准机关审核批准后，才能进行招标工作。

③评标的重要尺度。投标单位的报价进入以标底为基准的一定幅度范围内为有效报价，无充分理由而超出范围的报价作为废标处理，评标时不予考虑。因此，只有编制了，标底，才能正确判断投标者所投报价的合理性和可靠性，否则评标就是盲目的。只有制定了准确合理的标底，才能在定标时作出正确的抉择。

④标底编制是招标中防止盲目报价、抑制低价抢标现象的重要手段。盲目压低标价的低价抢标者，在施工过程中则采取或偷工减料，或无理索赔等种种不正当手段以避免自己的损失，使工程质量和施工进度无法得到保障，业主的合法权益受到损害。在评标过程中，以标底为准绳，剔除低价抢标的标书是防止此现象的有效措施。

标底的性质和作用要求招标工程必须遵循一定的原则，以严肃认真的态度和科学的方法来编制标底，使之准确、合理，保证招标工作的健康开展，定标时作出正确的抉择，使工程顺利进行。

（三）标底的编制原则

①标底编制应遵守国家有关法律、法规和水利行业规章，兼顾招标人和投标人的利益。

②标底应符合市场经济环境，反映社会平均先进工艺和管理水平。

③标底应体现工期要求，反映承包商为提前工期而采取施工措施时增加的人员材料和设备的投入。

④标底应体现招标人的质量要求，标底的编制要体现优质优价。

⑤标底应体现招标人对材料采购方式的要求，考虑材料市场价格变化因素。

⑥标底应体现工程自然地理条件和施工条件因素。

⑦标底应体现工程量大小因素。

⑧标底编制必须在初步设计批复后进行，原则上标底不应突破批准的初步设计概算或修正概算。

⑨一个招标项目只能编制一个标底。

（四）标底的编制依据

①招标人提供的招标文件，包括商务条款、技术条款、图纸以及招标人对已发出的招标文件进行澄清、修改或补充的书面资料等。

②现场查勘资料。

③批准的初步设计概算或修正概算。

④国家及地区颁发的现行建筑、安装工程定额及取费标准（规定）。

⑤设备及材料市场价格。

⑥施工组织设计或施工规划。

⑦其他有关资料。

投标报价是潜在投标人投标时确定的承包工程的价格。招标人常把投标人的报价作为选择中标者的主要依据。因此，报价的准确与否不仅关系到投标单位能否中标，更关系到中标后承包单位能否赢利及赢利的多少。

二、投标报价编制

（一）报价要合理

在对招标文件进行充分、完整、准确理解的基础上，编制出的报价是投标人施工措施、能力和水平的综合反映，应是合理的较低报价。当标底计算依据比较充分、准确时，适当的报价不应与标底相差太大。当报价高出标底许多时，往往不被招标人考虑；若报价低于标底较多，则会使投标人赢利减少，风险加大，且易造成招标人对投标者的不信任。因此，合理的报价应与投标者本身具备的技术水平和工程条件相适应，接近标底，低而适度，尽可能让招标者理解和接受。

（二）单价合理可靠

各项目单价的分析、计算方法应合理可行，施工方法及所采用的设备应与投标书中施工组织设计相一致，以提高单价的可信度与合理性。

（三）较高的响应性和完整性

投标单位在编制报价时应按招标文件规定的工作内容、价格组成与计算填写方式

编制投标报价文件，从形式到实质对招标文件给予充分响应。

投标文件应完整，否则招标人可能拒绝这种投标。

三、投标函的编制

投标函的编制应按照招标文件要求的格式进行填写，通常应写明以下内容：①投标工程项目的编号、工程名称；②编制投标文件的依据；③投标的币种、金额和单位；④投标单位的工期；⑤履约保证金的数量；⑥投标保证金（或保函）的数量及提交的时间；⑦投标人名称（盖章）；⑧法定代表人签字（盖章）；⑨投标人的注册所在地详细地址；⑩邮政编码、联系电话、传真；⑪ 开户银行的名称、账号、地址、电话等。

四、商务标的编制

（一）采用综合单价形式的商务标编制

以采用综合单价的形式，商务标部分的主要内容包括：投标报价说明、投标报价汇总表、主要材料清单报价表、设备清单报价表、工程量清单报价表、措施费清单报价表、工程清单项目价格计算表、投标报价需要说明的其他资料（需要时由招标人用文字或表格的形式提出，或投标人在投标报价时提出）。投标报价说明：

①本报价依据本工程投标须知和合同文件的有关条款进行编制。

②工程量清单报价表中所填入的综合单价和合价均包括人工费、材料费、机械费、管理费、利润、税金以及采用固定价格的工程所测算的风险金等全部费用。

③措施项目标价表中所填入的措施项目报价，包括为完成本工程项目施工所必须采取的措施所发生的费用。

④其他项目报价表中所填入的其他项目报价，包括工程量清单报价表和措施项目报价表以外的，为完成本工程项目施工必须发生的其他费用。

⑤本工程量清单报价表中的每一单项均应填写单价和合价，对没有填写单价和合价的项目费用，视为已包括在工程量清单的其他单价或合价之中。

⑥投标人应将投标报价需要说明的事项，用文字书写与投标报价表一并报送。

（二）采用工料单价形式的商务标编制

采用工料单价形式的，其主要内容为：①投标报价说明；②投标报价汇总表；③主要材料清单报价表；④设备清单报价表；⑤分部工程工料价格计算表；⑥分部工程费用计算表；⑦投标报价需要的其他资料。除②、③、④项与采用综合单价形式的相同、第⑦项无固定格式外，其余格式如下：

A. 本报价依据本工程投标须知和合同文件的有关条款进行编制。

B. 分部工程工料价格计算表中所填入的工料单价和合价，为分部工程所涉及的全部项目的价格，是按照有关定额的人工、材料、机械消耗量标准及市场价格计算、确定的直接费。其他直接费、间接费、利润、税金和有关文件规定的调价、材料价差、设备价格、现场因素费用、施工条件措施费以及采用固定价格的工程所测算的风险金等按现行的计算方法计取，计入分部工程费用计算表中。

C. 投标人应将投标报价需要说明的事项，用文字书写并与投标报价表一并报送。

五、技术标的编制

投标文件技术标部分主要包括：施工组织设计、项目组织机构配备情况、拟分包情况。

①投标人应编制施工组织设计，包括投标须知规定的施工组织设计的基本内容。编制的具体要求是：编制时应采用文字并结合图表形式说明编制依据、工程概况、施工部署、各分项工程的施工方法、拟投入的主要施工机械设备情况、劳动力计划等；结合招标工程特点提出切实可行的施工平面布置、工程质量、安全生产、文明施工、工程进度保障措施，技术组织措施，总包管理措施，同时应对关键工序、复杂环节重点提出相应的技术措施，如冬雨期施工措施、减少扰民噪声、降低环境污染技术措施、成本控制措施、地下管线及其他地上、地下设施的保护加固措施等。

②施工组织设计除采用文字表述外应附下列表格：A. 拟投入的主要施工机械设备一览表；B. 劳动力计划表；C. 临时用地表；D. 工程分包计划表；E. 主要材料进场计划表。

第八章

水利水电工程资源与验收管理

第一节 水利水电工程资源管理

一、水利水电工程资源管理概述

（一）工程项目资源的种类

资源作为工程项目实施的基本要素，它通常包括：

①劳动力，包括劳动力总量，各专业、各种级别的劳动力，操作工人、修理工以及不同层次和职能的管理人员。

②原材料和设备。它构成工程建筑的实体，例如常见的砂石、水泥、砖、钢筋、木材、生产设备等。

③周转材料，如模板、支撑、施工用工器具以及施工设备的备件、配件等。

④项目施工所需的施工设备、临时设施和必需的后勤供应。施工设备，如塔吊、混凝土拌和设备、运输设备。临时设施，如施工用仓库、宿舍、办公室、工棚、厕所、现场施工用供排系统（水电管网、道路等）。

此外，还可能包括计算机软件、信息系统、服务、专利技术等。

（二）资源问题的重要性

资源作为工程实施的必不可少的前提条件，它们的费用占工程总费用的80%以上，所以资源消耗的节约是工程成本节约的主要途径。而如果资源不能保证，任何考虑得再周密的工期计划也不能实行。资源管理的任务就是按照项目的实施计划编制资源的使用和供应计划，将项目实施所需用的资源按正确的时间、正确的数量供应到正确的地点，并降低资源成本消耗（如采购费用、仓库保管费用等）。

在现代工程中由于资源计划失误造成的损失很大，例如由于供应不及时造成工程活动不能正常进行，整个工程停工或不能及时开工。这已成为工程索赔的主要原因之一。

由于不能经济地使用资源或获取更为廉价的资源造成成本增加。

由于未能采购符合规定的材料，使材料或工程报废，或采购超量、采购过早造成浪费，造成仓库费用增加等。

所以在现代项目管理中，对资源计划有如下要求：

①它必须纳入到进度管理中。A. 资源作为网络的限制条件，在安排逻辑关系和各工程活动时就要考虑到资源的限制和资源的供应过程对工期的影响。通常在工期计划前，人们已假设可用资源的投入量。如果网络编制时不顾及资源供应条件的限制，则网络计划是不可执行的。B. 网络分析后作详细的资源计划以保证网络的实施，或对网络提出调整要求。C. 在特殊工程中以及对特殊的资源，如对大型的工业建设项目，成套生产设备的生产、供应、安装计划常常是整个项目计划的主体。

②它必须纳入成本管理中，作为降低成本的措施。

③在制定实施方案以及技术管理和质量控制中必须包括资源管理的内容。

二、资源计划方法

（一）资源计划过程

资源计划应纳入项目的整体计划和组织系统中，资源计划包括如下过程：

①在工程技术设计和施工方案的基础上确定资源的种类、质量、用量。这可由工作量和单位工作量资源消耗标准得到，然后逐步汇总得到整个项目的各种资源的总用量表。

②资源供应情况调查和询价。即调查如何及从何处得到资源；供应商提供资源的能力、质量和稳定性；确定各个资源的单价，进而确定各种资源的费用。

③确定各种资源使用的约束条件，包括总量限制、单位时间用量限制、供应条件和过程的限制。在安排网络时就必须考虑到可用资源的限制，而不仅仅在网络分析的优化中考虑。这些约束条件由项目的环境条件，或企业的资源总量和资源的分配政策决定。

对特殊的进口资源，应考虑资源可用性、安全性、环境影响、国际关系、政府法规等。

④在工期计划的基础上，确定资源使用计划，即资源投入量—时间关系直方图（表），确定各资源的使用时间和地点。在作此计划时假设它在活动时间上平均分配，从而得

到单位时间的投入量（强度）。所以在资源的计划和控制过程中必须一直结合工期计划（网络）进行。

⑤确定各个资源的供应方案、各个供应环节，并确定它们的时间安排。如材料设备的仓储、运输、生产、订货、采购计划，人员的调遣、培训、招雇、解聘计划等。这些供应活动组成供应网络，在项目的实施过程中，它与工期网络计划互相对应，互相影响。管理者以此对供应过程进行全方位的动态控制。

⑥确定项目的后勤保障体系，如按上述计划确定现场的仓库、办公室、宿舍、工棚、汽车的数量及平面布置，确定现场的水电管网及布置。

（二）劳动力计划

1. 劳动力使用计划

劳动力使用计划是确定劳动力的需求量，是劳动力计划的最主要的部分，它不仅决定劳动力招聘、培训计划，而且影响其他资源计划（如临时设施计划、后勤供应计划）。

（1）确定各活动劳动效率

在一个工程中，分项工作量一般是确定的，它可以通过图纸和规范的计算得到，而劳动效率的确定十分复杂。劳动效率通常可用“产量 / 单位时间”，或“工时消耗量 / 单位工作量”表示。它代表社会平均先进的劳动效率。在实际应用时，必须考虑到具体情况，如环境、气候、地形、地质、工程特点、实施方案的特点、现场平面布置、劳动组合等，进行调整。

劳动力投入总工时 = 工作量 /（产量 / 单位时间）

= 工作量 × 工时消耗 / 单位工作量

（2）确定各活动劳动力投入量（劳动组合或投入强度）

在确定每日班次，及每班次劳动时间的情况下：

某活动劳动力投入量 = 劳动力投入总工时 /（班次 / 日）×（工时 / 班次）× 活动持续时间

= 工作量 × 工时消耗量 / 单位工作量 /（班次 / 日）×（工时 / 班次）× 活动持续时间

这里假设在持续时间内，劳动力投入强度是相等的，而且劳动效率也是相等的。

这里有如下几个问题值得注意：

①在上式中，工程量、劳动力投入量、持续时间、班次、劳动效率、每班工作时间之间存在一定的变量关系，在计划中它们经常是互相调节的。

②在工程中经常安排混合班组承担一些工作包任务，则要考虑整体劳动效率。这里有时既要考虑到设备能力和材料供应能力的制约，又要考虑与其他班组工作的协调。

③混合班组在承担工作包（或分部工程）时劳动力投入并非均值。

（3）确定整个项目劳动力投入曲线

这与成本计划相似。

（4）现场其他人员的使用计划

包括为劳动力服务的人员（如医生、厨师、司机等）、工地警卫、勤杂人员、工地管理人员等，可根据劳动力投入量计划按比例计算，或根据现场的实际需要安排。

2. 劳动力的招雇、调遣、培训和解聘计划

为了保证劳动力的使用，在这之前必须进行招雇、调遣和培训工作，工程完工或暂时停工必须解聘或调到其他工地工作。这必须按照实际需要和环境等因素确定培训和调遣时间的长短，及早安排招聘，并签订劳务合同或工程的劳务分包合同。这些计划可以根据具体情况以及招聘、调遣和培训方案，由劳动力使用计划向前倒排，作出相应的计划安排。

它们应该被纳入到项目的准备工作计划中。

3. 其他劳动力计划

作为一个完整的工程建设项目，劳动力计划常常还包括项目运行阶段的劳动力计划，包括项目运行操作人员、管理人员的招雇、调遣、培训的安排，如对设备和工艺由外国引进的项目常常还要将操作人员和管理人员送到国外培训。通常按照项目顺利、正常投入运行的要求，编排子网络计划，并由项目交付使用期向前安排。

有的业主希望通过项目的建设，有计划地培养一批项目管理和运营管理的人员。

（三）材料和设备供应计划

1. 材料和设备的供应过程

（1）材料供应过程

材料供应计划的基本目标是将适用的物品，按照正确的数量在正确的时间内供应到正确的地点，以保证工程顺利实施。

要达到这个目标，必须在供应过程的各个环节进行准确的计划和有力的控制。通常供应过程如下：

①作需求计划表，它包括材料说明、数量、质量、规格，并作需求时间曲线。

②对主要的供应活动作出安排。在施工进度计划的基础上，建立供应活动网络、装配网络。确定各供应活动时间安排，形成工期网络和供应子网络的互相联系、互相制约。

③市场调查。了解市场供应能力、供应条件、价格等，了解供应商名称、地址、联系人。有时直接向供应商询价。由于通常需求计划（即使用时间安排）是一定的，则必须以这个时间向前倒排做各项工作的时间安排。

④采购订货，通过合同的形式委托供应任务，以保证正常的供应。

⑤运输的安排。

⑥进场及各种检验工作。

⑦仓储等的安排。

目前尽管网络分析软件包中有资源计划的功能，但由于资源的复杂性和多样性，这种计划功能的适用性不强，所以实际工程中人们仍以手工编制资源供应计划的较多。

（2）设备供应过程

设备的供应比材料供应更为复杂：

①生产设备通常成套供应，它是一个独立的系统，不仅要求各部分内在质量高，而且要保证系统运行效率，达到预定生产能力。

②对设备供应有时要介入设备的生产过程，对生产过程质量进行控制，而材料一般仅在现场作材质检验。

③要求设备供应商辅助安装、作指导、协助解决安装中出现的问题。

④有时还要求设备供应商为用户培训操作人员。

⑤设备供应不仅包括设备系统，而且包括一定的零配件和辅助设备，还包括各种操作文件和设备生产的技术文件，以及软件，甚至包括运行的规章制度。

⑥设备在供应（或安装）后必须有一个保修期（缺陷责任期），供应方必须对设备运行中出现的由供应方责任造成的问题负责。

所以设备供应过程更复杂，更具有系统性，常常需要一个更为复杂的子网络。

2. 需求计划

需求计划是按照工程范围、工程技术要求、工期计划等确定的材料使用计划。它包括两方面的内容：

（1）各种材料需求量的确定

对每个工作包（如某分项工程的施工），按照图纸、设计规范和实施方案，可以确定它的工作量，以及具体材料的品种、规格和质量要求。这里必须精确地了解设计文件、招标文件、合同，否则容易造成供应失误。进一步又可以按照过去工程的经验，历史工程资料或材料消耗标准（定额）确定该工作包的单位工程量的材料消耗量，作为材料消耗标准。例如我国建筑工程中常用的消耗定额，通常用每单位工程量材料消耗量表示。

则该分项工程每一种材料消耗总量为：

某工作包某种材料消耗总量 = 该工作包工程量 ×（材料消耗量 / 单位工程量）

若材料消耗量为净用量，在确定实际采购量时还必须考虑各种合理的损耗。例如：

①运输、仓储（包括检验等）过程中的损耗。

②材料使用中的损耗，包括使用中散失、破碎、边角料的损耗。

（2）材料需求时间曲线

材料是按时、按量、按品种规格供应的。材料供应量与时间的关系曲线按如下步骤确定：

①将各分项工程的各种材料消耗总量分配到各自的分项工程的持续时间上，通常平均分配。但有时要考虑到在时间上的不平衡性。例如基础工程施工，前期工作为挖土、支模、扎钢筋，混凝土的浇捣却在最后几天。所以钢筋、水泥、沙石的用量是不均衡的。

②将各工程活动的材料耗用量按项目的工期求和，得到每一种材料在各时间段上的使用量计划表。

③作使用量—时间曲线。

它的计划方法，过程和结果表达方式与前述的劳动力使用计划几乎完全相同。

由于一切材料供应工作都是为使用服务的，项目管理者必须将这个计划下达给各个环节上的人员（如采购、运输、财务、仓储）以使大家有统一的目标。

（四）市场调查

采购要预先确定费用，确定采购地点和供应商。由于现代大的工程项目都采用国际采购，所以常常必须关注整个国际市场，在项目中进行生产要素的国际优化组合。项目管理者必须对市场（国际国内）一目了然，从各方面获得信息，建立广泛的联系，及时准确地提出价格。

由于各国、各地区供求关系、生产者的生产或供应能力、材料价格、运费、支付条件、保险费、关税、途中损失、仓储费用各不相同，所以确定材料采购计划时必须进行不同方案的总采购费用比较。

在市场调查时要考虑到不同采购方案的风险，例如海运、工资变化、汇率损失、国际关系、国家政策的变化带来的影响。

在国际上许多大的承包商（采购者）都长期地结识一些供应商或生产者，在自己的周围有一些较为稳定的合作伙伴，形成稳定的供应网络。这对投标报价和保障供应是极为有利的，甚至有的承包商（供应商）为了取得稳定的供应渠道，直接投资参与生产。

对大型的工程项目和大型工程承包企业应建立全球化采购的信息库。

（五）采购

在国际工程中，采购有十分广泛的意义，工程的招标，劳务、设备和材料的招标或采办过程都作为采购。而这里指的采购仅是项目所需产品（材料和设备）的采购或采办。

1. 采购工作安排

采购应有计划，以便能进行有效的采购控制。在采购前应确定所需采购的产品，

分解采购活动，明确采购日程安排。在计划期必须针对采购过程绘制供应网络，并作时间安排。供应网络是工期计划的重要保证条件。

在采购计划中应特别注意对项目的质量、工期、成本有关键作用的物品的采购过程。通常采购时间与货源有关：

①对具有稳定的货源，市场上可以随时采购的材料，可以随时供应，采购周期一般 1 ~ 7d。

②间断性批量供应的材料，两次订货间会脱销的，周期为 7 ~ 180d。

③按订货供应的材料，如进口材料、生产周期长的材料，必须先订货再供应，供应周期为 1 ~ 3 个月。常常要先集中提前订货，再按需要分批到达。

对需要特殊制造的设备，或专门研制开发的成套设备（包括相关的软件），其时间要求与过程要专门计划。例如地铁项目中的盾构设备的采办期需要 8 ~ 12 个月。

2. 采购负责人

在我国材料和设备的采购责任承担者可能有业主、总承包商、分包商，而提供者可能是供应商和生产厂家。有些供应是由企业内部的部门或分公司完成的，如企业内部产品的提供，使用研究开发部门的成果；我国工程承包企业内部材料部门、设备部门向施工项目供应材料、周转材料、租赁设备。

从项目管理的观点出发，无论是从外部供应商处购买，还是从企业组织内获得的产品都可以看作采购的产品。在这两种情况下，要求是相同的，但外部产品是通过正式合同获得的，所以过程要复杂些；而内部产品是按内部合同或研制（或采办）程序获得的。

3. 采购方式

工程项目中所采用的采购方式较多，常见的有：

（1）直接购买

即到市场上直接向供应商（如材料商店）购买，不签订书面合同。这适用于临时性的、小批量的、零星的采购。当货源比较充足，且购买方便，则采购周期可以很短，有时 1 天即可。

（2）供求双方直接洽商，签订合同，并按合同供应

通常需方提出供应条件和要求，供方报价，双方签订合同。

这适用较大批量的常规材料的供应。需方可能同时向许多供方询价，通过货比三家，确定价格低而合理，条件优惠的供应商。为了保证供应的质量，常常必须先要求提供样品认可，并封存样品，进货后对照检验。

（3）采用招标的方式

这与工程招标相似，由需方提出招标条件和合同条件，由许多供应商同时投标报价。

通过招标，需方能够获得更为合理的价格、条件更为优惠的供应。一般大批量的材料、大型设备的采购、政府采购都采用这种方式。通常这种方式供应时间较长。

4. 采购合同

作为需方，在合同签订前应提出完备的采购条件，让供方获得尽可能多的信息，以使他能及时地详细地报价。采购条件通常包括技术要求和商务条件：

技术方面要求，包括采购范围、使用规范、质量标准、品种、技术特征；

交付产品的日期和批量的安排；

包装方式和要求；

交接方式：从出厂起，或供货到港，或到工地，或其他指定地点；

运输方式；

相应的质量管理要求、检验方式、手段及责任人；

合同价款、合同价款包括的内容、税收的支付、付款期及支付条件；

保险责任；

双方的权利和违约责任；

特殊物品，如危险品的专门规定等。

对设备的采购还应包括生产厂家的售后服务和维修，配件供应网络。

采购合同的各种安排应完全按工程计划进行。当然不同的合同条件，供方有不同的责任，则有不同的报价。

5. 批量的确定

任何工程不可能用多少就采购多少，现用现买。供应时间和批量存在重要的关系，在采购计划以及合同中必须规定何时供应多少材料。按照库存原理，它们之间存在如下关系：供应间隔时间长，则一次供应量大，采购次数少，可以节约采购人员的费用、各种联系、洽商和合同签订费用。但大批量采购时需要大的仓库储存，保管期长，保管费用高。

6. 采购中的几个问题

采购是供应工作的核心，有如下几个问题必须注意：

①由于供应对整个工期、质量、成本的影响，所以应将它作为整个项目甚至整个企业的工作，而不能仅由部门或个人垄断。例如，采购合同和采购条件的起草、商谈和签订要有几个部门的共同参与，技术部门在质量上把关作好选择；财务部门对付款提出要求，安排资金计划；供应时间应保证工期的要求；供应质量要有保证，供应商应是有名气的，并有生产许可证。

②在国内外工程中采购容易产生违法乱纪行为。作为项目经理、业主以及上层领导应加强采购的管理，特别要使过程透明，有明确的定标条件，决策公开。采购过程中，

项目各职能部门之间应有制衡和监督，例如提出采购计划和要求、采购决策，具体采购业务、验收、使用应由不同的人负责，应有严格的制度，以避免违纪现象。采购中还价和折扣应公开，防止由于其他因素的影响，如关系户，导致计划失误、盲目采购、一次采购量过大或价格过高。

③对生产周期长的材料和设备，不仅要提前订货，而且有时要介入其生产过程进行检查和控制。在承包合同或供应合同中应明确规定这种权利。

④采购中的技术经济分析。由于材料（包括设备）占工程成本（投资）的大部分，所以要降低项目成本，首先必须对材料价格进行控制和优化。这里包括极其复杂的内容，例如：

货比三家，广泛询价，不同供应商有不同价格；

进行采购时间和批量的优化；

付款期、价格、资金成本的优化；

对大宗材料的采购必须考虑付款方式和付款期；

采购批量和价格的优化，不同的采购批量，会有不同的价格；

采购时间与价格，如春节前、圣诞前，许多供应商会降低价格甩卖；

不同采购地点，不同供应条件的选择；

选择正式的纳税方式；

采购合同中合理地分配风险，合理划分双方的职责。

⑤对承包商负责的采购，由于在主合同工程报价时尚不能签订采购合同，只能向供应商询价。询价不是合同价，没有法律的约束力，只有待承包合同签订后才能签订采购合同。应防止供应商寻找借口提高供应价格。为了保障供应和稳定价格，最好选择有长期合作关系的供应商。

⑥在施工设备的采购中应注意：

A. 设备操作和维修人员的培训及保障。在许多国际工程中由于操作人员不熟悉设备，不熟悉气候条件造成设备损坏率高，利用率低，折旧率高。

B. 设备配件的供应条件。施工设备零配件的储存量一般与如下因素有关：

供应商的售后服务条件，维修点的距离；

工期的长短；

磨损量和更换频率等。

设备制造商或供应商的售后服务网络，能否及时地提供维修和购配件，以及零配件供应价格。例如工地附近有无维修站点，供应商保证在多长时间内提供维修服务。在国际工程中，许多工程由于零配件无法提供或设备维修缺乏而导致大量设备停滞，使用率太低；或设备买得起，但用不起。如果供应商在工程附近有维修点、供应站，则可以大大减少备用设备和配件的库存量。

在国际工程中，由于零配件的海运期约 3 ~ 5 个月，一般对 3 年以上的工程，开工时至少准备一年的零配件。对重要的工程或特别重要的设备零配件应有充足的储备。

（六）运输

通常按照不同的采购合同，有不同的运输责任人。例如：

①工地上接收货物（即为供方最大责任）；

②到生产厂家接收货物（即为供方最低责任）；

③在出口国港口交货；

④在进口国港口交货等。

除了上述第一种外，需方都有运输的任务。在实际工程中，运输问题常常会造成工期的拖延，引起索赔。在运输过程中涉及的问题很多：

A. 运输方式的选择。通常有海（水）运、铁路、公路、航空等方式，不仅要符合工期要求，还要考虑到价格、气候条件、风险因素，货物的包装、形状、尺寸、供应方式等。

B. 承运合同的洽商。

C. 进出口的海关税及限制。要及时准备进口审批文件及免税或补贴文件等。如果文件有错、不完全，则会拖延进出口手续的办理、造成货物在港口积压。

D. 特殊运输要求，例如对危险品的运输。有些专有设备体积大、单位重量大，则要考虑到一些特殊的运输方案，如经济的安全的运输路线，隧道的可通性，桥梁的承载能力，道路的宽度、等级，装卸机械安排等。

E. 运输时间应纳入总工期计划中，应及早地订好仓位及交货时间，并在实施中不断地跟踪货物。

运输拖延则会造成停工待料，而到货太早则不仅使材料价款早支付，加大资金占用，而且会加大库存面积，有时造成现场秩序混乱和二次搬运。

（七）进场和工地储存

材料供应不可能与使用完全合拍，一般都要在工地上自觉地或不自觉地储存。仓储是必需的，但工地上的仓库通常很小（特别对场地紧张的工程、市区工程），费用高（由于仓库是临时建造的，费用摊销量大），而且可能导致现场的二次搬运。

①必须将材料使用计划、订货计划、运输计划、仓储量一齐纳入到工期计划体系中，用计算机进行全方位管理。这样可以减少仓储量，这种方法在国外的项目中取得了很大的成功。

②在工程中应注意工程进度的调整和工程变更，例如由于业主、承包商、供应商完不成任务造成拖延时，则整个材料供应计划都要调整，否则会造成仓储不足，或大

量材料涌入现场。

同时应注意及时发现采购订货、运输、分包商供应中的问题，及时调整施工过程，以减少或避免损失。

③仓储面积的确定及其布置。

仓储面积按照计划仓储量和该类材料单位面积的仓储量计算。

④材料进场应按合同规定对包装、数量及材质作检查和检验。如果进场时发现损坏、数量不足、质量不符，应及时按责任情况通知承运部门、供应单位或保险公司调换、补缺、退还或索赔，同时对由于设计变更、工程量增（减）等造成进货损失应及时提出索赔。

⑤保证有足够的库存，符合应用要求和防止风险，而且结束时剩余量较少。

用计算机进行库存管理，及时反映库存量、计划量，每日结算，每月（旬）提出报表，以发现材料的使用规律。

⑥现场应设仓储管理人员，进行全面库存管理，采用计算机辅助管理是十分有效、快捷的。材料应堆放整齐，账卡齐全。在实施过程中材料（设备）常常不能准时到货，或早或迟，尽管精心计划，但影响因素太多，涉及单位太多，所以要建立一整套关于材料使用、供应、运输、库存情况的信息反馈和报警体系。

（八）进口材料和设备的计划

进口材料经过出口国国内运输、出关、海运、入关、进口国国内运输等过程，有一整套非常复杂的手续和程序。

①必须符合政府对进口的管理规定，不能计划使用不许进口的物品。

②办理进口许可证。任何进口物品必须有许可证。如果按规定可以免税的，则要申请免税，批准后才能进口。

③运输保险，就进口材料的运输进行投保。

④清关。清关有一套程序和手续，特别是单据应齐全，否则会被没收或罚款，例如，许可证、保险单、提货单、发票、产地证明书、装箱单、采购合同、卫生检查（或检疫）证明，有些发票或证明还必须经过公证或认证。

⑤由于进口材料和设备的供应过程更为复杂，风险更大，所以应有更为严密的计划，同时又应留较大的余地。

（九）其他后勤保障计划

按照合同或任务书规定，项目管理者负责的范围还可能有其他后勤计划，例如：

第一，现场工作人员食宿的安排，如宿舍、食堂、厕所、娱乐设施等。即对所负责的工作人员的生活设施及其供应进行计划，包括：

①生活设施需要量的确定。按劳动力曲线确定的现场劳动力最大需要量以及相应

的勤杂、管理人员使用量，人平均占用面积可以按过去经验数据或定额计算。有的国家有专门的规定，不得小于法律规定的最小面积。

②供应量的确定。一般参考三个方面：

A. 现场或现场周围已有的可以占用（如借用、租赁）的房屋。这是首先应考虑的，一般比较经济。

B. 在工程实施过程中可以占用的已建好的永久性设施。例如已建好的但未装修的低层房屋，可以暂作为宿舍、办公室或仓库用。这要综合考虑项目建设计划和资源需求计划。

C. 准备在现场新建的临时设施，用以补充上述的不足。

③生活用品的供应，如粮食、蔬菜等，这一般按现场人员数量以及人均需要量确定相应的供应计划，并确定相应的货源供应。

第二，现场水电管网的布置。这涉及水电专业设计问题。一般考虑工程中施工设施运行、工程供排需要、劳动力和工作人员的生活、办公、恶劣的气候条件等因素，设计工程的水电管网的供排系统。

第二节　资源计划的优化

在工程过程中资源的获得、供应、使用、安排的方案很多，有许多种选择，可以在这些选择中进行优化组合，以实现收益（利润）的最大化，或成本（或损失）的最小化。

资源的优化有的很简单，有的极为复杂，包括非常复杂的技术经济分析：有的从宏观的角度定性分析，有的从微观的角度定量分析；有的是单一因素的，有的是多因素的等。

一、资源的优先级

资源的种类繁多，管理者对资源的管理是区别对待的，在实际工作中用定义优先级的办法确定资源的重要程度。这样在管理过程中抓住主要矛盾，在资源优化以及计划、供应、仓储等过程中首先保证优先级高的资源。优先级的定义通常对不同的工程项目有不同的标准。

（一）资源的数量和价值量

即对价值量高，数量多的大宗材料必须特别重视。所以在项目初期必须进行 ABC

分类，在计划中抓住主要矛盾，如价值高的租赁设备优先。

（二）增加的可能性

包括它的采购条件，即是否可以按需要增减，通常专门生产加工的，由专门采购合同供应的材料优先级较高，而现场周围可以随时采购的材料优先级较低。

（三）获得过程的复杂性

例如须到国外采购的材料获得过程复杂、风险大则优先级高，而能在当地获得的或市场采购的优先级较低。

（四）可替代性

即可以用其他品种的材料代替的则优先级较低，没有替代可能的、专门生产的、使用面很窄的、不可或缺的材料优先级较高。

（五）供应问题对项目的影响

有的货源短缺或暂时供应不及时对项目的影响不大，例如非关键线路上的活动所需资源，但有的资源是不可缺少的，否则会造成全部工程的停工，例如主要的机械设备、主要的建筑材料、关键性的零部件。

资源的优先级不是一个项目上决定的，一般必须由企业高层通盘考虑。

二、资源的平衡及限制

由于在工程价值中资源占主要部分，则资源的合理组合、供应、使用，对工程项目的经济效益有很大的影响。

由于工程项目的建设过程是一个不均衡的生产过程，它对资源种类、资源用量的需求常常会有大的变化。在实际工程中会有这样的问题：

第一，能否通过合理的安排，在保证预定工期的前提下，使资源的使用比较连续、均衡，不大起大落，在特殊情况下能充分使用。

第二，在限定的资源用量的情况下按预定的工期完成项目建设，即某种资源的使用量不超过规定的条件（资源限制），并尽可能地缩短工期。

当然这两个问题实质上又可以统一成一个问题：即在预定工期条件下削减资源使用的峰值，使资源曲线趋于平缓。

资源的平衡一般仅对优先级高的几个重要的资源，其方法很多，但各个方法的使用和影响范围各不相同。

①对一个确定的工期计划，最方便、影响最小的方法是通过非关键线路上活动开

始和结束时间在时差范围内的合理调整达到资源的平衡。

②如果经过非关键线路的活动的移动未能达到目标，或希望资源使用更为均衡，则可以考虑减少非关键线路活动的资源投入强度，这样相应延长它的持续时间，自然这个延长必须在它的时差范围内，否则会影响总工期。

③如果非关键活动的调整仍不能满足要求，则尚有如下途径：

A. 修改工程活动之间的逻辑关系，重新安排施工顺序，将资源投入强度高的活动错开来施工。

B. 改变方案采取高劳动效率的措施，以减少资源的投入，如将现场搅拌混凝土改为商品混凝土以节约人工。

C. 压缩关键线路的资源投入，当然这必然会影响总工期。

对此要进行技术经济分析和目标的优化。

三、资源在采购、运输、储存、使用上的技术经济分析

在资源的计划过程中经常有许多种可供选择方案，对其进行技术经济分析，在保证目标完全实现的前提下，选择最合理的，或收益最大的方案。

例如对材料采购考虑；

采购地点、供应商选择；

采购批量的确定要考虑价格折减、付款期、现场仓储条件；

在合同允许的条件下材料的代用。

对设备方案要考虑：

采购还是租赁？

维修旧的设备还是购买新的设备？

采购什么样的设备（国产的或进口的，一套大设备或几套小设备）？

采购哪个供应商的？

四、多项目的资源优化

在多项目的情况下，人力和资源的分配问题是很复杂和困难的。因为多项目需要同一种资源，而各项目又有自己的目标，如果资源没有限制，有足够的数量则可以将各项目的各种资源按时间取和。定义一个开始节点，将几个项目网络合并成一个大网络，或用高层次的横道图分配资源，进行总体计划，综合安排采购、供应、运输和储存。

如果资源有限制，则资源管理部门在资源优化时存在双重的限制：

一是必须最大限度地满足每个项目的需求；

二是部门的资源使用量特别是劳动力必须比较平衡、稳定。

一般先在各项目中进行个别优化，如果实在无法保证供应，则可以按项目的重要程度定义优先级，首先保证优先级高的项目，而将优先级低的项目推迟，或将优先级较低的项目活动作为资源调节的余地。

这里可采用各种优化方法，如决策树、列举法、逼近法、线性规划、价值工程、边际分析法等。

现在在一些项目管理软件中用户可以根据工程活动的具体情况选择不同的资源分布规律模型，如：

①平均分布，即在持续时间上资源投入强度相等；

②正态分布，即按照正态分布曲线分布；

③递增式分布，即按算术级数递增；

④递减式分布，即按算术级数递减；

⑤梯形分布；

⑥三角形分布等。

在一个工程活动中，甚至在整个项目过程中劳动效率并不是一个恒定的值，它是在持续时间内不断变化的。

（一）在工程活动刚开始的一段时间内

劳动效率是处于比较低的水平，其原因为：

①项目刚开始，项目成员的工作目标不明确，角色不清楚，工人不熟悉施工工艺等；

②项目组成员对本项目的管理规则不熟悉，对新的工作环境需要有适应过程；

③项目组成员之间还不熟悉，沟通困难，组织相对松散；

④项目前期工作比较琐碎，相当费时间，但在工作成果中又反映不出来；

⑤项目的各项资源可能还未到位。

这些问题在项目的进行过程中会逐步改善，在一定时间内劳动效率会逐步提高。

（二）工程运行到一定阶段

其效率提高到一定程度后便相对稳定，维持在较高水平上，不能再无限提高了

（三）在项目结束前

劳动效率会有所下降，这是由于存在如下问题：

①客观原因，如项目结束前的一些扫尾工作比较烦琐且费事，如扫尾阶段零星工程较多，工作量不足；须作工作总结、项目检查、文件收集整理、场地清理；有项目交接、设备材料的清点移交等手续。

②心理原因。如由于项目组织行将解散，项目成员需寻找和适应新的工作，对留

下的工作失去兴趣；有人尚未找到新的工作而采取拖延策略，使项目进度缓慢；对项目内的经济分配不满意等。

③项目结束工作的计划性和受重视的程度。如果项目因快结束而不再受到上层的重视或其资源配置的优先级下降。在实际工程中，许多项目都是虎头蛇尾。

（四）项目组织效率的特征及平均效率由如下因素决定

1. 项目组织自身素质，具体来说：

①项目组织中每个个体的素质，包括敬业精神、人员的培训程度和专业技术的熟练程度；人们的劳动积极性等。

②项目成员的合作关系，团队精神，组织目标的一致性。

③项目的工作气氛，良好的工作气氛可以激发人们的工作热情，产生更高的劳动效率。

④信息沟通情况。良好的信息沟通能加强群体的合作，能扩大资源共享空间，使劳动效率提高。

⑤项目的组织程度。在劳动力计划中应考虑到班组的人员层次、专业和技术等级级配。在工程中，工人在不同的工种间和工作岗位上频繁地调动，高技术等级的人员做低技术等级的工作都会影响士气，降低劳动效率。

⑥组织对环境的适应能力。环境的变化会对劳动效率产生冲击，若组织对变化的反应快，并能适应变化，则劳动效率较高。

2. 技术装备水平

设备和小型工器具的状态和配套情况、使用效率、维修状况、对环境的适用性。

3. 项目管理水平

项目组织和计划的科学性。除了通常的一些影响因素外还有：

①计划期和准备期的长短。工程实践证明，如果项目计划期和准备期短，则 A 阶段时间会大大延长，项目会长期处在混乱的低效率状态下实施。

②项目受重视的程度。一个项目能长时期地受到上层组织或业主的重视和支持，不仅项目资源能得到保障，而且项目组能得到激励，则其效率能长时间维持较高水平。

③如果项目分解太细，分标太多，项目组织的专业化分工太细，则项目的组织效率较低。

A. 下层组织单元太多，则组织协调困难。

B. 与项目工作相关的前导性的工作（如招标、技术交底、实施准备）和前后工作之间的衔接工作（如阶段性检查、验收、评价）太多，太琐碎，而且不能穿插进行。

C. 单项工程量太小，造成平均劳动效率降低。通常一项工作的工程量越大，平均

劳动效率就越高。

④环境条件，如场地的大小及舒适程度、气候的适宜性、运输条件、项目与环境界面的复杂程度等。

⑤其他因素，包括：工程项目的结构特性、项目的复杂程度和新颖性、工期的紧迫性。

要想达到并保持高的劳动效率，就必须通过一定的手段和方法改善上述这些因素。

第三节 水利水电工程验收管理

一、水利水电工程验收的分类及工作内容

针对水利工程验收，通俗的理解就是：按照批复的设计内容（包括设计变更），对照工程实体及资料，查验是否按照设计及规范要求完成。

（一）工程验收的目的

1. 考察工程的施工质量

通过对已完工程各个阶段的检查、试验，考核承包人的施工质量是否达到了设计和规范的要求，施工成果是否满足设计要求形成的生产或使用能力。通过各阶段的验收工作，及时发现和解决工程建设中存在的问题，以保证工程项目按照设计要求的各项技术经济指标正常投入运行。

2. 明确合同责任

由于项目法人将工程的设计、监理、施工等工作内容通过合同的形式委托给不同的经济实体，项目法人与设计、监理、承包人都是经济合同关系，因此通过验收工作可以明确各方的责任。承包人在合同验收结束后可及时将所承包的施工项目交付项目法人照管，及时办理结算手续，减少自身管理费用。

3. 规范建设程序，发挥投资效益

由于一些水利工程工期较长，其中某些能够独立发挥效益的子项目（如分期安装的电站、溢洪道等），需要提前投入使用。但根据验收规范要求，不经验收的工程不得投入使用，为保证工程提前发挥效益，需要对提前使用的工程进行验收。

（二）验收的分类

水利工程验收按照验收主持单位可分为法人验收和政府验收。

1. 法人验收

法人验收包括分部工程验收、单位工程验收、水电站（泵站）中间机组启动验收、合同工程完工验收等。

2. 政府验收

政府验收包括阶段验收［枢纽工程导（截）流验收、水库下闸蓄水验收、引（调）排水工程通水验收、水电站（泵站）机组启动验收、部分工程投入使用验收］、专项验收（征地移民工程验收、水土保持验收、环境工程验收、档案资料验收等）、竣工验收等。

3. 验收主持单位

法人验收由项目法人（分部工程可委托监理机构）主持，勘测、设计、监理、施工、主要设备制造（供应）商组成验收工作组，运行管理单位可视具体情况而定。政府验收主持单位根据工程项目具体情况而不同，一般为政府的行业主管部门或项目主管单位。

（三）工程验收的主要依据和工作内容

1. 工程验收的主要依据

①国家现行有关法律、法规、规章和技术标准。

②有关主管部门的规定。

③经批准的工程立项文件、初步设计文件、调整概算文件。

④经批准的设计文件及相应的工程变更文件。

⑤施工图纸及主要设备技术说明书等。

⑥施工合同。

2. 工程验收的主要内容

①检查工程是否按照批准的设计进行建设。

②检查已完工程在设计、施工、设备制造安装等方面的质量及相关资料的收集、整理和归档情况。

③检查工程是否具备运行或进行下一阶段建设的条件。

④检查工程投资控制和资金使用情况。

⑤对验收遗留问题提出处理意见。

⑥对工程建设作出评价和结论。

二、法人验收概述

法人验收包括：分部工程验收、单位工程验收、水电站（泵站）中间机组启动验收、合同工程完工验收等。

（一）分部工程验收

1. 分部工程验收工作组组成

分部工程验收应由项目法人（或委托监理机构）主持，验收工作组应由项目法人、勘测、设计、监理、施工、主要设备制造（供应）商等单位的代表组成。运行管理单位根据具体情况决定是否参加。对于大型枢纽工程主要建筑物的分部工程验收会议，质量监督单位宜列席参加。

2. 验收工作组成员的资格

大型工程分部工程验收工作组成员应具有中级及以上技术职称或相应执业资格；其他工程的验收工作组成员应具有相应的专业知识或执业资格。参加分部工程验收的每个单位代表人数不宜超过 2 名。

3. 分部工程验收应具备的条件

①所有单元工程已经完成。

②已完单元工程施工质量经评定全部合格，有关质量缺陷已处理完毕或有监理机构批准的处理意见。

③合同约定的其他条件。

4. 分部工程验收的主要内容

①检查工程是否达到设计标准或合同约定标准的要求。

②按照《水利水电工程施工质量检验与评定规程》（SL176—2007），评定工程施工质量等级。

③对验收中发现的问题提出处理意见。

5. 分部工程验收的程序

①分部工程具备验收条件时，由承包人向项目法人提交验收申请报告。项目法人应在收到验收申请报告之日起 10 个工作日内决定是否同意进行验收。

②进行分部工程验收时，验收工作组听取承包人工程建设和单元工程质量评定情况的汇报。

③现场检查工程完成情况和工程质量。

④检查单元工程质量评定及相关档案资料。

⑤讨论并通过分部工程验收鉴定书，验收工作组成员签字；如有遗留问题应有书

面记录并有相关责任单位代表签字；书面记录随验收鉴定书一并归档。

6. 其他

项目法人应在分部工程验收通过之日起 10 个工作日内，将验收质量结论和相关资料报质量监督机构核备。大型枢纽工程主要建筑物分部工程的验收质量结论应报质量监督机构核定。质量监督机构应在收到验收结论之日起 20 个工作日内，将核备（定）意见书反馈项目法人。项目法人在验收通过 30 个工作日内，将验收鉴定书分发有关单位。

（二）单位工程验收

1. 单位工程验收工作组组成

单位工程验收应由项目法人主持，验收工作组应由项目法人、勘测、设计、监理、施工、主要设备制造（供应）商、运行管理等单位的代表组成。必要时可邀请上述单位以外的专家参加。

2. 验收工作组成员的资格

单位工程验收工作组成员应具有中级及以上技术职称或相应执业资格。每个单位代表人数不宜超过 3 名。

3. 单位工程验收应具备的条件

①所有分部工程已完建并验收合格。

②分部工程验收遗留问题已处理完毕并通过验收，未处理的遗留问题不影响单位工程质量评定并有处理意见。

③合同约定的其他条件。

4. 单位工程验收的主要内容

①检查工程是否按照批准的设计的内容完成。

②评定工程施工质量等级。

③检查分部工程验收遗留问题处理情况及相关记录。

④对验收中发现的问题提出处理意见。

5. 单位工程验收的程序

①单位工程具备验收条件时，由承包人向项目法人提交验收申请报告。项目法人应在收到验收申请报告之日起 10 个工作日内决定是否同意进行验收。项目法人决定验收时，还应提前通知质量和安全监督机构，质量监督和安全监督机构应派员列席参加验收会议。

②进行单位工程验收时，验收工作组听取参建单位工程建设有关情况的汇报。

③现场检查工程完成情况和工程质量。

④检查分部工程验收有关文件及相关档案资料。

⑤讨论并通过单位工程验收鉴定书，验收工作组成员签字；如有遗留问题需书面记录并由相关责任单位代表签字；书面记录随验收鉴定书一并归档。

6. 其他

①需要提前投入使用的单位工程应进行单位工程投入使用验收。验收主持单位为项目法人，根据具体情况，经验收主持单位同意，单位工程投入使用验收也可由竣工验收主持单位或其委托的单位主持。

②项目法人应在单位工程验收通过 10 个工作日内，将验收质量结论和相关资料报质量监督机构核定。质量监督机构应在收到验收结论之日起 20 个工作日内，将核备（定）意见书反馈项目法人。项目法人在验收通过 30 个工作日内，将验收鉴定书分发有关单位。

（三）合同工程完工验收

1. 合同工程验收工作组组成

合同工程验收应由项目法人主持，验收工作组应由项目法人、勘测、设计、监理、施工、主要设备制造（供应）商等单位的代表组成。

2. 合同工程验收应具备的条件

①合同范围内的工程项目和工作已按合同约定完成。

②工程已按规定进行了有关验收。

③观测仪器和设备已测得初始值及施工期各项观测值。

④工程质量缺陷已按要求进行处理。

⑤工程完工结算已完成。

⑥施工现场已经进行清理。

⑦需移交项目法人的档案资料已按要求整理完毕。

⑧合同约定的其他条件。

3. 合同工程验收的主要内容

①检查合同范围内工程项目和工作完成情况。

②检查施工现场清理情况。

③检查已投入使用工程运行情况。

④检查验收资料整理情况。

⑤鉴定工程施工质量。

⑥检查工程完工结算情况。

⑦检查历次验收遗留问题的处理情况。

⑧对验收中发现的问题提出处理意见。

⑨确定合同工程完工日期。

⑩讨论并通过合同工程完工验收鉴定书。

4. 合同工程验收的程序

合同工程具备验收条件时，由承包人向项目法人提交验收申请报告。项目法人应在收到验收申请报告之日起20个工作日内决定是否同意进行验收。

5. 其他

项目法人应在合同工程验收通过30个工作日内，将验收鉴定书分发有关单位，并报送法人验收监督管理机关备案。

三、阶段验收

（一）阶段验收的一般规定

①阶段验收应包括枢纽工程导（截）流验收、水库下闸蓄水验收、引（调）排水工程通水验收、水电站（泵站）首（末）台机组启动验收、部分工程投入使用验收，以及竣工验收主持单位根据工程建设需要增加的其他验收。

②阶段验收应由竣工验收主持单位或其委托的单位主持。其验收委员会应由验收主持单位、质量和安全监督机构、运行管理单位的代表以及有关专家组成；必要时可邀请地方人民政府以及有关部门的代表参加。工程参建单位应派代表参加阶段验收，并作为被验收单位在验收鉴定书上签字。

③工程建设具备阶段验收条件时，项目法人应提出阶段验收申请报告，阶段验收申请报告应由法人验收监督管理机关审查后转报竣工验收主持单位，竣工验收主持单位应自收到申请报告之日起20个工作日内决定是否同意进行阶段验收。

（二）阶段验收的主要内容

①检查已完工程的形象面貌和工程质量。

②检查在建工程的建设情况。

③检查未完工程的计划安排和主要技术措施落实情况，以及是否具备施工条件。

④检查拟投入使用的工程是否具备运行条件。

⑤检查历次验收遗留问题的处理情况。

⑥鉴定已完工程施工质量。

⑦对验收中发现的问题提出处理意见。

⑧讨论并通过阶段验收鉴定书。

（三）枢纽工程导（截）流验收

1. 导（截）流验收应具备的条件

①导流工程已基本完成，具备过流条件，投入使用（包括采取措施后）不影响其他后续工程继续施工。

②满足截流要求的水下隐蔽工程已完成。

③截流设计已获批准，截流方案已编制完成，并做好各项准备工作。

④工程度汛方案已经由有管辖权的防汛指挥部门批准，相关措施已落实。

⑤截流后壅高水位以下的移民搬迁安置和库底清理已完成并通过验收。

⑥有航运功能的河道，碍航问题已得到解决。

2. 导（截）流验收包括的主要内容

①检查已完水下工程、隐蔽工程、导（截）流工程是否满足导（截）流要求。

②检查建设征地、移民搬迁安置和库底清理完成情况。

③审查截流方案，检查导（截）流措施和准备工作落实情况。

④检查为解决碍航等问题而采取的工程措施落实情况。

⑤鉴定与截流有关的已完工程施工质量。

⑥对验收中发现的问题提出处理意见。

⑦讨论并通过阶段验收鉴定书。

（四）水库下闸蓄水验收

1. 下闸蓄水验收应具备的条件

①挡水建设物的形象面貌满足蓄水位的要求。

②蓄水淹没范围内的移民搬迁安置和库底清理已完成并通过验收。

③蓄水后需要投入使用的泄水建筑物已基本完成，具备过流条件。

④有关观测仪器、设备已按设计要求安装和调试，并已测得初始值和施工期观测值。

⑤蓄水后未完工程的建设计划和施工措施已落实。

⑥蓄水安全鉴定报告已提交。

⑦蓄水后可能影响工程安全运行的问题已处理，有关重大技术问题已有结论。

⑧蓄水计划、导流洞封堵方案等已编制完成，并做好各项准备工作。

⑨年度度汛方案（包括调度运用方案）已经由有管辖权的防汛指挥部门批准，相关措施已落实。

2. 下闸蓄水验收的主要内容

①检查已完工程是否满足蓄水要求。

②检查建设征地、移民搬迁安置和库底清理完成情况。

③检查近坝库岸处理情况。

④检查蓄水准备工作落实情况。

⑤鉴定与蓄水有关的已建工程施工质量。

⑥对验收中发现的问题提出处理意见。

⑦讨论并通过阶段验收鉴定书。

（五）引（调）排水工程通水验收

1. 通水验收应具备的条件

①引（调）排水建筑物的形象面貌满足通水的要求。

②通水后未完工程的建设计划和施工措施已落实。

③引（调）排水位以下的移民搬迁安置和障碍物清理已完成并通过验收。

④引（调）排水的调度运用方案已编制完成；度汛方案已得到有管辖权的防汛指挥部门批准，相关措施已落实。

2. 通水验收的主要内容

①检查已完工程是否满足通水的要求。

②检查建设征地、移民搬迁安置和清障完成情况。

③检查通水准备工作落实情况。

④鉴定与通水有关的工程施工质量。

⑤对验收中发现的问题提出处理意见。

⑥讨论并通过阶段验收鉴定书。

（六）水电站（泵站）机组启动验收

1. 启动验收的主要工作

机组启动试运行工作组应进行的主要工作如下：

①审查批准承包人编制的机组启动试运行试验文件和机组启动试运行操作规程等。

②检查机组及相应附属设备安装、调试、试验以及分部试验运行情况，决定是否进行充水试验和空载试运行。

③检查机组充水试验和空载试运行情况。

④检查机组带主变压器与高压配电装置试验和并列及符合试验情况，决定是否进行机组带负荷连续运行。

⑤检查机组带负荷连续运行情况。

⑥检查带负荷连续运行结束后处理情况。

⑦审查承包人编写的机组带负荷连续运行情况报告。

2. 机组带负荷连续运行的条件

机组带负荷连续运行应符合以下条件：

①水电站机组带额定负荷连续运行时间为72h；泵站机组带额定负荷连续运行时间为24h或7天内累计运行时间为48h，包括机组无故障停机次数不少于3次。

②受水位或水量限制无法满足上述要求时，经过项目法人组织论证并提出专门报告报验收主持单位批准后，可适当降低机组启动运行负荷以及减少连续运行的时间。

3. 技术预验收

在首（末）台机组启动验收前，验收主持单位应组织进行技术预验收，技术预验收应在机组启动试运行后进行。

4. 技术预验收应具备的条件

①与机组启动运行有关的建筑物基本完成，满足机组启动运行要求。

②与机组启动运行有关的金属结构及启闭设备安装完成，并经过调试合格，可满足机组启动运行要求。

③过水建筑物已具备过水条件，满足机组启动运行要求。

④压力容器、压力管道以及消防系统等已通过有关主管部门的检测或验收。

⑤机组、附属设备以及油、水、气等辅助设备安装完成，经调试合格并经分部试运转，满足机组启动运行要求。

⑥必要的输配电设备安装调试完成，并通过电力部门组织的安全性评价或验收，送（供）电准备工作已就绪，通信系统满足机组启动运行要求。

⑦机组启动运行的测量、监测、控制和保护等电气设备已安装完成并调试合格。

⑧有关机组启动运行的安全防护措施已落实，并准备就绪。

⑨按设计要求配备的仪器、仪表、工具及其他机电设备已能满足机组启动运行的需要。

⑩机组启动运行操作规程已编制，并得到批准。

⑪ 水库水位控制与发电水位调度计划已编制完成，并得到相关部门的批准。

⑫ 运行管理人员的配备可满足机组启动运行的要求。

⑬ 水位和引水量满足机组启动运行最低要求。

⑭ 机组按要求完成带负荷连续运行。

5. 技术预验收的主要内容

①听取有关建设、设计、监理、施工和试运行情况报告。

②检查评价机组及其辅助设备质量、有关工程施工安装质量；检查试运行情况和消缺处理情况。

③对验收中发现的问题提出处理意见。

④讨论形成机组启动技术预验收工作报告。

6. 首（末）台机组启动验收应具备的条件

①技术预验收工作报告已提交。

②技术预验收工作报告中提出的遗留问题已处理。

7. 首（末）台机组启动验收的主要内容

①听取工程建设管理报告和技术预验收工作报告。

②检查机组和有关工程施工和设备安装以及运行情况。

③鉴定工程施工质量。

④讨论并通过机组启动验收鉴定书。

（七）部分工程投入使用验收

主要是指项目施工工期因故拖延，并预期完成计划不确定的工程项目，部分已完成工程需要投入使用的，应进行部分工程投入使用验收。

在部分工程投入使用验收申请报告中，应包含项目施工工期拖延的原因、预期完成计划的有关情况和部分已完成工程提前投入使用的理由等内容。

1. 部分工程投入使用验收应具备的条件

①拟投入使用工程已按批准设计文件规定的内容完成并已通过相应的法人验收。

②拟投入使用工程已具备运行管理条件。

③工程投入使用后，不影响其他工程正常施工，且其他工程施工不影响拟投入使用工程安全运行（包括采取防护措施）。

④项目法人与运行管理单位已签订工程提前使用协议。

⑤工程调度运行方案已编制完成；度汛方案已经由有管辖权的防汛指挥部门批准，相关措施已落实。

2. 部分工程投入使用验收的主要内容

①检查拟投入使用工程是否已按批准设计完成。

②检查工程是否已具备正常的运行条件。

③鉴定工程施工质量。

④检查工程的调度运用、度汛方案落实情况。

⑤对验收中发现的问题提出处理意见。

⑥讨论并通过部分工程投入使用验收鉴定书。

四、专项验收

水利工程的专项验收一般分为档案资料验收、征地移民工程验收、环境工程验收、消防工程等。专项验收主持单位应按国家和相关行业的有关规定确定。

（一）档案资料专项验收

水利工程的档案验收按照《水利工程建设项目档案验收办法》文件要求执行。

1. 档案验收应具备的条件

①项目主体工程、辅助工程和公用设施，已按批准的设计文件要求建成，各项指标已达到设计能力并满足一定运行条件。

②项目法人与各参建单位已基本完成应归档文件材料的收集、整理、归档和移交工作。

③监理单位对本单位和主要承包人提交的工程档案的整理情况与内在质量进行了审核，认为已达到验收标准，并提交了专项审核报告。

④项目法人基本实现了对项目档案的集中统一管理，且按要求完成了自检工作，并达到了《水利工程建设项目档案验收办法》规定的评分标准合格以上分数。

2. 档案验收申请

①档案验收申请的内容：项目法人开展档案自检工作的情况说明、自检得分数、自检结论等内容，并附以项目法人的档案自检工作报告和监理单位专项审核报告。

②档案自检工作报告的主要内容：工程概况，工程档案管理情况，文件材料收集、整理、归档与保管情况，竣工图编制与整理情况，档案自检工作的组织情况，对自检或以往阶段验收发现问题的整改情况，按照《水利工程建设项目档案验收办法》规定的评分标准自检得分与扣分情况，目前仍存在的问题，是工程档案完整、准确、系统性的自我评价等内容。

③专项审核报告的主要内容：监理单位履行审核责任的组织情况，对监理和承包人提交的项目档案审核、把关情况，审核档案的范围、数量，审核中发现的主要问题与整改情况，对档案内容与整理质量的综合评价，目前仍存在的问题，审核结果等内容。

3. 验收组织

①档案验收由项目竣工验收主持单位的档案业务主管部门负责组织。

②档案验收的组织单位，应对申请验收单位报送的材料进行认真审核，并根据项目建设规模及档案收集、整理的实际情况，决定先进行预验收或直接进行验收。对预验收合格或直接进行验收的项目，应在收到验收申请后的 40 个工作日内组织验收。

③档案验收的组织单位应会同国家或地方档案行政管理部门成立档案验收组进行

验收。验收组成员，一般应包括档案验收组织单位的档案部门、国家或地方档案行政管理部门、有关流域机构和地方水行政主管部门的代表及有关专家。

④档案验收应形成验收意见。验收意见须经验收组 2/3 以上成员同意，并履行签字手续，注明单位、职务、专业技术职称。验收成员对验收意见有异议的，可在验收意见中注明个人意见并签字确认。验收意见应由档案组织单位印发给申请验收单位，并报国家或省级档案行政管理部门备案。

4. 档案验收会议主要议程

①验收组组长宣布验收会议文件及验收组组成人员名单。

②项目法人汇报工程概况和档案管理与自检情况。

③监理单位汇报工程档案审核情况。

④已进行预验收的，由预验收组织单位汇报预验收意见及有关情况。

⑤验收组对汇报有关情况提出质询，并察看工程建设现场。

⑥验收组检查工程档案管理情况，并按比例抽查已归档文件材料。

⑦验收组结合检查情况按验收标准逐项赋分，并进行综合评议、讨论，形成档案验收意见。

⑧验收组与项目法人交换意见，通报验收情况。

⑨验收组组长宣读验收意见。

5. 档案验收意见的内容

①前言（验收会议的依据、时间、地点及验收组组成情况，工程概况，验收工作的步骤、方法与内容简述）。

②档案工作基本情况：工程档案工作管理体制与管理状况。

③文件材料的收集、整理质量，竣工图的编制质量与整理情况，已归档文件材料的种类与数量。

④工程档案的完整、准确、系统性评价。

⑤存在问题及整改要求。

⑥得分情况及验收结论。

⑦附件：档案验收组成员签字表。

（二）征地移民专项验收

征地移民工程是水利工程中重要的组成部分，做好征地移民工程的验收工作对主体工程发挥效益具有重要的意义。

1. 征地移民验收应具备的条件

①移民工程已按批准设计文件规定的内容完成，并已通过相应的验收。

②移民全部搬迁，并按照移民规划全部安置完毕。

③征地和移民各项补偿费全部足额到位，并下发到移民户。

④土地征用的各项手续齐全。

⑤征地移民中遗留问题全部处理完毕，或已经落实。

2. 征地移民验收的主要内容

①检查移民工程是否按照批准设计完成，工程质量是否满足设计要求。

②检查移民搬迁安置是否全部完成。

③检查征地移民各项补偿费用是否足额到位，并是否下发到移民户。

④检查征地的各项手续是否齐全。

⑤对验收中发现的问题提出处理意见。

⑥讨论并通过阶段验收鉴定书。

（三）其他专项工程验收

环保工程、消防工程的验收按照国家和相关行业的规定进行。

在上述工程完成后，项目法人应按照国家和相关行业主管部门的规定，向有关部门提出专项验收申请报告，并做好有关准备和配合工作。

专项验收成果性文件是工程竣工验收成果文件的组成部分，项目法人提交竣工验收申请报告时，应附相关专项验收成果性文件复印件。

五、竣工验收概述

（一）竣工验收的一般规定

①竣工验收应在工程建设项目全部完成并满足一定运行条件后 1 年内进行。不能按期进行竣工验收的，经竣工验收主持单位同意，可适当延长期限，但不应超过6个月。一定运行条件是指：

A. 泵站工程经过一个排水或抽水期。

B. 河道疏浚工程完成后。

C. 其他工程经过 6 个月（经过一个汛期）至 12 个月。

②工程具备验收条件时，项目法人应提交竣工验收申请报告。竣工验收申请报告应由法人验收监督管理机关审查后转报竣工验收主持单位。

③工程未能按期进行竣工验收的，项目法人应向竣工验收主持单位提出延期竣工验收专题申请报告。申请报告应包括延期竣工验收的主要原因及计划延长的时间等内容。

④项目法人编制竣工财务决算后，应报送竣工验收主持单位财务部门进行审查和审计部门进行竣工审计。审计部门应出具竣工审计意见。项目法人应对审计意见中提出的问题进行整改并提交整改报告。

⑤竣工验收应具备如下条件：

A. 工程已按设计全部完成。

B. 工程重大设计变更已经有审批权的单位批准。

C. 各单位工程能正常运行。

D. 历次验收所发现的问题已基本处理完毕。

E. 各专项验收已通过。

F. 工程投资已全部到位。

G. 竣工财务决算已通过竣工审计，审计意见中提出的问题已整改并提交了整改报告。

H. 运行管理单位已明确，管理养护经费已基本落实。

I. 质量和安全监督工作报告已提交，工程质量达到合格标准。

J. 竣工验收资料已准备就绪。

⑥工程少量建设内容未完成，但不影响工程正常运行，且能符合财务有关规定，项目法人已对尾工作出安排，经竣工验收主持单位同意，可进行竣工验收。

⑦竣工验收的程序如下：

①项目法人组织进行竣工验收自查。

②项目法人提交竣工验收申请报告。

③竣工验收主持单位批复竣工验收申请报告。

④进行竣工技术预验收。

⑤召开竣工验收会议。

⑥印发竣工验收鉴定书。

（二）竣工验收自查

①申请竣工验收前，项目法人应组织竣工验收自查。自查工作应由项目法人主持，勘测、设计、监理、施工、主要设备制造（供应）商以及运行管理等单位的代表参加。

②竣工验收自查报告应包括以下主要内容：

A. 检查有关单位的工作报告。

B. 检查工程建设情况，评定工程项目施工质量等级。

C. 检查历次验收、专项验收的遗留问题和工程初期运行所发现问题的处理情况。

D. 确定工程尾工内容及其完成期限和责任单位。

E. 对竣工验收前应完成的工作作出安排。

F. 讨论并通过竣工验收自查工作报告。

③项目法人组织工程竣工验收自查前，应提前10个工作日通知质量和安全监督机构，同时向法人验收监督管理机关报告。质量和安全监督机构应派员列席自查工作会议。

④项目法人应在完成竣工验收自查工作之日起10个工作日内，将自查的工程项目质量结论和相关资料报质量监督机构。

⑤参加竣工验收自查的人员应在自查工作报告上签字。项目法人应自竣工验收自查工作报告通过之日起30个工作日内，将自查报告报法人验收监督管理机关。

（三）工程质量抽样检测

①根据竣工验收的需要，竣工验收主持单位可以委托具有相应资质的工程质量检测单位对工程质量进行抽样检测。项目法人应与工程质量检测单位签订工程质量检测合同。检测所需费用由项目法人列支，质量不合格工程所发生的检测费用由责任单位承担。

②工程质量检测单位不应与参与工程建设的项目法人、设计、监理、施工、设备制造（供应）商等单位隶属同一经营实体。

③根据竣工验收主持单位的要求和项目的具体情况，项目法人应负责提出工程质量抽样检测的项目、内容、数量，经质量监督机构审核后报竣工验收主持单位核定。

④工程质量检测单位应按有关技术标准对工程进行质量检测，按合同要求及时提出质量检测报告并对检测结论负责任。项目法人应自收到检测报告10个工作日内将检测报告报竣工验收主持单位。

⑤对抽样检测中发现的质量问题，应及时组织有关单位研究处理。在影响工程安全运行以及使用功能的质量问题未处理完毕前，不应进行竣工验收。

（四）竣工技术预验收

①竣工技术预验收由竣工验收主持单位组织的专家组负责。技术预验收专家组成员应具有高级技术职称或相关职业资格，成员2/3以上应来自工程非参建单位。工程参建单位的代表应参加技术预验收，负责回答专家组提出的问题。

②竣工技术预验收专家组可下设专业工作组，并在各专业工作组检查意见的基础上形成竣工技术预验收工作报告。

③竣工技术预验收应包括以下主要内容：

A. 检查工程是否按批准的设计完成。

B. 检查工程是否存在质量隐患和影响工程安全运行的问题。

C. 检查历次验收、专项验收的遗留问题和工程初期运行中所发现的问题的处理情况。

D. 对工程重大技术问题作出评价。

E. 检查工程尾工安排情况。

F. 鉴定工程施工质量。

G. 检查工程投资、财务情况。

H. 对验收中发现的问题提出处理意见。

④竣工技术预验收的程序如下：

A. 现场检查工程建设情况并查阅有关工程建设资料。

B. 听取项目法人、设计、监理、施工、质量和安全监督机构、运行管理等单位工作报告。

C. 听取竣工验收技术鉴定报告和工程质量抽样检测报告。

D. 专业工作组讨论并形成各专业工作组意见。

E. 讨论并通过竣工技术预验收工作报告。

F. 讨论并形成竣工验收鉴定书初稿。

（五）竣工验收

①竣工验收委员会可设主任委员 1 名，副主任委员以及委员若干名，主任委员应由验收主持单位代表担任。竣工验收委员会应由竣工验收主持单位、有关地方人民政府和部门、有关水行政主管部门和流域管理机构、质量和安全监督机构、运行管理单位的代表以及有关专家组成。

②项目法人、勘测、设计、监理、施工和主要设备制造（供应）商等单位应派代表参加竣工验收，负责解答验收委员会提出的问题，并作为被验收单位代表在验收鉴定书上签字。

③竣工验收会议的主要内容和程序如下：

A. 现场检查工程建设情况及查阅有关资料。

B. 召开大会，会议包括以下议程：

——宣布验收委员会组成人员名单；

——观看工程建设声像资料；

——听取工程建设管理工作报告；

——听取竣工技术预验收工作报告；

——听取验收委员会确定的其他报告；

——讨论并通过竣工验收鉴定书；

——验收委员会和被验单位代表在竣工验收鉴定书上签字。

④工程项目质量达到合格以上等级的，竣工验收的质量结论意见应为合格。

⑤竣工验收鉴定书数量应按验收委员会组成单位、工程主要参建单位各 1 份以及归档所需要份数确定。自鉴定书通过之日起 30 个工作日内，应由竣工验收主持单位发送有关单位。

参考文献

[1] 陈忠，董国明，朱晓啸 . 水利水电施工建设与项目管理 [M]. 长春：吉林科学技术出版社，2022.

[2] 刘伟，武孟元，孙彦雷 . 水利水电工程施工技术交底记录 [M]. 北京：中国水利水电出版社，2022.

[3] 张敬东，宋剑鹏，于为 . 水利水电工程施工地质实用手册 [M]. 武汉：中国地质大学出版社，2022.

[4] 张小华，周厚贵，付元初 . 水利水电工程施工技术全书施工导流 [M]. 北京：中国水利水电出版社，2022.

[5] 畅瑞锋 . 水利水电工程水闸施工技术控制措施及实践 [M]. 郑州：黄河水利出版社，2022.

[6] 崔永，于峰，张韶辉 . 水利水电工程建设施工安全生产管理研究 [M]. 长春：吉林科学技术出版社，2022.

[7] 王增平 . 水利水电设计与实践研究 [M]. 北京：北京工业大学出版社，2022.

[8] 张晓涛，高国芳，陈道宇 . 水利工程与施工管理应用实践 [M]. 长春：吉林科学技术出版社，2022.

[9] 宋宏鹏，陈庆峰，崔新栋 . 水利工程项目施工技术 [M]. 长春：吉林科学技术出版社，2022.

[10] 吴淑霞，史亚红，李朝琳 . 水利水电工程与水资源保护 [M]. 长春：吉林科学技术出版社，2021.

[11] 王玉梅 . 水利水电工程管理与电气自动化研究 [M]. 长春: 吉林科学技术出版社，2021.

[12] 刘焕永，席景华，代磊 . 水利水电工程移民安置规划与设计 [M]. 北京：中国水利水电出版社，2021.

[13] 马小斌，刘芳芳，郑艳军 . 水利水电工程与水文水资源开发利用研究 [M]. 北京：

中国华侨出版社，2021.

[14] 马明，蒋国盛，孙志峰 . 水利水电钻探手册 [M]. 武汉：中国地质大学出版社，2021.

[15] 李登峰，李尚迪，张中印 . 水利水电施工与水资源利用 [M]. 长春：吉林科学技术出版社，2021.

[16] 刘利文，梁川，赵璐 . 大中型水电工程建设全过程绿色管理 [M]. 成都：四川大学出版社，2021.

[17] 夏祖伟，王俊，油俊巧 . 水利工程设计 [M]. 长春：吉林科学技术出版社，2021.

[18] 戴俊 . 爆破工程 [M]. 北京：机械工业出版社，2021.

[19] 吕翠美，凌敏华，管新建 . 水利工程经济与管理 [M]. 北京：中国水利水电出版社，2021.

[20] 湖北省水利水电规划勘测设计院 . 水利水电技术前沿第 2 辑 [M]. 北京：中国水利水电出版社，2021.

[21] 唐涛编 . 水利水电工程 [M]. 北京：中国建材工业出版社，2020.

[22] 程令章，唐成方，杨林 . 水利水电工程规划及质量控制研究 [M]. 文化发展出版社，2020.

[23] 闫文涛，张海东 . 水利水电工程施工与项目管理 [M]. 长春：吉林科学技术出版社，2020.

[24] 中水北方勘测设计研究有限责任公司 . 水利水电工程压力管道 [M]. 郑州：黄河水利出版社，2020.

[25] 潘永胆，汤能见，杨艳 . 水利水电工程导论 [M]. 北京：中国水利水电出版社，2020.

[26] 朱显鸽 . 水利水电工程施工技术 [M]. 郑州：黄河水利出版社，2020.

[27] 崔洲忠 . 水利水电工程管理与实务 [M]. 长春：吉林科学技术出版社，2020.

[28] 涂启华，安催花，万占伟 . 多泥沙河流水利水电工程泥沙处理 [M]. 北京：中国水利水电出版社，2020.

[29] 宋美芝，冯涛，杨见春 . 水利水电工程施工技术与管理 [M]. 长春：吉林科学技术出版社，2020.

[30] 甄亚欧，李红艳，史瑞金 . 水利水电工程建设与项目管理 [M]. 哈尔滨：哈尔滨地图出版社，2020.

[31] 代培，任毅，肖晶 . 水利水电工程施工与管理技术 [M]. 长春：吉林科学技术出版社，2020.

[32] 袁俊周，郭磊，王春艳 . 水利水电工程与管理研究 [M]. 郑州：黄河水利出版社，

2019.

[33] 高明强，曾政，王波 . 水利水电工程施工技术研究 [M]. 延吉：延边大学出版社，2019.

[34] 徐培蓁 . 水利水电工程施工安全生产技术 [M]. 北京：中国建筑工业出版社，2019.

[35] 苗兴皓 . 水利水电工程安全生产管理 [M]. 北京：中国建筑工业出版社，2019.

[36] 李宝亭，余继明 . 水利水电工程建设与施工设计优化 [M]. 长春：吉林科学技术出版社，2019.

[37] 张逸仙，杨正春，李良琦 . 水利水电测绘与工程管理 [M]. 北京：兵器工业出版社，2019.